W0263072

Über „Sano" schreibt Dr. R. Mellet, Prof. der analytischen Chemie an der Universität Lausanne: „Sano" ist von sehr angenehmem Aroma und Geschmack und enthält weder künstlich konservierende noch färbende Substanzen. „Sano" ist der azetischen Limonade ähnlich, die als erfrischendes und antiseptisches Getränk angewandt wird. Außerdem enthält er noch Pflanzenextrakte und Fruchtessenzen, die ihm seinen charakteristischen Geschmack verleihen und ihn daher zu einem hygienischen Tafelgetränk gestalten, das sämtliche künstlichen Limonaden übertrifft.

„Trinkt Sano"

Für Leipzig: Bei mind. 10 Fl. Preis 10 Pf. per Fl. / Bei mind. 5 Ltr. Preis 25 Pf. per Ltr. frei ins Haus.

Auswärts: in Fässern oder Korbflaschen von mind. 10 Ltr. zu 25 Pf. per Ltr., ab Leipzig.

Wir liefern auch die Substanzen zur Selbstbereitung:

für 50 Liter — 100 Liter — 150 Liter
zu 5 Mark — 9.50 Mark — 13 Mark

wobei der Ltr. „Sano" inkl. Zutaten auf nur ca. 15 Pf. zu stehen kommt.

Man verlange gefl. Prospekte und Muster.

**Deutsche Sano-Vertriebsgesellschaft m.b.H.
Leipzig, Lagerhofstraße**
Fernspr. Nr. 10520

Huldigung der Hamburger Pfadfinder vor dem Kaiser.

Jungdeutschlands Pfadfinderbuch

Im Auftrage des Deutschen Pfadfinderbundes herausgegeben von

Oberstabsarzt Dr. A. Lion

und

Major Maximilian Bayer

unter Mitarbeit von Hauptmann C. Freiherr v. Seckendorff, Gymnasialprofessor Dr. L. Kemmer, Hauptmann O. Koch

Fünfte Auflage

1914

Springer-Verlag Berlin Heidelberg GmbH

Additional material to this book can be downloaded from http://extras.springer.com.

ISBN 978-3-662-33527-7   ISBN 978-3-662-33925-1 (eBook)
DOI 10.1007/978-3-662-33925-1

Deutscher Pfadfinderbund

(Mitglied des Bundes „Jungdeutschland")

Ehrenvorsitzender: Generalfeldmarschall Dr. Freiherr v. d. Golß, Exz. — Schirmherr des Landesverbandes Baden: Prinz Max von Baden, Großherzogl. Hoh., Karlsruhe.

Ehrenausschuß:

Gen. d. Kav. z. D. Fürst v. Wedel, Durchlaucht, Berlin

Oberbürgermeister a. D. Dr. Adickes, Frankfurt a. M.

Professor Dr. Apt, Berlin

Gen. d. Inf. Sixtv Armin, Exz., Kom. Gen. d. IV. A.-K., Magdeburg

Gen. d. Kav. z. D. v. Bissing, Exz., Schloß Rettkau bei Grambschüß

Gen.-Maj. Boëß, Neiße

Geh. Reg.-Rat Dr. v. Böttinger, Elberfeld

Gen. d. Inf. z. D. Dr. v. Blume, Exz., Nicolassee

Gen.-Maj. z. D. v. Bonin, Berlin

Gen. d. Kav. v. Brolzem, Exz., Dresden

Gen.-Lt. z. D. v. Corbière, Exz., Freiburg i. Br.

Gen. d. Inf. v. Deimling, Exz., K. G. d. XV. A.-K., Straßburg.

Gen.-Lt. z. D. Dellus, Exz., Stolberg (Harz)

Staatssekretär a. D. Wirkl. Geh. Rat Dr. Dernburg, Exz., Grunewald

Vizeadmiral Dähnhardt, Exz., Direkt. d. Etatsdepartements i. Reichsmarineamt, Halensee

Oberbürgermeister Dominicus, Schöneberg

Kgl. Württ. Gen.-Lt. v. Dorrer, Exz., Kommandeur d. 11. Inf.-Div., Breslau

Generaloberst v. Eichhorn, Exz., Gen.-Insp. d. VII. Armee-Inspektion, Saarbrücken

Gen. d. Inf. v. Einem, Exz., Kom. Gen. d. VII. A.-K., Münster

Gen. d. Inf. d'Elsa, Exz., Kom. Gen. d. XII. A.-K., Dresden

Reg.-Präsident Förster, Danzig

Ministerialdir. Geh. Ob.-Reg. Dr. Freund, Berlin

Exz. v. Glasenapp, Glt. z. D., Berlin

Direktor v. Gwinner, M. d. H., Berlin

Oberpräsident Hengstenberg, Exz., Kassel

Gen.-Int. der Kgl. Schauspiele, Kammerherr Graf v. Hülsen-Häseler, Exz., Berlin

Polizeipräsident v. Jagow, Berlin

Gen.-Maj. z. D. Kempf, Meß

Gen. d. Art. z. D. v. Kirchbach, Exz., Leipzig

Großadmiral v. Köster, Exz., Kiel

Gen.-Lt. Krug v. Nidda, Exz., Kommandeur d. 24. Inf.-Div., Leipzig

Kreisdirektor Geh. Reg.-Rat v. Loeper, Meß

Oberbürgermeister Matting, Breslau

Gen.-Lt. Melior, Exz., Lübeck

Generaloberst v. Moltke, Exz., Chef des Generalstabes d. Armee, Generaladj. Sr. M. des Kaisers und Königs, Berlin

Staatsminister a. D. v. Möller, Exz., Kupferhammer-Brackwede

Gen.-Maj. v. Morgen, Lübeck

Gen. d. Inf. v. Mudra, Exz., Kom. Gen. d. XVI. A.-K., Meß

Gen.-Maj. z. D. Mueller, Berlin

Gen.-Lt. z. D. v. Mülmann, Exz., Berlin

Gen.-Lt. z. D. Naegelsbach, Exz., München

Geheimer Kommerzienrat v. Oswald, Koblenz

Gen. d. Inf. v. Oven, Exz., Berlin

Gen. d. Inf. z. D. v. Ploeß, Exz., Wiesbaden

Gen.-Oberst v. Prittwiß und Gaffron, Exz., Gen.-Insp. d. I. Armee-Inspektion, Danzig

Geh. Kommerzienrat Walter vom Rath, Frankfurt a. M.

Gen. d. Inf. v. Schenck, Exz., Kom. Gen. d. XVIII. A.-K., Gen.-Adj. Sr. Maj. des Kaisers und Königs, Frankfurt a. M.

Generalstabsarzt der Armee Professor Dr. Schjerning, Exz., Berlin

Gen.-Lt. z. D. v. Schlieben, Exz., Dresden

Gen. d. Inf. z. D. Freiherr v. Seckendorff, Exz., Kobelau i. Schl.

Kommerzienrat Stilke, Berlin

Rittergutsbesitzer Henry Sloman, Bellin

Stadtdirektor Tramm, Hannover

Kgl. Sächs. Staatsminister Graf v. Vißthum, Exz., Dresden

Oberbürgermeister Voigt, Frankfurt a. Main

Oberbürgermeister Wirkl. Geh. Rat Wermuth,
Exz., Berlin

Gen.-Maj. v. Wussow, Halberstadt

Gen. d. Kav. Graf v. Zeppelin, Exz., Fried-
richshafen

Vorstand:

1. Vors.: Konsul G. Baschwitz, Berlin
2. Vors. u. Reichsfeldmeister, Major M. Bayer,
Halberstadt

Ehrenfeldmeister: Oberstabsarzt Dr. Lion,
Bamberg

Bundesfeldmeister f. Ost u. Landesfeldmeister f.
Sachsen: Major v. Heygendorff, Dresden

Bundesfeldmeister für West: Hauptmann Freiherr v. Seckendorff, Metz

Bundesfeldmeister f. Süd u. Landesfeldm. f. Baden: Bürgermstr. Dr. Wettstein, Weinheim

Schriftführer: Gen.-Lt. z. D. v. Mülmann,
Exz., Berlin

Generalsekretär: Oberlt. a. D. u. d. L. Hornung,
Berlin

Rechtsanw. u. Syndik.: Dr. Reinshagen, Berlin

Beisitzer:

Fabrikbesitzer u. Oberlt. d. R. Kommerzienrat
Bader, Berlin

Hauptmann Graf Bothmer, München

Landesfeldmeister für Schlesien und Posen:
Kaufmann Czaya, Breslau

Landesfeldmeister f. Lothringen: Gutsbes. Hptm.
d. L. Dierke, St. Ruffine, Kr. Metz

Hauptm. im Groß. Generalstabe Giehrl, Berlin

Graf Henckel v. Donnersmarck, Schloß Roslo-
wagora b. Neudeck, O.-Schl.

Landesfeldmeister f. Hessen-Nassau: Hauptmann
Hilken, Frankfurt a. M.

Landesfeldmeister für Ober-Elsaß: Oberstlt.
z. D. v. Mellenthin, Colmar

Oberlehrer A. W. Loewenstein, Frankfurt a. M.

Landesfeldmeister für Unter-Elsaß: Hauptmann
Werner, Straßburg i. E.

Beirat:

Herr Buschmann, Leipzig

Direktor Professor Dr. Busse, Berlin

Redakteur Diehm, Generalsekretär der VI.
Olympiade, Berlin

Verlagsbuchhändler Gmelin, München

Geh. Studienrat Direktor Dr. Gropp, Berlin

Dr. jur. Herzberg, Berlin

Frau v. Hopffgarten, 1. Vorsitzende des Bundes deutscher Pfadfinderinnen

Direktor Dr. Knörk, Berlin

Direktor Dr. Koch, Berlin-Grunewald

Hauptmann a. D. Kuhn, Steglitz

Dr. Mallwitz, Berlin

Dr. Naegele, München

Kapitänlt. a. D. Paasche, Berlin

Gymnasiallehrer Dr. Renner, München

Oblt. d. L. Schnell, Lichterfelde

Herr Soostmann, Osnabrück

Direktor Professor Dr. Thouret, Schöneberg

Hauptmann a. D. Thuns, Breslau

Geh. Studienrat Direktor Dr. Walter, Frankfurt a. M.

Hauptmann a. D. Wenck, Schöneberg

Direktor Prof. Dr. Wetekamp, Schöneberg

Hauptmann a. D. v. Zitzewitz, 2. Geschäfts-
führer des Jungdeutschlandbundes, Berlin

Inhaltsverzeichnis.

Begleitwort.

Das Pfadfinderbuch erscheint in neuer Gestalt vor uns, wird von der deutschen Jugend aber doch als alter Freund wiedererkannt und mit herz= licher Freude begrüßt werden.

Die früheren Auflagen haben bei der Ausbildung der jugendlichen Pfadfinderscharen schon treffliche Dienste ge= leistet; denn wo man ihnen in Feld und Wald begegnete und sie bei ihrer Arbeit sah, da hatte man seine Freude daran. Vor allen Dingen war es ein frischer Sinn und froher Mut, der den Pfadfindern stets aus den Augen leuchtete und der uns für sie einnahm. Flink, munter und umsichtig waren sie dabei, ihre Aufgaben zu lösen, zu spähen, zu überraschen, ihre Wettkämpfe durchzuführen, Lager, Brücken, Feldküchen zu bauen und sich mit den Forderungen abzufinden, die das Leben in Feld und Wald, auch im Kriege, bei Wanderungen und Reisen in fernen Ländern an den Mann herantreten läßt. Das ist es auch, was unserer deutschen Jugend nottut, wenn sie dereinst die großen Dinge vollbringen soll, die des Vaterlandes Zukunft erheischen.

Wer bei der Vorbereitung dazu Lust und Liebe zur Sache zu erwecken versteht, der hat immer schon halb ge= wonnenes Spiel, und das ist dem Pfadfinderbuche augen= scheinlich gelungen.

Mehr und mehr hat sich das Pfadfinderbuch von sei= nen ursprünglichen Vorlagen frei und damit selbständig gemacht. Es baut seine Lehren jetzt ganz auf deutsche Bei= spiele auf, die uns allen natürlich am nächsten stehen und am meisten wirken werden, wenn wir auch die fremden, die nachahmenswert sind, keineswegs zurückweisen wollen.

Der erste Teil des Pfadfinderbuches gibt dem Herzen der Jugend manche wertvolle Anregung und der Phantasie ge= sunde Nahrung. Der „Ritterspiegel" mahnt sie zu edlem Sinn und männlicher Tugend, das Kapitel „Die Augen auf!" zum rechten Gebrauch der Sinne und Kräfte. Die „Naturbetrachtung" wird zumal dem Städter zugute kommen, der leider nur zu lange Zeit Gottes freier Natur durch das Häusermeer unserer Großstädte entrückt wird. „Gesundheitslehre" gibt beherzigenswerte Winke für die Selbstzucht, ohne die kein echter Mann zu denken ist, und für das tägliche Leben, um es für Leib und Seele gedeihlich zu gestalten. „Stets hilfsbereit" mahnt an die Pflicht für die Mitmenschen und der folgende Abschnitt an die Pflicht gegen „unser Vaterland". Dann folgen nützliche Andeutungen für die Bildung junger Jugendbünde nach dem Beispiel des deutschen Pfadfinderkorps. Die letzten Abschnitte werden vornehmlich für Lehrer und Führer wertvoll sein.

Allen Pfadfindern aber und ebenso den übrigen Jungdeutschland-Vereinigungen wird das neubearbeitete Buch ein bewährter Führer sein für ihre Vorbereitung und für das Leben selbst und ihnen guten Rat erteilen, wann und wo sie es befragen.

Wir begleiten es auf seinen Weg hinaus mit dem bekannten Wandergruß:

„Gut Pfad!"

Freiherr von der Goltz,
Generalfeldmarschall.

Vorwort zur dritten, vierten und fünften Auflage.

Zwei Jahre hatte die erste Auflage des Pfadfinderbuches (Mai 1909) gebraucht, um sich durchzusetzen — aber nur sieben Monate waren für den Absatz der zweiten Auflage nötig gewesen. Die vierte Auflage konnte sogar schon nach sechs Monaten der dritten folgen. Die fünfte hätte gleichfalls noch im Jahre 1913 erscheinen können, wenn nicht durch den Übergang des Verlages an die Firma Otto Spamer-Leipzig eine Verzögerung eingetreten wäre.

Diese Erlebnisse des Buches sind bezeichnend für den Gang der Pfadfinderbewegung. Erst langsame, tastende Fortschritte, viel Gegnerschaft, viel Zweifel skeptischer Gemüter — dann plötzliches Durchbrechen des gesunden Gedankens, Gründung des Pfadfinderbundes (am 18. Jan. 1911) und von da ab eine in der Geschichte der Jugendbewegung fast beispiellos rasche Entwicklung! Und zwar eine ganz natürliche Entwicklung „von unten": die Jugend selber strömte den Pfadfinderkorps in Scharen zu — ja, mitunter waren es die braven unerschrockenen Jungen ganz allein, die sich Pfadfindertrupps gründeten, und dann erst folgten die Erwachsenen, anfangs zögernd, aber schließlich mitgerissen von der herrlichen Begeisterung, die die Jugend erfaßt hatte.

So war die Entwicklung der Pfadfinderbewegung durchaus gesund. Auch die Einrichtung einer Zentrale, nämlich des „Deutschen Pfadfinderbundes", mit seinem Sitz in Berlin[1]) war keine künstliche Gründung, sondern

---

[1]) Adresse: Charlottenburg 2, Joachimsthalerstr. 5, wohin alle Fragen zu richten sind und wo bereitwilligst Auskunft erteilt und orientierendes Material zur Verfügung gestellt wird. Hier befindet sich auch die Schriftleitung der illustrierten Bundeszeitschrift „Der Pfadfinder".

sie entstand notgedrungen aus dem Wunsche der rasch
entstehenden Pfadfindervereine, daß ein Mittelpunkt ge=
schaffen werde, der leitend und ordnend wirke.

An die Spitze des Bundes stellten sich die Männer,
denen die deutsche Pfadfinderbewegung am meisten ver=
dankt: vor allem Konsul G. Baschwitz, der Vorkämpfer
und Verfechter des Gedankens, der durch energisches Fest=
halten der Idee in den schwierigen Jahren 1909 und
1910 sich ein bleibendes Verdienst erworben hat — der
Reichsfeldmeister Major Maximilian Bayer, den man
als den Organisator des großen deutschen Pfadfinder=
bundes bezeichnen darf — Hauptmann Frhr. v. Secken=
dorff, der in praktischer Arbeit auf dem schwierigen Boden
Elsaß=Lothringens Großes geschaffen hat — Walter Czaya,
der uns den Landesverband Schlesien zuführte — Bürger=
meister Dr. Wettstein, der mit Tatkraft die Pfadfinder=
bewegung im Großherzogtum Baden einführte — Major
v. Heygendorff, der in unermüdlicher Arbeit den Lan=
desverband des Königreichs Sachsen entwickelte — und viele
andere, die uns verzeihen mögen, wenn wir sie nicht alle an
dieser Stelle nennen. Der erste Herausgeber und Herr
Otto Gmelin, der erste opferwillige Verleger dieses Bu=
ches, der mit großer Begeisterung den Gedanken seit seinen
Uranfängen förderte, dürfen sich wohl auch ihr Teil an
dem Verdienst zumessen, wenn es gelungen ist, den Pfad=
findergedanken über ganz Deutschland zu verbreiten.

Jetzt, zurzeit, da dies Buch in fünfter Auflage er=
scheint, kann der Deutsche Pfadfinderbund als geeinigte,
feste Organisation — mit über 280 Ortsgruppen, nahezu
18000 erwachsenen Mitgliedern, 2000 Feldmeistern und
60000 jungen Pfadfindern — als wichtiger Bestandteil in
der deutschen Jugendbewegung betrachtet werden.

Als dann später, Ende 1911, „Jungdeutschland" im
Sinne einer Zentrale aller vaterländischen Jugendorgani=
sationen geschaffen wurde, da waren wir Pfadfinder die
ersten, die sich diesem vereinigenden Mittelpunkte anschlos=
sen, in der Erkenntnis, daß durch friedliche Zusammen=
arbeit aller Jugendbestrebungen das gemeinsame Ziel
am besten zu erreichen sei.

Wir hatten die hohe Freude, daß der Begründer des
Jungdeutschland=Bundes, Se. Exzellenz der Herr General=
feldmarschall Dr. Freiherr von der Goltz zugleich
Ehrenvorsitzender des Pfadfinderbundes wurde und uns

bei jeder Gelegenheit sein besonderes Wohlwollen bezeigte. Wir sind stolz darauf, es auch weiter verdienen zu dürfen.

Ferner hatten wir die Befriedigung, zu erleben, daß die nun in Menge entstehenden Ortsgruppen des Jung= deutschland=Bundes nach dem von uns eingeführten System üben und das „Pfadfinderbuch" als Lehrmittel verwende= ten, selbst wenn sie das Wort „Pfadfinder" dabei anzu= nehmen nicht für angebracht hielten.

Zu dieser fünften Auflage des Buches sind alle Erfahrungen der letzten Jahre herangezogen worden. Besonders die Schriftleitung des „Pfadfinder" und des „Feldmeister" hat uns wertvolle Anregungen ge= geben. Viele Bilder sind eingefügt worden. Manches wurde gestrichen und durch Besseres, aus der Praxis Ge= schöpftes ersetzt. Einige Kapitel mußten gänzlich um= gearbeitet werden. So wird diese fünfte Auflage auch denen Neues und Wichtiges bieten, die einen Band der früheren Auflagen schon besitzen.

Große Freude hat es uns gemacht, daß viele Jugend= organisationen, neben ihrem sonstigen Programm, die Pfadfinderei bereits einführen. Wir freuen uns dessen auf= richtig und haben nicht das geringste dagegen einzuwenden, denn es liegt uns durchaus fern, uns ein Monopolrecht auf die Pfadfinderbetätigung anzumaßen. Jeder kann nach diesem Buche wirken und ausbilden, jedoch bleibt das Wort „Pfadfinder" als Bezeichnung der Vereine, der Korps und der Jungen sinngemäß derjenigen Organi= sation vorbehalten, die es geprägt, eingeführt und mit schwerer Arbeit und unter vielen Kämpfen durchgesetzt hat, und das ist der Deutsche Pfadfinderbund.

Auch auf die weibliche Jugend hat sich die Pfadfinder= bewegung ausgedehnt. Mehr noch als die Jungen haben die jungen Mädchen der ausreichenden körperlichen Für= sorge entbehrt. Ein „Pfadfinderbuch für junge Mäd= chen" wurde von Frau von Hopffgarten geschrieben. Es erschien im selben Verlag wie dieses Pfadfinderbuch. Ein „Bund deutscher Pfadfinderinnen" wurde gegründet. Er steht zwar in gutem kameradschaftlichen Kartellverhält= nis mit dem Bruderbunde, doch arbeitet er ganz getrennt. Eine Verquickung beider Vereinigungen, vor allem gemein= same Wanderungen, sollen strengstens vermieden werden.

Unser Bund steht auf vaterländischem Boden und auf monarchischer Grundlage, aber fern von jeder Partei= politik. Mit Politik überhaupt wollen wir die Jugend ver=

schonen. Dieser Grundsatz hat sich bewährt, und wir wer=
den an ihm festhalten. Wir kennen keine andere Politik als
den Nutzen des Vaterlandes. Geradeaus, mit festem Kurs,
unter günstigem Winde steuert auch die neue Auflage dieses
Buches in das Meer der Öffentlichkeit. Mit der fortschrei=
tenden Entwicklung der Bewegung stets in lebendiger Füh=
lung, dieser Entwicklung entsprechend immer weiter aus=
gebaut, mit neuem zeitgemäßen Bildschmuck versehen
von dem neuen Verlage mit Liebe ausgestattet, dabei
wohlfeil im Preise, will es wie seine Vorgänger in
alle Stände Deutschlands dringen, auf daß, durch eine
tüchtige Jugend, die Zukunft des Reiches dereinst in festen
Händen, in starken und edlen Herzen ruhe.

Die Herausgeber,
im Namen der Mitarbeiter.

Erstes Kapitel

Einführung in das Wesen und in die Aufgaben der Pfadfinder.

Von Oberstabsarzt Dr. Lion.

Der Ursprung der Pfadfinder.

In schöner Frühlingszeit des Jahres 1810 führte Vater Jahn, der Altmeister der deutschen Turnkunst, wie er uns selber berichtet, an den schulfreien Nachmittagen der Mittwoche und Sonnabende erst einige Schüler hinaus in Feld und Wald, und dann immer mehr und mehr. Die Zahl wuchs, es wurden Jugendspiele und einfache Übungen vorgenommen. Im Frühjahr 1811 wurde dann in freier Luft der erste Turnplatz in der Hasenheide in Berlin er= öffnet. So entstand die deutsche Turnerei, das Vorbild des Pfadfindertums. Nicht nur auf den Turnplatz, auch hinaus in die weiten Lande zogen die jugendlichen Scharen. Jahn, der Lützower Jäger, mit bestem Beispiel voran. In seinen Jugendjahren hatte er jahrelang wandernd jeden Weg und Steg seiner Heimat kennen gelernt. Seine Lehrer im Fußwandern waren die Pascher, die in den damals von den Franzosen bedrückten Landen als durchaus gute Vater= landsfreunde und brave Männer dem Feinde zu schaden suchten. Bald übertraf er seine Lehrer an Kenntnis der Pfade und Schleichwege. Seine Sinne wurden, wie er selber erzählt, so scharf wie die eines Wilden in Nord= amerika. Diese Fähigkeiten, in früher Jugend erlernt, waren ihm und seinem Vaterlande von größtem Nutzen, da er als Offizier im Lützowschen Freikorps in den Frei= heitskampf des Jahres 1813 zog. Schon vorher hatte er als Pfadfinder seinem Vaterlande einen großen Dienst er= weisen können, indem er einen englischen Offizier, dem wichtige Papiere anvertraut waren, auf nur ihm bekann=

ten, gefahrvollen Pfaden mit Umsicht durch das von Franzosen besetzte Land geleitete. Denn damals stand, wie stets bisher in der Weltgeschichte, das deutsche Volk Schulter an Schulter mit der englischen Schwesternation.

Und so ist es eine eigene Fügung, daß im stammverwandten Volke, wie durch jenen englischen Offizier über-

liefert, die alten Pfadfinder wieder auflebten. Auch hier entstanden die Boy Scouts nicht durch augenblickliche Laune oder müßige Phantasie, sondern in Zeiten ernster, schwerer Gefahr.

Im Anfange des Burenkrieges im Jahre 1899[1]) wurde Mafeking im britischen Südafrika von einem großen Burenheere eingeschlossen. Generalleutnant Sir Robert Baden-Powell, damals Oberstleutnant, verteidigte

---

[1]) Es ist uns zum Vorwurf gemacht worden, daß wir auf die englische Herkunft der Boy Scout-Bewegung hingewiesen haben. Wir halten es für richtig, ehrlich zu bleiben und zu sagen, daß Jahn zuerst die Idee hatte, aber daß ein englischer General sie zuerst praktisch in ein System brachte, nachdem sie lange vergessen war.

mit knapp 1000 Mann den ausgedehnten Platz gegen eine vielfache Übermacht.

Das Häuflein der Verteidiger schmolz immer mehr zusammen, da traten Kolonistenjungen in die Lücken. Sie waren mit Eifer selbst im stärksten Feuer tätig, um Befehle und Meldungen zu Fuß und zu Rad zu überbringen, Ausguck auf Posten zu halten und überhaupt alle Ordonnanzdienste zu verrichten.

Deutsche Jungen hätten unverzagt ein Gleiches getan. Ein Beispiel für viele! Mit dem Kaiser-Franz-Grenadierregiment rückte im deutsch-österreichischen Krieg 1866 auch ein Berliner Junge, Karl Lehmann, „Garibaldi", wie ihn der Soldatenwitz taufte, ins Feld. Im grauen Wams mit den Achselklappen seiner Truppe, eine Soldatenmütze auf dem Kopf, marschierte er mit gegen die Österreicher. Stets gutgelaunt, niemals müde, leistete er den Soldaten auf Märschen wie im Biwak Hunderte von kleinen Liebesdiensten. Im Gefecht bei Burkersdorf-Soor eilte er im dichtesten Kugelregen furchtlos zum Brunnen und schleppte in Eimern und Feldflaschen den unter der Junihitze verschmachtenden Mannschaften das labende Naß zu. Viele andere Jungen drängten sich hier, wie fünfzig Jahre zuvor in den Freiheitskriegen, in gleicher Weise ins Feld und mußten mit Gewalt zurückgehalten werden. Ist der Krieg doch ein ernstes Ding und verlangt ganze Männer mit voller Körperkraft. Der echte deutsche Junge aber dürstet danach, dermaleinst solch ein ganzer Mann zu werden, der im Kriege wie im Frieden dem deutschen Vaterlande mit all seinen Kräften, mit Gesundheit und Leben zu dienen bereit ist.

Wie er stets gerüstet sein soll, einst Gut und Blut für das Vaterland einzusetzen, so muß er auch im Frieden nur ein Ziel kennen: dem deutschen Namen Ehre zu machen, edel, hilfreich und gut zu sein.

Pfadfinder des Deutschtums.

Und der deutsche Junge hat es leicht, leichter als seine Altersgenossen fremder Völker! Denn kein Volk kennt solche Vorbilder, solch herrliche Reckengestalten an Körper und Geist, die ihm den Pfad zum Ruhme bahnten, wie das deutsche. Hoch über der Donau erhebt sich ein marmorschimmernder Tempel deutscher Ehren: die Walhalla. Am 18. Oktober 1830, dem fünfzehnten Gedenktage der

deutschen Befreiungsschlacht bei Leipzig, legte ein deutsch=
gesinnter Fürst, Ludwig I. von Bayern, den Grundstein
zu diesem herrlichen Bauwerk. 104 weiße Marmorbüsten
künden der Nachwelt den Ruhm deutscher Männer und
Frauen, 64 Marmortafeln verewigen den Namen all jener
Walhalla=würdigen Genossen, deren Bildnisse im Lauf
der Zeiten verloren gingen. Nicht hohe Geburt öffnete
diesen Helden die Pforten des Tempels; neben Königen
und Herrschern aller Zeiten, die dem Deutschtum die
Pfade bahnten, neben Feldherren, die deutsche Heere zum
Siege führten, stehen gleichberechtigt die Heroen des
Geistes, die ihren Volksgenossen durch Wissenschaft und
Staatskunst den Segen höherer Kultur, höherer staats=
bürgerlicher Geltung schenkten, die die Menschheit mit
Erfindungen beglückten.

All diese Helden von Hermann dem Cherusker, der
das Römerjoch brach, über Blücher, Scharnhorst und
Gneisenau, die in den Freiheitskriegen den deutschen
Boden vom französischen Unterdrücker befreiten, nachdem
die Wiedergeburt Preußens durch die Reformen ihres Wal=
hallgenossen Stein die Pfade zum Siege gebahnt hatte,
weiter bis zu Bismarck, Moltke und Roon, den Pala=
dinen Kaiser Wilhelms I., die auf französischen Schlacht=
feldern das geeinte Deutsche Reich erkämpften — sie alle
mahnen uns, tapfer, treu und einig zu sein. Das ehr=
würdige Haupt des Großen Friedrich erinnert uns
Deutsche daran, daß ein einzelner inmitten einer Welt
von Feinden durch unbeugsame Willenskraft schließlich
doch den Sieg erringen kann.

Dichter deutscher Zunge, die Herolde deutschen
Ruhmes und Träger deutscher Art, von Wolfram von
Eschenbach und Walter von der Vogelweide bis zu
Klopstock, Wieland, Lessing, Herder und den Dich=
terfürsten Schiller und Goethe; Geschichtschreiber von
Eginhard und Otto von Freising bis zu Johann
von Müller; Tondichter von Händel, Gluck und Mo=
zart bis zu Haydn und Beethoven; Maler wie Hol=
bein, Dürer und Rubens; Ärzte und Naturforscher
wie Paracelsus, Haller und Alexander von Hum=
boldt; Philosophen wie Leibniz und Kant — sie alle
sind unvergänglich in diesem Tempel deutscher Ehre ver=
sammelt.

Auch den Pfad zu den Gestirnen halfen deutsche Wal=
hallagenossen erschließen; Kopernikus, der die Sonne

als den Mittelpunkt unseres Weltsystems erkannte, Kepler, der schlichte Gastwirtssohn, der die Bewegungen der Planeten erforschte, und Herschel, der ehemalige einfache Militärmusiker, der mit seinem in 15jähriger unermüdlicher Arbeit selbstgefertigten „Riesenteleskop“ den Himmel eröffnete und ungeahnte Sterngebilde dem menschlichen Auge erschloß.

Mit Stolz erblicken wir ferner echte deutsche Männer, die als Erfinder zu den berühmtesten aller Zeiten zählen, wie Johannes Gutenberg, den Erfinder der Buchdruckerkunst, Otto von Guerike, den der Luftpumpe, und Peter Henlein, den Erfinder der Taschenuhr.

Aber die Namen, die wir in Walhalls Tempel finden, sind nur ein kleiner Bruchteil jener ungezählten Großen, die dem Deutschtum ihrer Zeit bahnbrechend vorangingen. Wollte man allen den ihnen gebührenden Platz gewähren, fürwahr, es reichten Hunderte von Tempeln nicht aus! Im Herzen eines jeden Deutschen sind sie darum nicht weniger eingegraben. Wen sollten nicht die Paladine Karls des Großen begeistern, vor allem der gewaltige Roland, vor dessen echtem Rittertum die sagenhaften, gesprächigen Helden Homers verschwinden? Das Nibelungenlied singt in Tönen voll Kraft und Schönheit, wie deutsche Helden dachten, kämpften, litten und siegten. Welches Volkes Dichtung weist Gestalten auf wie Siegfried, Parzival und Lohengrin? Wir ahnen: sie spiegeln ein Heldentum wider, das nur in deutschen Gauen möglich war. Ewig danken wir es dem deutschen Tonsetzer Richard Wagner, daß er uns diese Gestalten für alle Zeiten erhalten hat.

Von jeher war dem Deutschen die Welt zu klein. Die Wanderlust steckte ihm im Blute. Schon vor über zwei Jahrtausenden überschwemmten die Kimbern und Teutonen Italien und bedrohten das stolze Rom, andere germanische Heerscharen überfluteten im 5. Jahrhundert Spanien und Nordafrika, kühne Normannen setzten den Fuß auf die britannischen Inseln; 500 Jahre vor Christoph Kolumbus betraten sie amerikanisches Festland. Glänzende Flotten kühner, unternehmungslustiger Hanseaten, königlicher Kaufleute, beherrschten jahrhundertelang die Meere. Aber während die Deutschen sich untereinander in Glaubenskriegen zerfleischten, verteilten andere Nationen die neuentdeckten, neuerschlossenen Erdgebiete unter sich.

Was halfen da vereinzelte kühne Seefahrer, wie der Nürnberger Martin Behaim, der den ersten Erdglobus verfertigte, was nützten die kühnen Züge der Augsburger Ehinger und Welser, des Speirers Hohermut nach Venezuela, die indischen Handelsunternehmungen der Fugger, da keine starke Macht dahinter stand, die dem deutschen Namen Seegeltung und damit die gebührende Achtung im Rate der Völker sicherte. Darum auch konnten die weitschauenden Pläne des Großen Kurfürsten, dieses Hohenzollernfürsten, der der Größten einer war, seine Tage nur wenig überleben. Aber dem Sieger von Fehrbellin wird es das deutsche Volk ewig zu danken wissen, daß er seine kühnen Pfadfinder über die Meere sandte, die am 1. Januar 1683, unter Führung des Majors von der Gröben, bei Axim an der Guineaküste die brandenburgische Flagge aufpflanzten und Großfriedrichsburg gründeten.

Auch die erste Hälfte und die Mitte des 19. Jahrhunderts kündet uns gar klangvolle Namen deutscher Kulturpioniere in fernen Ländern: Hell strahlt der Ruhm eines Alexander von Humboldt, der auf Indianerbooten reißende Ströme Südamerikas durchforschte und als erster aller Menschen den Chimborasso erklomm. Die drei Brüder Schlagintweit sicherten sich durch Erforschung des Himalajagebirges eines unsterblichen Namen. Ihnen steht Philipp Franz von Siebold, der Japan dem deutschen Einflusse erschloß, würdig zur Seite. Aber alle diese Pfadfinder des Deutschtums waren fast ganz auf den Schutz fremder Flaggen angewiesen. Als dann nach dem glorreichen Kriege 1870/71 das Deutsche Reich neugeeint und machtvoll dastand, als die erstarkende deutsche Flotte auch in den fernsten Ländern Schutz verlieh, da konnte es nicht mehr in seinen engen, europäischen Grenzen bleiben, es durfte nicht mehr hinter anderen Völkern zurückstehen, es mußte sich seinen Platz an der Sonne sichern. Allenthalben fanden sich da Pfadfinder, die unter der Tropensonne Afrikas und Polynesiens, durch wilde Wüsten und Urwälder der deutschen Kultur die Pfade bahnten. Sie alle, die schon vorher vielfach unter fremder Flagge dem deutschen Namen Ehre gemacht hatten, Rohlfs, Barth, Emin Pascha, Schweinfurth und Nachtigal, stellten freudig ihre Kräfte in den Dienst des deutschen Vaterlandes. So wurde 1884 die deutsche Kolonialmacht begründet. Königliche Kaufleute, würdige Zeugen neuerwachten hanseatischen Unternehmungsgeistes, Wörmann

an der Guineaküste, Lüderitz in Südwestafrika, Herns=
heim und andere Hanseaten in Neuguinea, Godeffroy
in Samoa hatten ihr die Pfade geebnet. Opfermutige Mis=
sionare waren schon seit Jahrzehnten als Pioniere der
Kultur vorangeschritten. Auf den Spuren dieser Männer,
der Forscher, Ärzte, Missionare und Kaufleute erschloß
Dr. Peters das ostafrikanische Schutzgebiet; tüchtige Sol=
daten wie Wißmann, Leutwein, Langheld, Fran=
çois, Trotha, Dominik, Deimling, Estorff, Franke,
Volkmann, Erkert und viele andere befestigten in bluti=
gen Kämpfen gegen einen verschlagenen, erbarmungslosen
Feind die deutsche Herrschaft in den Kolonien. Die Hel=
dentaten unserer Schutztruppen beim Aufstande der
Hereros und Hottentotten in Südwestafrika in den Jahren
1904—1907 bilden ein ewiges Ruhmesblatt deutscher Ge=
schichte. In dürrem, menschenleerem Lande, in wasserlosen
Steppen und Wüsten, wo hinter jeder Klippe die feindliche
Kugel lauerte und an jeder Wasserstelle der mörderische
Typhus schlummerte, zeigten sich deutsche Reiter ihrer
Väter von Sedan würdig. Von den Tausenden von Bei=
spielen kühnen Heldenmutes ist keines so erhaben und er=
greifend, wie das des Major von Nauendorff. In dem
Gefecht bei Groß=Nabas, wo die Abteilung Meister nach
54stündigem, in der Kriegsgeschichte einzig dastehendem
Kampfe halb verschmachtet, doch unverzagt den überlege=
nen Feind durch einen wütenden Bajonettangriff zum
Weichen brachte, war Nauendorff durch einen Unterleibs=
schuß verwundet worden. 24 Stunden lag er, von Durst
und Schmerz gequält, auf glühendem, nacktem Felsen. Tau=
sende bot er für einen einzigen Schluck labenden Wassers.
Ein verwundeter Sergeant reichte ihm den letzten Rest
seiner Feldflasche. Da lehnte der Major in heldenhafter
Seelengröße den so heißersehnten Trunk mit den Worten
ab: „Trinken Sie das selbst, lieber Kamerad, Sie müssen
sich erhalten, mit mir ist's doch bald aus!" Gibt es ein
herrlicheres Beispiel deutschen Mutes, deutscher Treue,
deutscher Kameradschaft bis in den Tod? Und die gleichen
Gefühle beseelten den General wie den einfachsten Reiter.

Aber nicht nur als Eroberer kamen deutsche Schutz=
truppen, deutsche Seeleute in die tropischen Länder, sie
wurden Hand in Hand mit den hochgesinnten Missionaren
auch die Träger höherer Gesittung. Wie einst die erz=
gewappneten römischen Legionen durch die Urwälder Ger=
maniens Wege zogen, Straßen und blühende Städte bau=

ten und der Kultur, dem Handel und Verkehr neue Gebiete erschlossen, so haben deutsche Schutztruppen, wo sie zerstören mußten, desto schöner wieder aufgebaut, den Eingeborenen den Segen der Arbeit gelehrt. Deutsche Seesol-

Generalfeldmarschall Graf Haeseler und die Pfadfinder.

daten machten aus Tsingtau, einem schmutzigen chinesischen Fischerdorf, in wenigen Jahren eine blühende deutsche Stadt, an deren Küste Fremde aller Länder Erholung suchen und finden. Das Erbe, das Kaiser Wilhelm II. von seinen ruhmreichen Vorfahren übernahm, hat er ausgebaut, vermehrt und zur hohen Blüte gebracht. Unser Kaiser hat eine mächtige Flotte geschaffen und mit deren

Schutze ein neues Deutschland dem deutschen Volke ge=
festigt. Aber noch weite Gebiete überseeischer Länder harren
der Erschließung durch deutsche Kultur. Hier werdet ihr
Pfadfinder noch ein reiches Feld der Tätigkeit finden.
Seid bereit, wenn die Stunde euch ruft. Ein tüchtiger
Pfadfinder wird allen Aufgaben der Zukunft gewachsen
sein, in welchem Berufe es auch sei.

Seid stolz auf die hohen Vorbilder von Deutschlands
Größe und Macht und ehret die noch lebenden Helden aus
großer Zeit. Ihr habt das Glück, noch einen Feldmarschall
Graf Haeseler unter Euch weilen zu sehen, sowie den
Grafen Zeppelin, den kühnen Patrouillenreiter von anno
70, den Pfadfinder der Lüfte. Beide haben durch ihr Tun
und ihr Wort bewiesen, daß sie der Pfadfinderbewegung
zugetan sind und in ihr ein wichtiges Mittel sehen, um
die deutsche Jugend stark und gut zu machen. Ihr habt die
Freude, als Euer Oberhaupt den Generalfeldmarschall von
der Goltz zu sehen, einen Pfadfinder, gleichbewährt in
Krieg und Frieden, einen Ritter des Schwertes und des
Geistes.

Mögen andere Völker ihre bahnbrechenden Geister
ehren, Männer wie Stanley, Livingstone, Lord Lister
und Louis Pasteur — wir stellen ihnen unsere großen
Afrikaforscher, die ich euch nannte, ferner große Pfad=
finder der Wissenschaft, wie Robert Koch und Behring
entgegen.

Mit Recht ehren die Amerikaner in ihrem Edison
einen genialen Erfinder, dem wir namentlich das elektrische Glühlicht, den Phonographen und den Kinematographen verdanken. Wir Deutsche aber sind stolz auf die
Gebrüder Siemens, deren einer das erste Tiefseekabel
legte; wir sind stolz auf unsere Pfadfinder der Industrie,
auf Männer von dem Schlage eines Krupp und Borsig.
Auch in die arktischen Regionen, in deren Erforschung sich
die skandinavischen und angelsächsischen Nationen zu teilen
glaubten, drangen deutsche Forscher, wie Koldewey,
Weyprecht, Payer und Filchner, unverzagt vor.

Neidlos erkennen wir die Arbeit anderer Völker an,
wir wollen von ihren Erfolgen und Fehlern lernen. Was
wir aber vom Auslande als gut und brauchbar erkennen,
das dürfen wir uns auch aneignen mit dem festen Willen,
es noch besser und brauchbarer zu gestalten, zu Nutz und
Frommen unseres Vaterlandes.

Ihr könnt aber das stolze Bewußtsein schöpfen, daß

der Deutsche hinter keinem Volke der Erde zurückzustehen
braucht, daß er berufen ist, durch seinen Wagemut, seinen
Fleiß, seine ehrliche, gründliche Arbeit an der Spitze aller
Völker zu stehen. All die großen Pfadfinder des Deutsch=
tums aber, die an eurem geistigen Auge vorüberzogen, sie
bahnten auch euch die Pfade, jeder zu seinem Teil halfen
sie Deutschlands Macht und Größe erkämpfen. An euch,
junge Pfadfinder, ist es, das Eroberte zu behüten, das
euch überkommene Erbe würdig zu bewahren.

Aber nicht nur Männer, auch deutsche Frauen haben
ihren Tribut zur Ehre des deutschen Namens geleistet.
All die Namen zu nennen, fehlt hier der Raum. Ein
Bund deutscher Pfadfinderinnen ist bestrebt, in deren
Fußstapfen zu treten.

Pfadfinder auf dem Schlachtfelde von Saint Privat.

Seid ihr nun entschlossen, all den großen Vorbildern
nachzueifern, so faßt heute noch den Entschluß, wackere
Pfadfinder zu werden. Wie ihr in Feld und Wald den
richtigen Pfad finden, mit offnen Augen die Schönheit von
Gottes Natur bewundern sollt, so sollt ihr auch den Pfad
des Lebens finden, der euch zu Gesundheit und Kraft,
zum Ziele wahren, edlen Rittertums führen soll. So
müßt ihr das Wort „Pfadfinder" verstehen.

Es ist eine große Lebensaufgabe, ein Pfadfinder zu werden, aber sie kann nicht plötzlich von irgend jemand erlernt

werden, den gerade eine Laune erfaßt. Eine lange, ernste Vorbereitung ist dazu nötig. Am erfolgreichsten darin sind meist die gewesen, welche die Pfadfinderkunst schon in der Jugend lernten!

Was der Pfadfinder tun und lernen muß.

A. Ritterlichkeit.

In den dunklen Zeiten des Mittelalters waren die Ritter die Pfadfinder für Kultur und Sitte in deutschen Landen, und auf ihre Gesetze gründen sich auch heute noch die Pflichten der Pfadfinder.

Die Ritterpflichten waren: Ihre Ehre war ihnen heilig.

Sie bewahrten Treue Gott, ihrem Landesherrn und ihrem Volke.

Sie waren stets freundlich und höflich, besonders gegen Frauen und Kinder sowie gegen Schwache und Hilflose.

Sie waren hilfreich gegen jeden Mitmenschen.

Sie gaben Geld und Gut, wo jemand dessen bedurfte, und sparten zu diesem Zwecke durch einfachen Lebenswandel.

Sie lehrten sich gegenseitig den Gebrauch der ritterlichen Künste, um ihren Glauben und ihre Heimat gegen Feinde zu schützen.

Sie hielten sich gesund und kräftig, um jederzeit imstande zu sein, all diese Dinge erfolgreich vollbringen zu können, vor allem für die Verteidigung ihres Glaubens, ihres Königs und ihrer Ehre jederzeitig freudig ihr Leben einzusetzen.

Eine ihrer Hauptpflichten war, täglich ein Liebeswerk zu volllbringen.

Folget daher dem Vorbilde der alten Ritter, die schönste Tugend sei euch „Ritterlichkeit".

B. Beobachtungskunst.

Die Kunst der Beobachtung lernt man am besten durch die Beobachtung der Tierwelt, wie sie dem Weidmann eigen ist. Dieses Weidmannsgeschick erlangt man, wenn man den Spuren des Wildes nachgeht und sich so heranschleicht, daß man es in der Natur belauschen kann. So lernt man die verschiedenen Arten der Tiere mit ihren Gewohnheiten kennen. Schießen soll man sie nur, wenn man Mangel an Nahrung hat. Denn allein um des Tötens willen tötet kein Pfadfinder ein Tier.

Hat man sich einmal daran gewöhnt, die Natur mit offenen Augen zu betrachten, so wird man auch leicht lernen, seine Mitmenschen zu beobachten und aus ihrem Äußeren wie aus ihrem Benehmen ihren Charakter zu ergründen. So wird man sich vor Feinden schützen, Freunde erkennen, Bedürftigen und Kranken helfen können.

C. Lagerleben im Freien.

Pfadfinder müssen natürlich daran gewöhnt werden, im Freien zu leben. Sie müssen lernen, Zelte oder Hütten für sich aufzuschlagen, Brennmaterial herzurichten und anzuzünden, ihre Nahrung zu bereiten, ferner Balken zusammenzubinden, um Brücken und Flöße zu bauen, in fremdem Lande ihren Weg bei Nacht geradeso wie am Tage zu finden, und vieles andere, was das Buch euch zeigen wird.

Aber nur wenige lernen, geschweige denn betreiben diese Künste praktisch, wenn sie an zivilisierten Orten leben, denn da haben sie bequeme Häuser und Betten zum Schlafen, ihre Nahrung ist für sie gekocht und hergerichtet, und wenn sie den Weg wissen wollen, fragen sie den nächsten Schutzmann.

Wenn nun aber diese Leute in die Kolonien kommen und versuchen, den erprobten Pfadfinder zu spielen, da merken sie selbst, welche Tröpfe sie sind.

D. Kraft und Ausdauer.

Um alle die Pflichten und Aufgaben eines Pfadfinders erfüllen zu können, muß der Junge stark, gesund und gewandt sein. Und er kann sich selbst diese Eigenschaften anerziehen, wenn er sich nur ein wenig Mühe gibt.

Dazu gehört, daß er eine gewisse Zahl von körperlichen Übungen, wie Wandern, Turnen, Sportspiele, Laufen, Marschieren, Radfahren, Schwimmen usw., regelmäßig betreibt. Bei unseren Pfadfinderspielen kann er alle seine Körperkräfte und Sinne entwickeln, seine Unternehmungslust, Gewandtheit und Entschlußfähigkeit beweisen.

Vor allem aber darf der Pfadfinder seine Kräfte nicht nutzlos vergeuden. Wer im Trinken und Rauchen sein Heldentum sieht, wird nie ein richtiger Pfadfinder werden.

E. Allzeit bereit.

Ihr habt alle vom Eisernen Kreuz oder von Schwerterorden am Kriegsbande gehört, die der Kaiser und die Bundesfürsten Soldaten verleihen, die sich im Gefecht, unter dem Feuer des Feindes, hervorragend auszeichnen.

Daneben steht gleichberechtigt die Rettungsmedaille für diejenigen, die sich im Frieden hervortun, um das Leben ihrer Mitmenschen zu retten.

Wer dieser Auszeichnung mitten in den furchtbaren, lähmenden Katastrophen, die in großen Städten, Bergwerken, Eisenbahnen und Fabriken mitten im Frieden plötzlich hereinbrechen, ja, die durch schreckliche Erschütterungen der Erde ganze Städte und Landstriche vernichten, würdig geworden ist — ist fürwahr nicht weniger ein Held als der Soldat, der kühn in das Gewühl des Kampfes hineinstürzt, um seine Fahne zu retten oder einen Kameraden inmitten der Aufregung und des Lärms des Gefechtes herauszuholen.

In jedem Jahre erwirbt sich eine Anzahl tapferer junger Pfadfinder die Anwartschaft auf die Rettungsmedaille. Folgt ihrem Beispiel!

F. Vaterlandsliebe.

Du gehörst dem großen Deutschen Reiche an, einem der stärksten, die es jemals auf der Welt gegeben hat.

Es besteht aus 22 Bundesstaaten und drei freien Städten, die ihre inneren Angelegenheiten selbst ordnen. Aber nach außenhin steht das Reich geschlossen da, der Preuße wie der Bayer, der Sachse, der Württemberger, der Badener, der Hesse, treu ihrem Landesherrn, zeigen sie gleiche Treue auch ihrem Kaiser Wilhelm II., der im Kriege der höchste Bundesfeldherr ist. Sie alle vereinigen sich in dem mächtigen deutschen Heere, das in treuer Waffenbrüderschaft mit einer stolzen Flotte stets schlagbereit den Frieden und die Ehre des Reiches zu schirmen gewappnet ist.

Unser großes Reich erstand nicht von selbst und nicht plötzlich. Durch harte Arbeit und schwere blutige Kämpfe Jahrhunderte hindurch, mit freudiger Hingabe ihres Lebens haben es unsere Voreltern durch ihre herzhafte Vaterlandsliebe zusammenschmieden müssen. Erst als alle inneren Zwiste der deutschen Volksstämme überwunden waren, konnte das Reich stolz und stark aufgebaut werden.

Man klagt vielfach, daß es heutzutage an Vaterlands=
liebe fehle und daß dadurch einmal das Reich zerfallen
könne, wie einst die mächtige römische Herrschaft, weil die
Bürger bequem und selbstsüchtig wurden und nur noch an
Luxus und Vergnügen dachten. Wir können es nicht glau=
ben. Zuviel reine, edle Vaterlandsliebe wurde erst kürzlich
in Kolonie wie Heimat beim südwestafrikanischen Krieg
bewiesen.

Und wie freudig gab der Ärmste sein Geld, um Graf
Zeppelin, dem großen Pfadfinder der Nation, ein neues
lenkbares Luftschiff zu schenken.

Ein schönes Vorbild in allen Pfadfindertugenden sei
euch Friedrich Friesen, der tapfere Lützower Jäger, den
kein Geringerer als Turnvater Jahn mit folgenden be=
geisternden Worten geschildert hat:

„Friedrich Friesen war ein aufblühender Mann in
Jugendfülle und Jugendschöne an Leib und Seele, ohne
Fehl, voll Unschuld und Weisheit, beredt wie ein Seher;
eine Siegfriedsgestalt; von großen Gaben und Gnaden,
den jung und alt gleich lieb hatte; ein Meister des
Schwerts auf Hieb und Stoß, kurz, rasch, fest, fein und
gewaltig, wenn seine Hand erst das Eisen faßte; ein kühner
Schwimmer, dem kein deutscher Strom zu breit und zu
reißend; ein reisiger Reiter in allen Sätteln gerecht. Ihm
war es nicht beschieden, ins freie Vaterland zurückzukehren,
an dem seine Seele hing. Von welscher Tücke fiel er bei
düsterer Winternacht durch Meuchelschuß in den Ardennen.
Ihn hätte auch im Kampf keines Sterblichen Klinge gefäl=
let. Keinem zu Liebe und keinem zu Leide — aber mit
Scharnhorst unter den Alten ist Friesen von der Jugend
der Größeste aller Gebliebenen."

G. Gottesfurcht.

Die Pfadfinder des Mittelalters, die Ritter, deren
Tugenden für uns Pfadfinder noch heute vorbildlich sind,
lebten, kämpften und starben für ihren Landesherrn, aber
auch der stolzeste Sieger, der gewaltigste Herrscher beugte
sich demutsvoll vor den Geboten Gottes. Wie der Pfad=
finder dankbar seinen Landesherrn ehrt, dessen Ahnen
bereits eng mit dem Volke verwachsen, es zu immer höheren
Stufen des Ruhmes, der Macht und der Kultur führten,
so soll er auch dankbar des allmächtigen Gottes gedenken,
dem er sein Leben, seine Jugendkraft verdankt. Jeder
Pfadfinder muß daher den Pflichten seiner religiösen Ge=

meinschaft nachkommen, er muß vor allem seine Zugehörig=
keit zu ihnen durch den Besuch des Gottesdienstes öffent=
lich bekunden.

Wir Pfadfinderführer wissen wohl die Rolle der
Religion in der Jugenderziehung zu schätzen. Aber wir
fühlen uns nicht berufen, religiösen Unterricht zu erteilen,
dies überlassen wir den berufeneren Stellen, den Geist=
lichen, Lehrern und Eltern. Aber wir halten darauf, daß
jeder Junge die Vorschriften seiner Religion, welche es
auch sei, gewissenhaft befolgt. Protestanten, Katholiken,
Juden, Mohammedaner sind in dem Hauptpunkte einig, sie
verehren alle einen Gott, sie sind alle Soldaten einer
Armee, nur daß sie verschiedenen Waffengattungen ange=
hören, daher auch verschiedene Uniform tragen. Trefft
ihr also einen Pfadfinder, der einer anderen Religions=
gemeinschaft angehört, so denkt stets daran, daß er dem
gleichen König wie ihr dient, nur in anderer Uniform.
Denkt stets daran, daß die Werke der Liebe, die das Pfad=
findertum von euch fordert, auf dem Boden der Religion
erwachsen sind.

H. Die Gebote der Pfadfinder.

Die leitenden Grundsätze der Pfadfinder, auf denen sich
ihre ganze Tätigkeit gründet, liegt in dem Satze: „Sei
allzeit bereit!" Er wurde als Sinnspruch für den
Deutschen Pfadfinderbund gewählt.

Geistig stets bereit bist du, wenn du dich selbst
dazu erzogen hast, jeden Befehl des dazu Berechtigten zu
befolgen, und ferner, wenn du auf jedes Ereignis inner=
lich schon vorbereitet bist.

Körperlich stets bereit bist du, wenn du dich selber
stark und kräftig gemacht hast und dich weiter gesund er=
hältst. Dann hast du auch die Kraft, die richtige Tat am
richtigen Ort zu vollführen.

* * *

Zehn Hauptpunkte bilden die Satzungen der Pfad=
finder:

1. Auf die Ehre eines Pfadfinders muß man un=
erschütterlich bauen können.

2. Ein Pfadfinder ist treu seinem Gott, seinem
Landesherrn, dem Kaiser, und seinem Vaterlande.

3. Ein Pfadfinder ist seinen Mitmenschen nütz=
lich und hilfreich.

Der Pfadfinder muß stets bereit sein, Verunglückten zu helfen und womöglich ihr Leben zu retten.

Jeden Tag sollte er bemüht sein, einem seiner Mitmenschen mindestens einen Liebesdienst zu erweisen.

4. Ein Pfadfinder ist ein Freund aller seiner Mitmenschen, ein Bruder jedem seiner Pfadfinderkameraden, ganz gleich, welcher Gesellschaftsklasse oder Religion dieser angehört.

5. Ein Pfadfinder ist dankbar und höflich.

6. Ein Pfadfinder ist gegen Tiere liebreich.

7. Ein Pfadfinder gehorcht seinen Führern ohne Widerrede.

8. Ein Pfadfinder ist stets munter und vergnügt.

Ein Pfadfinder zeigt überhaupt bei allen Gelegenheiten immer nur ein freundliches Gesicht. Es heitert ihn selbst auf ebenso wie die anderen Leute. Besonders im Angesicht einer Gefahr wird dies sehr wertvoll.

9. Ein Pfadfinder ist sparsam.

10. Ein Pfadfinder hält sich rein an Körper, in Gedanken, Worten und Taten.

Alle diese Tugenden, die euch der Ritterspiegel noch eingehender vor Augen führen soll, werdet ihr natürlich nicht von heute auf morgen erlernen.

*   *   *

Aber Rom wurde auch nicht an einem Tage erbaut. Nehmt euch daher vor, in täglichem oder wöchentlichem Wechsel wenigstens eines der Pfadfindergebote zu üben. Beharrlichkeit führt zum Ziel.

Der Pfadfinder verspricht daher bei seinem Eintritt ins Korps durch Handschlag, diese zehn Gebote nach Kräften treu zu erfüllen und vor allem als echter deutscher Junge für Kaiser und Reich, für Fürst und Vaterland sein Bestes einzusetzen.

Je kräftiger und geschickter aber ein Pfadfinder ist, desto mehr muß er seine Ehre darein setzen, auch die Ritterpflichten zu erfüllen. Es sind die gleichen, die Friedrich Ludwig Jahn von seinen Turnern verlangte:

„Man kann es dem Turner, der eigentlich leibt und lebt, nicht oft und nachdrücklich genug einschärfen, daß

keiner den Adel des Leibes und der Seele mehr wahren
müsse denn gerade er. Am wenigsten aber darf er sich
irgendeines Tugendgebotes darum entheben, weil er leib=
lich tauglicher ist. Tugendsam und tüchtig, rein und ring=
fertig, keusch und kühn, wahrhaft und wehrhaft sei sein
Wandel. Frisch, frei, fröhlich und fromm — ist des Tur=
ners Reichtum."

Der Großherzog von Baden bei den Heidelberger Pfadfindern.

Zweites Kapitel

Der Ritterspiegel.

Von Gymnasialprofessor Dr. Ludwig Kemmer, München.

Von den Rittern und ihren Taten lesen und hören die jungen Deutschen nicht mehr viel. Das ist schade. Großes und Schönes droht dadurch in Vergessenheit zu geraten oder unverständlich zu werden: die Gewinnung eines großen Teiles des vaterländischen Bodens, der Nachglanz einer großen kriegerischen und kolonisatorischen Tätigkeit in Symbolen unsers Vaterlandes und in Ehrenzeichen und der Nachhall hohen, wohlverdienten Ruhmes in der modernen Verwendung der Wörter Ritter und ritterlich.

Ich weiß, ihr greift viel lieber nach Büchern, die euch von der Gegenwart erzählen, als nach solchen, die euch in die Zeit des Rittertums führen. Eure Phantasie verweilt lieber in der Gegenwart als in der Vergangenheit. Vielleicht habt ihr auch das Rittertum nur in einem Zerrbilde wie die Geschichte von Don Quichotte kennen gelernt.

Ganz anders klingt und dringt zu Herzen, was Wolfram von Eschenbach von seinem roten Ritter erzählt.

Der rote Ritter war Parzival, Gachmurets und Herzeloydens Sohn. Kurz vor seiner Geburt erhielt seine Mutter die Nachricht vom Tode des Gatten. Gachmuret war auf einem Kriegszug im Morgenland gefallen. Durch den ritterlichen Tatendrang des Gatten war Herzeloyde Witwe geworden. Um nicht auch das Kind zu verlieren, wollte sie es ohne Kenntnis des ritterlichen Lebens aufwachsen lassen. Aber eines Tages begegnete ihr Sohn einem Ritter und seinen Mannen, die Räubern nachsetzten. Nun wollte der Knabe auch ein Ritter werden und er ruhte nicht, bis ihn seine Mutter ziehen ließ. Durch eine List suchte sie ihn zur baldigen Rückkehr zu bewegen. Sie rüstete den hochaufgeschossnen, aber kindlich unerfahrnen jungen Mann so aus, daß er draußen in der Welt Spott ernten mußte.

Dadurch, hoffte sie, würde er wieder zur Mutter heim=
getrieben.

> Aus Sacktuch schnitt in einem Stück
> Sie Hos' und Hemd; das hüllt ihn ein
> Bis mitten auf sein blankes Bein,
> Mit einer Gurgel obendran.
> Zwei Bauernstiefel wurden dann
> Aus rauher Kalbshaut ihm gemacht.

Aber der junge Vogel flog nicht mehr zum Nest zu=
rück. Parzival kam durch seine kindliche Torheit mit
einem Ritter von der Tafelrunde des Königs Artus in
Streit und streckte seinen Gegner im Kampfe durch einen
Speerwurf nieder. Den Gefallnen, Ither von Gahevies,
hieß man den roten Ritter.

> Denn all sein Harnisch glänzt so rot,
> Daß des Beschauers Auge loht.

Der junge Sieger legte die Rüstung des Gefallnen
an und hieß von nun an der rote Ritter. Die Rüstung
fügte sich prächtig an seine Glieder, aber der törichte Knabe
wurde durch das Stahlgewand noch nicht zum ritterlichen
Mann. Dazu machte ihn durch weise Lehren erst der greise
Gurnemanz. Der riet ihm:

> Daß Euer Adel sich nicht neige,
> Nein, hoch und immer höher steige,
> Laßt Euch der Dürftigen erbarmen
> Und helft in ihrer Not den Armen
> Mit Milde und mit Gütigkeit.

> ———————————

> Prägt fest Euch diese Vorschrift ein:
> Lernt weislich arm und reich zu sein.
> Denn wirft der Herr sein Gut dahin,
> Das ist nicht echter Herrensinn;
> Doch nur den Schatz zu mehren,
> Das wird ihn auch nicht ehren.
> Gebt jedem Ding sein rechtes Maß.
> Ich kann nicht leugnen, denn ich sah's,
> Daß Ihr des Rats bedürftig seid.
> Was sich nicht ziemt, das laßt beiseit.
> Vor allem sollt Ihr nicht viel fragen,
> Doch wohlbedächtig Antwort sagen,
> Daß, was der Frager ihr entnimmt,
> Auch recht zu seiner Frage stimmt.
> Gebrauchet aller Eurer Sinne,
> Daß Ihr des Wahren werdet inne.
> Folgt meinem Wort und übt im Streit
> Bei kühnem Mut Barmherzigkeit.

So ward Parzival auch innerlich zum Ritter und er
bewährte sein Rittertum, indem er Bedrängten half,

wie er konnte. Aber es fehlte ihm noch an Lebenserfahrung, daher befolgte er eine von den Lehren seines Meisters, die Weisung: „Vor allem sollt Ihr nicht viel fragen", wörtlich und fragte, als er auf einer Burg den Burgherrn, seinen Gastfreund, schwer leiden sah, nicht nach dem Grunde dieser Leiden. Durch eine teilnehmende Frage hätte er aber den kranken Fürsten von seinem Siechtum befreien können; da er die Frage unterließ, litt der Kranke weiter unter seiner Qual. Als der allzu gehorsame Schüler dies erfuhr, fühlte er sich seiner Ritterehre beraubt. Er schied aus der Tafelrunde des Königs Artus:

> Als Freunde gabt ihr mir die Hand,
> Solang mein Ruf in Ehren stand,
> Des seid entbunden, bis ihr hört,
> Gesühnt sei, was mein Glück zerstört.

Und er ruhte nicht, bis er die Burg, in der er durch eine Frage so viel Qualen hätte verhüten können, wieder gefunden und die erlösende Frage an den kranken Burgherrn gestellt hatte.

Diese Sage, von einem Ritter erzählt, zeigt uns, wie streng von den Rittern Teilnahme und Hilfe für Bedrängte, Schwache, Kranke gefordert wurde und mit welcher Gewissenhaftigkeit sie diese Forderung erfüllten.

Im Geschichtsunterricht lernt ihr, daß diese Forderung in drei Ritterorden das Band war, das die Ordensangehörigen verknüpfte. Ihr habt von den Tempelherren, den Johannitern, den Teutschherren gehört. Geht mit mir ein bißchen zu den Anfängen des deutschen Ritterordens zurück. Wir werden von dort, von den Orden geleitet, einen Weg in unsre Zeit finden.

Der deutsche Orden der Herren zu St. Marien entstand im Jahre 1189 während des dritten Kreuzzugs vor Akkon. Wie die Johanniter und die Tempelherren erfüllten die Teutschherren zwei Aufgaben: sie pflegten kranke Pilger und kämpften gegen die Feinde des christlichen Glaubens. Sie erwarben im Morgenlande reichen Besitz und hohen Ruhm, aber es kam eine Zeit, wo die kriegerische Kraft des Ordens sich nicht im Kampf gegen die Sarazenen betätigen konnte. Da drohte dem Orden die Gefahr des „Verliegens". So nannten die Ritter das erschlaffende Zuhausesitzen. Um diese Gefahr abzuwehren suchte der Hochmeister Hermann von Salza seinen Rittern einen neuen Schauplatz zur Erhaltung ihrer Tätigkeit. Er fand ihn an der Nordostgrenze der Heimat, in Masovien und Pommerellen,

wo die christlichen Polen unter den Einfällen der zwischen
Weichsel und Memel wohnenden heidnischen Preußen schwer
zu leiden hatten. Ein vierjähriger und ein mehr als
zwanzigjähriger Aufstand der unterworfnen Preußen führte
in schweren Kämpfen zur Vernichtung des slawischen Volks=
stammes, der den Namen Preußen getragen hatte, und
zur Entvölkerung des Landes.

Das Land, das die Ordensritter deutsch gemacht hat=
ten, war die Pforte, durch die vor hundert Jahren die
Freiheit ins geknechtete Vaterland kam. Damals, als
sich das preußische Volk zum Kampf gegen die Fremdherr=
schaft erhob, stiftete König Friedrich Wilhelm III. ein
Ehrenzeichen von schlichtem Metall und schlichten Farben,
den Orden des eisernen Kreuzes. Als im ersten Drittel des
vorigen Jahrhunderts eine preußische Kriegsflotte gegrün=
det wurde, erhielt sie zur Flagge das schwarze Kreuz der
Deutschritter auf weißem Grund, die Farben und das
Zeichen des Landes, das die Deutschritter deutsch gemacht
hatten.

**Laßt Euch der Dürftigen erbarmen
Und helft in ihrer Not den Armen
Mit Milde und mit Gütigkeit.**

Geben ist nicht immer leicht, weil es eine stolze, schüch=
terne Armut gibt, die sich verbirgt. Wer ritterlich auch die
verschwiegenste Armut lindern können will, der muß aus
Blicken, Mienen und Gebärden, aus einem Gewande, das
die Flickkunst der Armut geschmückt und weit über die ge=
wöhnliche Dauer erhalten hat, aus überraschender Enthalt=
samkeit und hundert andern Dingen wie aus Runen stille,
nie zum Worte werdende Bitten lesen können. Der muß
so geben können, daß er mit einer Schwester oder mit
einem Bruder zu teilen scheint. Der muß vor allem teilen
können. Das Teilen lernt sich aber am leichtesten und am
besten unter Kameraden in der Pfadfindertruppe und im
Heere. Kameraden nennt man die, die das gleiche Zelt be=
wohnen. Sie müssen den letzten Bissen und den letzten
Schluck miteinander teilen und auch in jedem Mitmenschen,
der nicht ihre Farben trägt, einen Kameraden sehen lernen.
Ein Kind, das erst gelernt hat, die Hälfte seines Apfels
einem Spielkameraden zu schenken, wird bald die Bitte um
einen Bissen auch aus einem Blick lesen und den ganzen
Apfel verschenken können. Kann es dies aber, dann ist
ihm eine Glücksquelle erschlossen, die es sein Leben lang
laben wird.

**Folgt meinem Wort und übt im Streit
Bei kühnem Mut Barmherzigkeit.**

Während des Feldzugs gegen Dänemark schrieb Moltke
an seinen Bruder Ludwig: „Es gibt wohl kaum ein gut-
mütigeres Volk als unsere Soldaten. Sowie der letzte
Schuß gefallen ist, tragen die langen Westfälinger wie Kin-
derfrauen die dänischen wie ihre eigenen Verwundeten in
das nächste Lazarett, wo alle gleich sorgsam behandelt werden." Den langen Westfälingern gaben in den beiden großen Kriegen, die auf den ersten Einigungskrieg folgten,
die andern deutschen Stämme nichts nach. Es ist Jungen-
art, mehr aus Furcht, gut und weich zu erscheinen, als aus
Gleichgültigkeit gegen die Not des Nächsten oder aus Ab-
neigung gegen die Mühe des Helfens manches gute Wort
ungesprochen und manche gute Tat ungetan zu lassen.
Überwindet diese Scheu, gewöhnt euch ans Helfen, damit
man von euch im Frieden und im Krieg das gleiche rühmen
kann wie von den langen Westfälingern.

**Denkt, daß Ihr Frauen liebt und ehrt;
Denn das erhöht des Jünglings Wert.**

Unsre Vorfahren, die alten Germanen, ehrten in der
Frau den guten Kameraden, „die Genossin des Mannes in
Mühen und Gefahren, bereit, im Frieden und im Kriege
das gleiche zu wagen und zu tragen" — weite Wanderungen und heiße Kämpfe, Wetter und Wunden, Not und Tod.
Sie sahen in den Frauen die heiligsten Zeugen ihrer Tap-
ferkeit, das Lob dieser Zeugen galt ihnen als reichlicher
Lohn für jede gute, tapfre Tat und wog ihnen das schwerste
Opfer an Blut auf. Sie nahmen an der Frau eine Eigenschaft wahr, die sie bei ihren Göttern suchten, die Güte,
und darum umgab in ihren Augen die ratende, helfende,
mit ihrer wachen Sorge durch den Schleier der Zukunft
schauende Genossin göttliche Glorie; sie glaubten, den gütigen, hilfreichen Wesen wohnten Heiligkeit und Seherkraft
inne. Die Ritter des Mittelalters erbten von den Germanen das lange Schwert, die Spatha, und mit der
Reckenwaffe die Reckenkraft und mit der Reckenkraft an
Leib und Seele die Nahrung, durch die sie erhalten und erhöht wurde, die Achtung vor den Frauen. Eine Sage aus
der Ritterzeit, die ein ritterlicher Sänger, Hartmann von
Aue, in einem schönen Gedichte erzählt, zeigt euch, daß
diese Achtung auf dem Gefühl treuer, opfermutiger Kameradschaft begründet war: Ein schwäbischer Ritter wird vom

Aussatz befallen, der Arzt in Salerno kann ihm nur ein un=
erreichbar scheinendes Heilmittel nennen, das freiwillig ge=
opferte Herzblut einer Jungfrau. Hoffnungslos kehrt der
Kranke heim. Ein Kind, das Töchterlein seines Meiers,
bringt ihm spielend und plaudernd Sonne in seine dunklen
Tage, wächst heran und entschließt sich, dem geliebten Herrn
das Opfer zu bringen, von dem ihm Heilung verheißen ist.
Der Arzt in Salerno ist schon daran, den Schnitt nach
dem Herzen der heldenmütigen Helferin zu führen, da
bringt der Ritter ein und hält die Hand des Arztes zurück.
Das Leid um das Leben, das für ihn vernichtet werden
soll, hat in dem Kranken den Entschluß erzeugt, auf die
Heilung zu verzichten und sich in sein Schicksal zu ergeben.
Und Gott belohnt den Opfermut der Jungfrau und die
Ergebung des Siechen, indem er ihm Genesung schenkt.
Das tapfre Mädchen aber wird die Lebensgefährtin des
Ritters. Aus der Kameradentreue, der Dankbarkeit
und Ehrerbietung gegenüber den Frauen, wovon
diese Sage zeugt, ergab sich naturgemäß jenes Verhalten,
das wir heute noch nach den Rittern benennen, die Ritter=
lichkeit.

Seid männlich stets und wohlgemut,
So lobt man Euch und wird Euch gut!

Frisch gewagt ist halb gewonnen. Wenn einer von
euch sich durch das Bewußtsein gedrückt fühlt, daß er vor
dem Wasser und vor dem Feuer, vor Tieren, Krankheiten
und Schmerzen mehr Bangen empfindet, als er bei seinen
Kameraden wahrnimmt, dann soll er sich durch dieses Be=
wußtsein einer in körperlichen Anlagen oder in einer leicht
erregbaren Phantasie begründeten Schwäche nicht nieder=
drücken lassen, sich nicht für unverbesserlich feige halten,
sondern daran denken, daß man sich die Lebensstütze des
Mutes erwerben kann. Er kann seinen Körper stärken
und seine Phantasie zügeln, daß ihm jener nicht bei einem
Sprung oder einem Klimmzug oder einer Wanderung ver=
sagt und diese nicht Unbequemlichkeiten als Beschwerden,
Unpäßlichkeiten als Krankheiten, Schwierigkeiten als Ge=
fahren, Unbehagen als Schmerzen, Schmerzen als Qualen
erscheinen läßt. Wer von euch noch nicht schwimmen kann,
vielleicht weil er nicht den richtigen Lehrer in dieser Kunst
fand oder keine Gelegenheit hatte, sich an das Wasser zu
gewöhnen oder durch den Spott von törichten Kameraden
im Erlernen gestört wurde, der wende sich an den Ver=

wandten oder Lehrer oder Kameraden, zu dem er das größte Vertrauen hat. und bitte ihn um Anleitung und Unterweisung. Jeder Pfadfinder braucht diese Fähigkeit, sie gehört zu den Grundlagen seiner Tätigkeit, sie stählt seine Gesundheit, seine Kraft, seinen Mut.

Laßt euch erzählen, was ein mutiger Pfadfinder geleistet hat: Am 15. August 1901 badeten ein paar Mädchen nachmittags in Allmannshausen im Starnberger See. Der Tag war regnerisch, die See sehr unruhig. Eines der Mädchen, das ein bißchen schwimmen konnte, versuchte aus der Hütte zu schwimmen, verlor den Grund und sank unter. Das andre wollte ihm helfen, wurde aber von dem sinkenden in die Tiefe gerissen. Die Hilferufe wurden von einem dreizehnjährigen Jungen vernommen. Obwohl er bereits am Morgen von Feldafing nach Allmannshausen geschwommen war, sprang er in voller Kleidung ins Wasser, tauchte nach den Verunglückten und rettete beide. Kann es ein leuchtenderes, lockenderes Vorbild für euch geben als diese Heldentat eines Dreizehnjährigen? Der Tapfre, Wilhelm Freiherr von Redwitz, erhielt die Rettungsmedaille.

Dies ist nicht das einzige Beispiel des Heldenmuts, das euch Altersgenossen gaben. In einem spätern Kapitel werdet ihr noch viele solche Vorbilder kennen lernen.

Unter denen, die dieses Buch lesen, werden sich wahrscheinlich auch arme Jungen befinden, die schwach, geistig unbegabt, gebrechlich, oder mit schweren körperlichen Fehlern von Geburt auf behaftet sind. Solche junge Menschen, deren Lebensmorgen ohne Sonne ist, werden sagen: „Ja, Leben retten, wer das könnte! Mir fehlt die Zeit, die Willenskraft, der Mut zur Entwicklung meiner körperlichen Kraft und Gewandtheit. Ich muß mich meiner Schwäche, meines Mangels an Begabung schämen. Der Lehrer schont mich, aber seine Schonung ist fast so unerträglich wie der Spott der Kameraden. Leben retten? Ja, das mag etwas Schönes sein. Aber gerettet werden? Wenn ich ins Wasser fiele, versänke ich, und das Ertrinken soll ein leichter Tod sein. Ich möchte nicht gerettet werden." Aus solchen Stimmungen entstehn in jedem Jahre Schülerselbstmorde. Trägt einer von euch, die ihr dieses lest, so dunkle Gedanken in sich herum, fühlt er sich durch eine unerträglich scheinende Scham zu dem furchtbaren Entschluß gedrängt, das Leben wegzuwerfen, noch ehe er damit andern genützt hat, dann versuche er sich zum Kampfesmut und zur Ausdauer zu erziehen. Ein nahender

Mißerfolg, der euch zu entehren und zu erdrücken droht, falsche, ungerechte Behandlung, das sind lauter Gefahren, Nöte und Schmerzen, die ihr bekämpfen könnt, wenn ihr die Grundsätze der alten Ritter befolgt: Wenn ihr euch einer Gefahr gegenüber seht, macht nicht Halt vor ihr und meßt nicht ängstlich ihre Größe, sondern wagt den Sprung, geht dem Schrecknis kühn zu Leibe und es wird, wenn ihr erst mitten drin seid, nicht halb so arg sein, wie es aussah. Verzagt nie! —

Kämpft nur ein paar Schwerthiebe länger! Glaubt mir: Schulnöte, Jugendschmerzen gehen über einen jungen

Unserem Generalfeldmarschall Grafen Haeseler ein Gut Pfad!

Menschen, der den Mut nicht verliert, weg wie ein Hagel= schauer oder wie ein trüber Tag über einen jungen Baum, oder wie eine Staubwolke über einen Wanderer. Das Wachstum können sie nicht aufhalten und die Wanderlust nicht lähmen. Und so sicher der Wandersmann eine Quelle findet, die ihn labt, und über dem Bäumchen ein sonniger Tag anbricht, der ihm die Knospen öffnet, so sicher findet ihr in eurer Nähe ein Auge, das euch euern Kummer vom Gesicht ablesen kann, oder ein Ohr, das eure Klage an= hört, oder, was euch am sichersten Mut und Selbstvertrauen geben wird, ein Leid, das ihr mit eurer schwachen Kraft, an der ihr verzweifelt, lindern könnt.

Nicht immer ficht der Mut unter einem so leuchtenden Banner, wie wenn er ein Menschenleben rettet. Und nicht immer braucht die Liebe einen starken Arm und ein mutiges Herz, wie wenn sie dem drohenden Tod ein Leben entreißt.

Sie muß auch Entbehrungen verhüten, Schmerzen lindern, Tränen trocknen können. Dabei kann ihr auch ein Junge helfen, der sich wertlos fühlt, weil man ihn dumm, ungeschickt, zum Studium ungeeignet, zum Handwerk unbrauchbar nennt. Schon oft ist ein Schwan geworden, was in seiner Jugend als ein häßliches, junges Entlein galt. Im Dienste der Nächstenliebe kann sich auch ein Schwacher als Ritter bewähren, und wenn er unverdrossen seinen Mut und seine Kraft stählt, kann er ein Retter werden.

Metzer Pfadfinder beim Winken.

Drittes Kapitel

Die Augen auf!

Von Major Maximilian Bayer.

***

Abschnitt 1.
Spurenlesen.

Man könnte wohl versucht sein, das Spurenlesen für eine brotlose Kunst zu halten, zumal es bei uns noch wenig geübt und gepflegt wird. Indessen hat sich erst kürzlich wieder im südwestafrikanischen Kriege gezeigt, von welch großem Wert diese Fertigkeit unter Umständen sein kann. Die jungen, in der Kolonie landenden deutschen Schutztruppensoldaten verstanden so gut wie nichts vom Spurenlesen. Erst allmählich haben sie sich „auf der Pad", wie man dort sagt, notdürftig daran gewöhnt, aus den Abdrücken im weichen Sande über Anwesenheit, Zahl und Absichten des Feindes Schlüsse zu ziehen. Trotzdem blieben sie darin natürlich Stümper den Eingeborenen gegenüber, die seit frühester Jugend diese Kunst pflegen und deshalb in den Spuren zu lesen verstehen, wie wir Kulturmenschen in einem aufgeschlagenen Buche. Nur alte Schutztruppler, die schon seit Jahren im Lande waren, vermochten es den Eingeborenen einigermaßen gleichzutun, ein Zeichen dafür, daß wir Weißen sehr wohl die Fähigkeit besitzen, die zu einem guten Spurenlesen gehört, und daß uns nur die Übung mangelt. Am besten lernt man auch hierfür schon in der Jugend.

Die Volksstämme unserer Kolonien sind vorzügliche Spurenleser. Dafür ein Beispiel. Ich hatte eine Patrouille in der Steppe des östlichen Hererolandes zu reiten. Als Kundschafter waren mir zwei Witbois mitgegeben, deren Stammesbrüder damals noch auf unserer Seite standen. Die Witbois sind als tüchtige Spurenleser in der Kolonie bekannt. Die beiden Hottentotten trabten mit gesenkten Köpfen vor meiner Patrouille her und spähten aufmerksam

Ein Buschmann folgt der Spur.
(Aus „Mit dem Hauptquartier in Südwestafrika" von Major M. Bayer.)

nach Spuren auf dem Boden. Von Zeit zu Zeit hoben sie die Köpfe, warfen rasch einen Blick rechts und links in die Büsche und hefteten dann wieder ihre Augen auf den san=
digen Weg, auf dem wir vorwärts eilten. Plötzlich hielten sie, verständigten sich, sprangen ab, winkten meiner Pa=

trouille zu, sie solle halten, prüften etwa fünf Minuten
lang sorgfältig eine Fährte, die den Weg vor uns kreuzte,
und folgten ihr 100 Schritte weit, um die Richtung festzustellen. Ich näherte mich vorsichtig, um die Spur nicht
zu verwischen. Der eine Witboi, der gebrochen deutsch
sprach, zeigte mir einige Abdrücke am Boden und setzte
mir auseinander, was er daraus ersehen habe. Zunächst
deutete er nach einem Punkt am Himmel und erklärte,
an dieser Stelle habe die Sonne gestanden, als der feindliche Trupp hier durchgekommen war. Da der Witboi keine
Uhr besaß, wohl auch kaum eine Ahnung von unserer Stun-
deneinteilung hatte, war dies ein ebenso einfaches wie
sicheres Mittel, die Zeit zu bestimmen. Ich ersah nun durch
Vergleich mit dem jetzigen Stand der Sonne, daß die Spur
etwa sechs Stunden alt war. Dann erzählte der Witboi
kurz und klar: Die Spur rührt von armen Feldhereros
her, und zwar besteht die Bande aus 4 Männern, 3 Frauen
und 4 Kindern; die Leute führen 3 Ziegen, 2 Rinder,
1 Reitochsen und 1 Hund mit sich. Zwei der Männer tragen Keulen als Waffe, sie haben sie wie Spazierstöcke benutzt, es ist also unwahrscheinlich, daß sie auch noch Gewehre
besitzen. Als ich fragte, woher er denn wisse, daß ein Reit-
ochse mit von der Partie gewesen wäre, meinte der Witboi,
das könne man doch ganz deutlich sehen, denn ein Rind,
auf dem ein Mann sitze, pflege ganz anders zu treten als
ein freilaufendes Tier. — Die Bande, deren Spur wir gefunden hatten, wurde bald darauf gefangen, und es stellte
sich nun heraus, daß die Witbois in allen Punkten richtig
beobachtet hatten.

Leider hat das geringe Orientierungsvermögen unserer
im Pfadfinden nicht ausgebildeten Reiter mitunter zu be-
dauerlichen Verlusten an kostbaren Menschenleben geführt.
Öfters haben Schutztruppler, die vom Lager aus in den
Busch gingen, um Holz zu sammeln, ihren Weg nicht wieder
zurückgefunden, obwohl sie sich nur wenige hundert Schritte
von ihrer Truppe entfernt hatten! Wenn man dann später
ihre Abwesenheit bemerkte und sie mit eingeborenen Führern zu suchen begann, konnte man beobachten, wie die Verirrten verzweiflungsvoll in Bogen und Kreisen herum-
gelaufen waren, da sie keine Ahnung mehr hatten, wo das
Lager zu suchen war. Wollte es das Glück, so fand man
die Vermißten im Busch, freilich meist schon recht verhun-
gert und halb wahnsinnig vor Durst. Mitunter stieß man
aber nur noch auf die Leichen oder konnte feststellen, daß

die Verirrten mitten in die Haufen des erbarmungslosen
Feindes hineingelaufen waren! Nie wird einem Eingeborenen dergleichen begegnen. Abgesehen davon, daß er ein uns
weit überlegenes Orientierungsvermögen besitzt, würde er
stets imstande sein, sich auf der eigenen Fährte zum Lager
zurückzufinden.

Auch in der Wüste sind öfters deutsche Reiter von dem

Spurenlesen.

nur aus Spuren bestehenden Pfad abgekommen und dann
im tiefen Triebsande der Namib einem qualvollen Durtttod
erlegen! Auch hier hätte die Kunst des Pfadfindens, des
Spurenlesens, mancher deutschen Mutter den Sohn retten
und erhalten können. Zum Beispiel hat ein Schutztruppler,
der sich in der Wüste verirrt hatte, den unbegreiflichen
Fehler gemacht, den ganzen Tag auf die Sonne loszumar-
schieren, statt auf der eigenen Spur den Rückweg zu suchen.
Eingeborene fanden ihn verdurstet im Sande liegen. Die
genau im Halbkreis gehende Fährte verriet uns, wie er
gehandelt hatte.

Die Fertigkeit des Spurenlesens hat vielleicht hier in
der Heimat nicht so hohen Wert wie draußen in der Wildnis. Gewiß! Aber wer kann wissen, ob ihn nicht doch
einmal das Schicksal in ferne Länder bringt, und welcher

lebensfrohe Junge wird sich nicht danach sehnen, daß ihn sein Weg dereinst hinausführt in die große, weite Welt?

Jedenfalls ist Spurenlesen eines der wichtigsten Hilfsmittel für den Pfadfinder. Auch Jäger machen oft Gebrauch davon. Aber um ein guter Spurenleser zu werden, muß man jede Gelegenheit wahrnehmen, bei Spaziergängen auf dem Lande und auch in der Stadt das Auge dafür scharf zu halten. Wenn man sich erst einmal daran gewöhnt hat, auf Spuren zu achten, so tut man es, ohne sich dessen bewußt zu werden. Es ist überdies eine sehr nützliche Gewohnheit, die uns den langweiligsten Weg interessant macht.

Wenn Jäger durch das Feld streifen, suchen sie zunächst

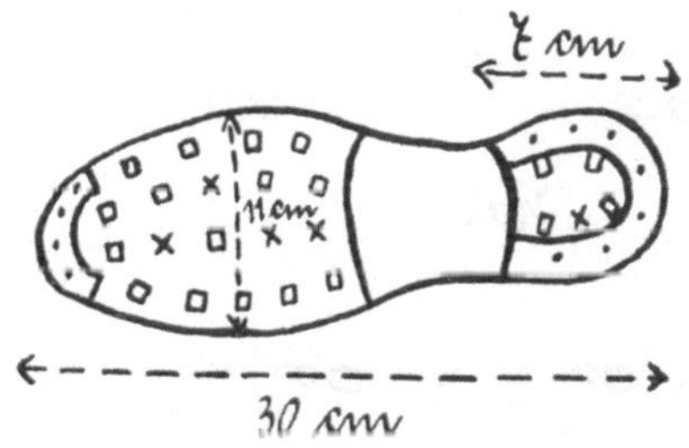

Zeichnung eines Fußabdrucks. × = fehlende Nägel.

nach alten oder neuen Spuren, um festzustellen, ob überhaupt Wild vorhanden sei. Dann prüfen sie die neuen Abdrücke, um die Schlupfwinkel der Tiere zu finden. Stoßen sie hierbei auf eine ganz frische Spur, so folgen sie ihr, bis sie das Wild aufstöbern und erlegen können. Schließlich müssen sie häufig ihre eigene Fährte wieder verfolgen, um sich nach dem Lager zurückzufinden.

Genau so müssen Späher dem Feinde gegenüber handeln!

Vor allem muß ein gewandter Pfadfinder imstande sein, die Fußspur eines Mannes von der eines anderen an ihrer Eigenart zu erkennen: Länge, Umrisse, Nägel usw. geben jeder Fußspur ein besonderes Gepräge.

Aus der Spur eines Mannes, d. h. aus der Länge seines Fußes und der Schrittweite, kann man auch bis zu einem gewissen Grade auf seine Körpergröße schließen.

Zur Prüfung der Spur empfiehlt es sich, einen recht scharfen Abdruck auszuwählen und sorgfältig seine Ge-

ſamtlänge, die Abmeſſungen des Abſatzes und die Breite
des Ballens zu meſſen. Ferner iſt die Anzahl der Nagel=
eiſen, der einzelnen Nägel in jeder Reihe, ſowie die Form
der Abſatzeiſen und der Nagelköpfe von größter Wichtig=

Pferdespuren.

80 cm

Schritt.

130 cm

Trab.

220 cm

kurzer Galopp.

l. h.   r. v.   l. v.   r. h.   l. h.
190 cm   115 cm   230 cm   150 cm

Karriere.

r. = rechter F
l. = linker F
v. = vorder F
h. = hinter F

Lahmes Pferd. An welchem Fuß lahmt es.

keit, weil dieſe Einzelheiten den Fußabdruck von anderen
unterſcheiden.

In gleicher Weiſe iſt die Schrittlänge ſo zu prüfen,
daß man den Abſtand von der Spitze des einen Fußes bis
zum Abſatz des anderen ſorgfältig abmißt.

Ein guter Pfadfinder muß auf den erſten Blick aus der

Spur erkennen, in welcher Gangart sich der Mann be-
funden hat, der sie hinterließ. Wenn nämlich ein Mann
geht, so setzt er den ganzen Fuß auf, und die Schrittlänge
beträgt etwa 80 cm. Beim Laufen dagegen drücken sich
die Fußspitzen tief in den Boden und werfen beim Abdrücken ein wenig Sand und Erde nach vorn; überdies ist
der Sprungschritt etwas länger und beträgt durchschnittlich
etwa 90—100 cm. Es kommt natürlich vor, daß ein Mann
rückwärts läuft, um den Spurenleser zu täuschen. Aber
ein tüchtiger Pfadfinder fällt darauf nicht hinein, denn er
kann diese List sofort daran erkennen, daß die Füße weniger
auswärts stehen als beim Vorwärtsgehen, und daß die Ab-
sätze fest eingedrückt sind.

Wenn sich Tiere rasch bewegen, drücken sie ihre Füße
tief in den Boden ein und werfen dabei Staub auf; auch
ist ihr Schritt bei schnellem Lauf länger als bei gewöhn-
lichem Gang.

Ein guter Pfadfinder muß darin geübt sein, die Gangart eines Pferdes sofort aus der Spur zu erkennen.

Im Schritt hinterläßt das Pferd paarweis stehende
Hufspuren, indem der linke Hinterfuß dicht an den linken
Vorderfuß und der rechte Hinterfuß dicht an den rechten
Vorderfuß herantritt.

Im Trabe ist die Hufspur ähnlich, nur ist die Schrittweite etwas größer, auch wird etwas Staub nach vorn
aufgeworfen. Noch größer ist der Galoppsprung.

Der Hinterfuß pflegt etwas kleiner als der Vorderfuß
zu sein.

Die Wegelagerer früherer Zeiten und die Pferdediebe
von heutzutage schlugen häufig ihren Pferden die Eisen
verkehrt an, um die Verfolger zu täuschen. Aber ein guter
Pfadfinder läßt sich dadurch nicht irremachen, ebensowenig
wie er sich von rückwärtsgehenden Menschen betrügen läßt.

Auch Räderspuren erfordern eingehendes Studium;
denn man muß zu unterscheiden verstehen, wie die Fährte
eines Lastfuhrwerks, eines Leiterwagens, einer Droschke,
eines Automobils und eines Zweirades aussieht. Auch
die Richtung, in welcher ein Wagen fuhr, läßt sich aus
der Räderspur folgern, weil sich der Sand unter dem
Druck des Rades etwas nach vorwärts schiebt, was am
Rande der Spur leicht zu sehen ist. Von ihrem Platz
gerückte Steine geben auch manchmal einen Anhalt, da
sie natürlich in der Fahrtrichtung nach vorwärts gestoßen
wurden. Ebenso läßt sich bei gewöhnlichen Wagen aus

der Spur der Zugtiere die Richtung und auch die Schnellig=
keit erkennen, mit der das Gefährt vorwärts gezogen
wurde.

Die Feststellung des Alters einer Spur erfordert lange
Übung und Erfahrung, ist jedoch mitunter von großer
Wichtigkeit.

Von der Beschaffenheit des Bodens hängt natürlich
viel ab. Ich nehme einmal an, wir verfolgen an einem

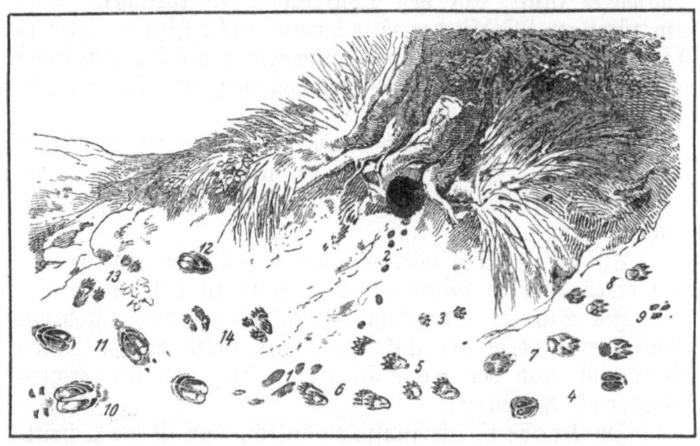

Spuren im Schnee. 1. Hase, 2. Kaninchen, 3. Katze, 4. Reh, 5. Dachs,
6. Fischotter, 7. Fuchs, 8. Iltis, 9. Marder, 10. Schwarzwild, 11. Rot=
wild, 12. Damwild, 13. Hermelin, 14. Vorstehhund. (Aus „Im Forst=
hause Falkenhorst" von A. Kleinschmidt.)

trockenen, windigen Tage eine Fährte über verschiedenen
Untergrund; wir sehen dann zunächst, daß die Spur auf
weichem, sandigem Grunde rasch alt aussieht, weil die
aufgewühlte, noch etwas feuchte tiefere Schicht schnell
trocknet und dann dieselbe Farbe annimmt wie die übrige
Oberfläche; auch werden die Ränder der Spur durch den
Wind schnell abgeflacht. Kommen wir nun aber auf
feuchten Grund, so erscheint die Fährte viel frischer, weil
die Sonne die aufgewühlte Erde nicht so schnell trocknen
kann, und die Spurenumrisse dem Winde länger wider=
stehen. So geschieht es denn häufig, daß eine Fährte,
die im Sande einen Tag alt erscheint, an Stellen, die
vor dem Winde geschützt sind, sowie im Schatten von
Bäumen und Mauern, wo die Sonne nicht hindringen
konnte, ganz frisch aussieht.

Mitunter gibt die Witterung einen Anhalt für das Alter einer Spur, wenn z. B. Regentropfen auf die Fährte gefallen sind, oder wenn ein Sturm Grasbüschel und Laub über die Fährte gestreut hat. Dabei muß man natürlich wissen, wann es geregnet oder gestürmt hat. Auch wenn eine spätere Fährte die erste Spur gekreuzt hat, oder wenn niedergetretenes Gras Zeit hatte, sich wieder aufzurichten, gibt dies eine Möglichkeit, das Alter einer Spur zu schätzen.

Sucht man einen bestimmten Raum nach einer Spur oder nach einem verlorenen Gegenstand ab, so muß man nicht ziellos hin und her laufen, sondern nach einem bestimmten System den Raum absuchen, z. B. so:

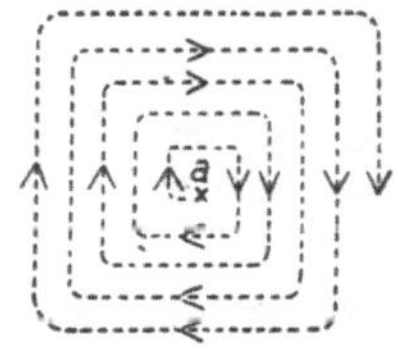

a = Ort, wo der Gegenstand angeblich verloren war.

Ist eine bestimmte Zone nach einer Spur oder einem Gegenstand mit einer Abteilung abzusuchen, so ist gleichfalls systematisch zu verfahren, z. B. wenn das Gelände zwischen AA und BB abzusuchen war, etwa so:

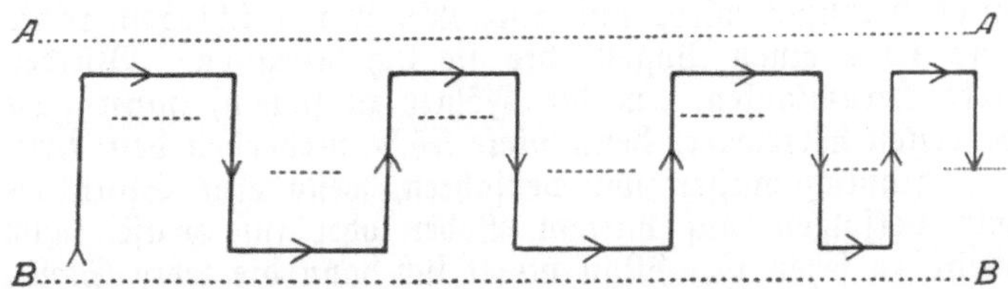

Wenn man Reiter verfolgt, muß man auch auf den Pferdemist achten, den der Gaul zurückließ, wobei man allerdings die Einwirkung der Sonne und die Tätigkeit der Vögel mit in Rücksicht ziehen muß.

Bei einer sehr schwierigen Spur empfiehlt es sich, sie gegen die Sonne zu betrachten, denn dann hebt sich die kleinste Unebenheit des Bodens scharf ab.

Einer ganz frischen Fährte folgt man besser nicht unmittelbar, denn das verfolgte Wesen, sei es ein Mensch oder ein Tier, wird sich doch natürlich häufig umdrehen, um seinen Feind zu erspähen. Ein tüchtiger Pfadfinder macht dann besser einen Bogen, bis zu einer Stelle, wo er die Spur wieder zu treffen glaubt. Dies wiederholt er so oft, bis er auf keine Fährte mehr stößt. Nun weiß er, daß er das Wild überholt hat, und kann sich kreisend nähern.

Hat man eine Spur verloren, so verfährt man folgendermaßen: Man hinterläßt ein Zeichen an der Stelle, wo man der Fährte zuletzt noch sicher war, indem man z. B. dort ein Taschentuch an einen Stock oder an einen Zweig bindet. Dann kreist man etwa auf 30, 50, 100 Schritt um diese Stelle, indem man sich möglichst weichen

Zwei Vogelspuren im Sande.   Der eine Vogel ist Bodenläufer, der andere lebt auf Büschen und Bäumen; welcher?

Boden aufsucht, auf dem man die Spur wiederzufinden hoffen darf. Ist eine größere Abteilung auf der Verfolgung, so bleibt sie am besten halten, damit die Spur nicht verwischt wird, und nur zwei Mann schlagen rechts und links einen Bogen, bis sie sich begegnen. Würden alle herumlaufen, um die Fährte zu suchen, dann gäbe es einen Wirrwarr, denn viele Köche verderben den Brei.

Ähnlich müssen wir verfahren, wenn eine Spur, die wir verfolgen, auf hartem Boden oder im Grase kaum mehr zu sehen ist. Man merkt sich dann die letzte Stelle, wo die Abdrücke noch deutlich sichtbar sind, achtet auf die Richtung, in der die Spur bis dahin führt, und blickt in der gleichen Richtung 20 bis 30 Schritt weit vor sich hin. Meist wird man dann noch einen leichten Streifen über dem Grase schimmern sehen, oder auf Felsboden kleine Merkmale, wie verschobene Steine, leichte Abdrücke usw., kurzum eine Anzahl unbedeutender Anzeichen, die man sonst kaum erkennen würde, die aber, hintereinander, in einem Strich gesehen, den Schimmer einer Spur ergeben, der man ganz gut folgen kann.

Um das Spurenlesen zu üben, läßt man einen san=
digen Platz ebnen und teilt dann die Pfadfinderabteilung
in zwei Gruppen A und B. Die Gruppe A bleibt beim
Übungsplatz. Gruppe B entfernt sich, bis sie nicht mehr
beobachten kann, was Gruppe A macht. Nun läßt man
einige Pfadfinder der Gruppe A auf dem geebneten Platze
irgendein Vorkommnis darstellen, z. B.: Ein Pfadfinder
geht über den Sand, zwei andere laufen von der Seite
auf den Pfadfinder zu, packen ihn und tragen ihn fort.
Dann läßt man die Gruppe A wieder zusammentreten,
ruft die Gruppe B zurück und gibt dieser aus der Spur
zu raten, was geschehen sei. Lehrreich ist es fernerhin,
wenn man der Gruppe B den Auftrag stellt, aus den
Fußspuren diejenigen Pfadfinder der Gruppe A zu be=
zeichnen, die auf dem Sandplatze das Vorkommnis darge=
stellt haben.

Abschnitt 2.

Die Kunst, Schlüsse zu ziehen.

Ein tüchtiger Pfadfinder muß nicht nur Zeichen und
Spuren sehen, sondern er soll sich auch das Beobachtete
zusammenreimen können. Mit anderen Worten, er muß
imstande sein, richtige Schlüsse zu ziehen. Diese Fähig=
keit bezeichnet man als Kombinationsgabe.

Einige Beispiele sollen dies erläutern.

Auf einem Streifzug in den Wäldern Asiens kam
ein Reiter von seiner Jagdgesellschaft ab. Einige seiner
Kameraden machten sich auf, um ihn zu suchen und stießen
dabei auf einen eingeborenen Jungen, den sie fragten,
ob er den verirrten Mann gesehen habe. Der Knabe ant=
wortete:

„Sie meinen einen sehr großen Soldaten auf einem
etwas hinkenden Goldfuchs?"

„Ja, der ist es, wo hast du ihn gesehen?"

„Ich habe ihn nicht gesehen, aber ich weiß, wo er
hingeritten ist."

Die Reiter nahmen nun den Jungen fest, weil sie
glaubten, daß der Verirrte ermordet und beiseite geschafft
worden sei, und daß der Junge Näheres darüber wisse.
Dieser erklärte jedoch, daß er nur die Spur gefunden
habe und bereit sei, sie zu zeigen. Er führte denn auch
die Jäger nach einer Stelle, wo, nach der Fährte zu
schließen, der Mann einen Halt gemacht hatte. Das

Pferd hatte sich an einem Baum geschubbert, und dabei
waren einige goldbraune Haare an der Borke hängen
geblieben. Die Spur ließ außerdem ersehen, daß das
Tier lahmte, denn ein Huf war nicht so scharf abgedrückt
und blieb in der Schrittlänge etwas zurück. Der Abdruck
der Stiefel bewies ferner, daß der Reiter ein Soldat war,
denn die Kommißstiefel sind in allen Armeen mit besonderen Eisen und Nägeln beschlagen. Nur eins blieb
noch ungeklärt — woher wußte der Junge, daß der Reiter
sehr groß war? Statt aller Antwort zeigte der Eingeborene nach einem abgebrochenen Ast, den ein Mann
von Durchschnittsgröße nicht hätte erreichen können!

Der Knabe las alle diese Zeichen ab, wie wir die
Lettern in einem Buche entziffern. — Wenn jemand, der
nicht lesen kann, uns fragte, wie wir das machen, so
würden wir ihm als Auskunft auf einer Druckseite alle
Buchstaben zeigen, ihm erklären, daß jeder davon seine
Bedeutung hat, daß mehrere solcher Buchstaben sich zu
einem Wort vereinigen, und daß eine Anzahl Wörter einen
Satz bilden, der uns dann schließlich den Sinn all der
Zeichen enthüllt.

Ebenso müssen wir uns beim Spurenlesen aus einer
ganzen Menge unbedeutender Merkmale einen Zusammen-
hang herausschälen, der uns ein gutes Bild derjenigen
Vorgänge bietet, durch welche die Spuren entstanden sind.
Einem Manne aber, der keine Übung im Schlüsseziehen
besitzt, wird dieser Sinn stets verborgen bleiben!

Auch hierin muß Übung den Meister machen, sonst
kommt man in der Natur, wie beim Lesen, nicht über
das Buchstabieren hinaus.

Dr. Bell aus Edinburg gilt als das Vorbild, nach
dem Conan Doyle seine berühmten Sherlock Holmes-De-
tektivgeschichten erfunden hat. Dieser Mediziner hielt einst
seinen Studenten im Hospital einen Vortrag über ärztliche Behandlung. Es wurde u. a. ein Mann herein-
gebracht, an dem er zeigen wollte, wie ein verletzter
Mensch zu heilen sei. Als der Patient hereinhinkte, wen-
dete sich Dr. Bell an einen Studenten und fragte:

„Was fehlt dem Manne?"

„Ich weiß nicht," sagte der Student, „ich habe ihn
noch nicht gefragt!"

„Das ist auch gar nicht nötig, das können Sie selber
sehen, daß sein rechtes Knie verletzt ist, denn er hinkt ja
mit dem rechten Bein, und zwar hat er sich verbrannt,

denn die Hose ist am Knie angesengt. Heute ist Montag, gestern war schönes Wetter, am Samstag war's naß und schmutzig — die Hosen des Mannes sind ganz dreckig, also ist er am Samstagabend hingefallen!"

Dann drehte er sich zu dem Patienten um: „Sie haben am Samstag Ihren Lohn ausgezahlt erhalten, haben sich betrunken, haben dann versucht Ihre Hose zu Hause am Kamin zu trocknen, sind dabei ins Feuer gefallen und haben sich das Knie verbrannt, stimmt's?"

„Ja, Herr Doktor!" sagte der Mann ganz verblüfft.

Zu einem deutschen Polizeiwachtmeister kam eines Morgens ein Mann und erzählte eine lange Geschichte: Er sei am vorhergehenden Abend überfallen worden; die Räuber hätten ihm all sein Geld genommen, ihm nur Uhr und Ringe gelassen und ihn an einen Baum gebunden; erst gegen Morgen sei es ihm gelungen, sich frei zu machen.

„Wann sind Sie überfallen worden?" fragte der Wachtmeister.

„Gestern abend um zehn Uhr."

„Also vor zwölf Stunden. Geben Sie mir Ihre Uhr!"

Der Wachtmeister prüfte sie. Sie ging. Er drehte sie vorsichtig auf und merkte sich die Zahl der Umdrehungen. Durch Beobachtung der Uhr stellte sich heraus, daß sie vor acht Stunden, also um zwei Uhr nachts, aufgezogen worden war. Die Erzählung des Mannes erwies sich mithin als unwahr, denn wie hätte sich ein Gefesselter seine Uhr aufziehen können. Wie sich später zeigte, war die Geschichte von dem Überfall nur erfunden worden, um eine Unterschlagung zu bemänteln.

Dr. Reiß von der Universität in Lausanne berichtet über einen Fall geschickten Spurenlesens der dortigen Polizei. In einem Hause war eingebrochen worden. Die Spuren des Diebes wurden im Garten gefunden, aber die Schritte, die vom Tatort wegführten, waren kürzer und tiefer in den Boden eingedrückt als die, welche zum Hause hinführten. Die Polizei zog daraus den Schluß: der Einbrecher hat ein schweres Bündel mit Raub davongeschleppt, das ihn tiefer in den Boden einsinken ließ und ihn nötigte, kurze Schritte zu machen.

Hauptmann Stigand berichtet in einem Werk über den Kundschafterdienst mancherlei von der Geschicklichkeit

der Pfadfinder in der Kunst, aus kleinen Anzeichen rich=
tige Schlüsse zu ziehen.

Als er eines Morgens um das Lager kreiste, fand
er die Spur eines im Schritt gehenden Pferdes. Da die
Tiere der eigenen Abteilung im Zuckeltrab an dieser Stelle
vorübergekommen waren, so konnte dies hier nur die
Fährte eines feindlichen berittenen Spähers sein, der in
der letzten Nacht das Lager in aller Gemütsruhe beobachtet
hatte.

Besser als alle Bücherweisheit ist die praktische Er=
fahrung.

Worauf hat man nun zu achten? Die Eigenschaften
des Menschen prägen sich am deutlichsten in seinen Ge=
sichtszügen aus. Was haltet ihr zum Beispiel von folgen=
den Gesichtern?

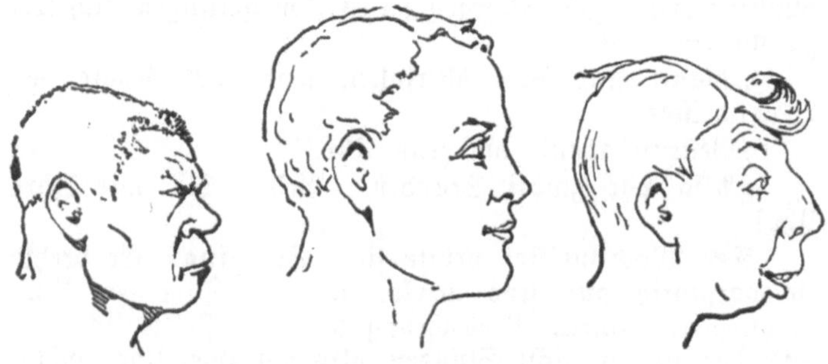

Unauffällige Beobachtung von Leuten und die Fähig=
keit, ihren Charakter und ihre Gedanken zu lesen, ist
von ungeheurer Wichtigkeit im Handel und Verkehr, be=
sonders aber für einen Geschäftsangestellten oder Kauf=
mann. Dieser muß dem Publikum seine Waren ver=
kaufen, sich dabei aber auch vor Schwindlern in acht
nehmen.

Nächst den Gesichtszügen sind es die Hände, die ein
sehr charakteristisches Merkmal abgeben. Von den feinen
Händen des Künstlers bis zu den derben Fingern des
Erdarbeiters gibt es eine große Zahl von Abstufungen,
und auch die Art, wie jemand die Hände hält und ge=
braucht, ist bemerkenswert. Die gekrallte Hand hat immer
etwas Gewalttätiges an sich, gegenüber der flach gestreck=
ten Hand des vornehm denkenden Menschen. Nervös
trommelnde Finger verraten die Gemütserregung ebenso=
sehr, wie lässig ineinander geschobene, dicke Finger von

Behäbigkeit sprechen. Wohlverstanden, hier ist nur von allgemeinen Zeichen die Rede. Vom Unsinn des Charakterlesens aus den Handlinien soll sich der Pfadfinder ebenso fern halten wie von jedem sonstigen Aberglauben.

Jedes Ding an einem Menschen redet eine deutliche Sprache, man muß sie nur verstehen, indem man ruhig beobachtet und aus dem Beobachteten die richtigen Schlüsse zieht.

Ein Beispiel aus dem täglichen Leben: Ein Pfadfinder befindet sich auf einer Reise allein im Abteil mit einem ihm verdächtig erscheinenden Manne. Er kommt bei weiterem Prüfen auf eine Anzahl Schlüsse einfachster Art, die aber doch das Gesamtbild verändern. Der Mann trägt einen Ehering, und an der breiten, goldenen Kette ein Medaillon mit kleiner Photographie eines Kindes. Also wohl Familienvater? Seine Stiefel sind von guter Beschaffenheit (die Stiefel sind für die Lebenshaltung des Menschen besonders bezeichnend) und sind sauber. Es ist ein staubiger, heißer Tag, also ist der Mann wohl nach dem Bahnhof gefahren oder er hat dicht beim Bahnhof in einem Hotel genächtigt. Richtig — an seinem Koffer klebt sogar der Reklamezettel des Gasthofs am Bahnhof in X, eines teuren Hotels. Und daneben der offenbar frische Zettel des Grand Hotels in San Remo. Also ist der Mann wohl in pekuniär guter Lage. In der rechten Tasche seines Rockes steckt ein dicker Gegenstand. Die Zigarrentasche? Ach nein, die steckt im Mantel; also wohl die Brieftasche. Der Mann raucht viel Zigaretten, denn die Finger der rechten Hand sind an den Stellen, wo man sie hält, leicht gebräunt. Gleiches verraten die Zähne. Die Gesichtsfarbe ist bleich, neben den Augen sind Kneiferspuren — wohl geistiger Arbeiter. Neben ihm auf dem Platz eine deutsche Zeitung und eine wissenschaftliche französische Broschüre. Bild einer Maschine darauf. Wohl Techniker; sprachlich gebildet. Die Stiefel haben Querfurchen auf dem Oberleder. Der Träger sitzt vermutlich viel am Schreibtisch und zieht die Füße dabei unter den Stuhl. Hohe, durchgearbeitete Stirn: Klugheit. Gut geformtes Ohr: Musikalisch? Die Nägel der linken Hand sind ganz kurz geschnitten, die der rechten nicht: also wahrscheinlich spielt er Violine oder ein anderes Saiteninstrument. Der Mann ist schlecht rasiert und sein Schlips ist mangelhaft gebunden: hatte es wohl heute früh eilig. Oder ist er gleichgültig gegen sein Äußeres?

Nein, denn der Anzug ist sonst tadellos sauber, der Kragen blendend weiß. Ordnung in der Lebenshaltung. Nur Lodenmantel und Schlapphut machen einen etwas verwegenen Eindruck, sind aber zweckmäßig beim Reisen. Praktischer Sinn, Sparsamkeit. Er hat nicht den Frühzug benutzt, sondern erst diesen um elf Uhr. Also hatte er heute früh wohl in X noch zu tun.

Im Grunde genommen waren es alles Selbstverständlichkeiten, die hier beobachtet wurden, und doch ergaben sie ein leidliches Gesamtbild. Die Kunst besteht eben darin, diese Kleinigkeiten überhaupt zu sehen und sie richtig zusammenzureimen. Man darf dabei freilich nie vergessen, daß in jeder Folgerung auch ein Irrtum stecken kann. Hochstapler und sehr eitle Menschen, pflegen sich über ihre Verhältnisse zu kleiden. Aber je mehr man sich übt, um so seltener wird man sich täuschen. Viele unnütze Fragen lassen sich sparen, wenn man beobachten gelernt hat.

Wer müßig durch die Straßen schlendert, einige Zeit von seinem Fenster aus die Vorübergehenden mustert, oder auf dem Wege zu seiner Berufstätigkeit im Omnibus und im Bahnwagen mit anderen Leuten zubringen muß, hat hier gute Gelegenheit, seine Studien zu betreiben. Der Takt erfordert indessen, daß man dies unauffällig tue.

Will man eine Pfadfindergruppe „Beobachtung" üben lassen, so geht man mit ihr durch einige Straßen der Stadt und fragt hinterher nach diesem und jenem, was den Jungen unterwegs aufgefallen sein kann. Aber man frage nicht nach unnützen Dingen, sondern nach solchen, die eine praktische Bedeutung haben, z. B.: Sind wir an einer Apotheke vorbeigekommen, an der Wohnung eines Arztes, an einer Feuermeldestelle, an einem Hydranten, an einer Polizeiwache, an einer Sanitätswache? Wie sind die Häuser beschaffen, was für Leute wohnen hier? Welchen elektrischen Bahnen sind wir begegnet, wie werden sie geführt und gebremst, wie sehen die Haltestellen aus? Sind Telephone in der Straße, habt ihr eine Postanstalt, Briefkasten, Wegweiser, Straßennamen gesehen? — —

Bei Wegen über Land verfährt man entsprechend, nur daß man dort nach anderen Dingen fragt, die für den Pfadfinder in Betracht kommen. — Auch die Beobachtung bestimmter Geländeabschnitte, in vorher angesetzter kurzer Zeitspanne, wirkt lehrreich und unterhaltend; der Neuling übersieht manchmal ganze Häuser, ja ganze

Dörfer, weiß sich an den gesehenen Personen nichts zu merken, wird aber durch Übung in erstaunlichem Maße in seiner Beobachtungsfähigkeit gestärkt.

Wer viel beobachtet und danach Schlüsse zieht, wird bald merken, daß es ihm allmählich zur Gewohnheit wird. Aber nicht bloß Menschenkenntnis zum eigenen Vorteil wird dadurch gewonnen werden. Der junge Pfadfinder, der ein Herz für seine Nebenmenschen hat, wird durch Beobachtung mit nachfolgender Schlußfolgerung merken, ob andere in Bedrängnis, in Sorge sind, sich krank fühlen und der Hilfe und Pflege bedürfen. Er wird dann in der Lage sein, die Nebenmenschen nach Kräften zu unterstützen, sich ihren Wünschen anzupassen, und vielleicht auch manches Unrecht zu verhüten.

Doch all dies kann er nur, wenn er deren Neigungen und Absichten, deren Gedanken, Handlungen und Gewohnheiten, also mithin deren Charakter zu ergründen sich bemüht.

Feldmarschall Graf Haeseler bei den Pfadfindern: Abkochen.

Viertes Kapitel.

Beobachtung der Natur.

Von Major Maximilian Bayer.

Abschnitt 1.

Die Tiere.

In allen Ländern der Welt pflegen Pfadfinder und Kundschafter Tierlaute nachzuahmen, wenn sie sich untereinander geheime Zeichen geben wollen. Am häufigsten wird dieses praktische Hilfsmittel in der Nacht angewendet, sowie bei Nebel, in dichtem Busch und in unübersichtlichem Gelände. · Auch beim Beschleichen von Tieren ist es mitunter nützlich, wenn man die Fertigkeit besitzt, deren Stimmen und Lockrufe auszustoßen.

Die Jagd auf Hochwild, wie Elefanten, Löwen, Panther, Leoparden, Eber, Hirsche usw., ist schwierig, und ein junger Pfadfinder müßte schon sehr geschickt sein, um sich an solche Tiere heranwagen zu können. Die Hochwildjagd ist ein aufregendes und gefährliches Geschäft, und alle Listen des Spurenlesens und Beobachtens, die bisher erwähnt wurden, kommen dabei zur Geltung. Und auch nur dann ist Aussicht auf Erfolg vorhanden, wenn man die Lebensgewohnheiten der verschiedenen Tiere genau kennt.

Wohlverstanden: hier war immer nur vom Jagen die Rede, nicht aber vom Schießen und Töten. Denn das Beschleichen eines Tieres ist ja doch bei weitem der größte Reiz einer Jagd. Wer die Tiere so, wie ich es euch riet, beobachtet, der wird sie auch lieb gewinnen, und dabei wird ihm der Wunsch vergehen, sie nur zu töten um des Tötens willen, wie das leider manchmal geschieht. Wer sich mit Tieren abgibt, muß in ihnen die herrliche Schöpfung Gottes erblicken und bewundern.

Im frischen Leben in der freien Natur liegt der ganze Zauber des Jagdvergnügens. Die Nerven bringt der Gedanke in Spannung, daß mitunter dabei der Jäger zum Gejagten wird, statt daß er dem Tiere nachstellt. Vor allem aber macht es Freude, die Spur eines Wildes zu verfolgen, es zu beschleichen und dann in seinem Gebaren in freier Natur zu beobachten. Im eigentlichen Töten liegt wenig Reiz.

Niemals sollte ein Pfadfinder ein Tier umbringen, wenn nicht ein dringender Grund dafür vorliegt; und auch in diesem Fall müßte er die arme Kreatur rasch und völlig töten, damit sie nicht unnötig zu leiden hat.

Tatsächlich ziehen viele Hochwildjäger vor, auf die Tiere mit der photographischen Kamera, statt mit der Flinte zu zielen; das Ergebnis einer solchen Jagd ist mindestens ebenso interessant!

Das Buch von Schillings „Mit Blitzlicht und Büchse" enthält viele interessante Momentbilder von wilden Tieren. Meist sind sie nachts mit Blitzlicht aufgenommen; es wurden Drähte vom Apparat aus so gespannt, daß sie ihn zum Abknipsen und das Licht zum Aufflammen brachten, wenn ein Tier beim Vorbeilaufen an die Leitung stieß. Löwen, Hyänen, Zebras wurden auf diese Weise photographiert, und eines der Bilder stellt sogar einen Löwen im Sprunge dar.

Je mehr man sich mit den Tieren beschäftigt, um so mehr wird man sie liebgewinnen. Und wer ein Herz für die Tiere hat, wird mit Freuden dabei helfen, daß den wehrlosen Geschöpfen jede Quälerei erspart bleibe.

Wie viele Tiere werden auch heute noch durch Unvernunft oder gar durch Bösartigkeit gequält! Ein falsch eingesetztes oder schlecht passendes Zaumzeug, wie man es bei Droschkenpferden zuweilen findet, ist eine Tortur für den armen Gaul. Wie oft sieht man auch, daß ein Tier unnötig geschlagen wird, zumal wenn sein Herr mehr von ihm verlangt, als es leisten kann. Oft sieht man im Winter jämmerlich frierende Pferde oder Ziehhunde, denen so leicht mit einer wärmenden Decke zu helfen wäre. Wie viele Vögel sterben im Winter aus Futtermangel, und wie leicht wären sie zu retten gewesen, wenn die Brosamen, die achtlos in den Kehricht geworfen werden, am Fenstergesims ausgestreut würden.

Wer Vögel hält, sollte darauf achten, daß die Käfige nicht gar zu klein sind, daß die Tierchen genug Luft

und Licht haben und daß ihnen niemals das Wasser fehlt.
Ebenso ist es eine Quälerei, wenn man Goldfische so in
die Sonne stellt, daß sie in keiner Weise schützenden Schat=
ten aufsuchen können. Besonders an sehr heißen Tagen
muß es eine Tortur für die armen Fische sein, den
prallen Sonnenstrahlen im warm gewordenen Wasser
stundenlang ausgesetzt zu bleiben. Auch für häufiges Wech=
seln des Wassers muß gesorgt werden, weil verbrauchtes
und faulendes Wasser die Fische quält.

Berliner Pfadfinder beschlagen ein Pferd.

Unverständige Menschen pflegen auch unsere so nütz=
liche und zierliche Hauskatze zu jagen und zu hetzen. Als
Entschuldigung hört man dann oft, die Katze sei „falsch“.
Wer sich liebevoll und eingehend mit ihr beschäftigt, merkt
bald, daß ihr scheues Wesen zum großen Teil nur der
falschen Behandlung durch die Menschen entspringt. In
Wirklichkeit ist die Hauskatze ein sehr zutunliches und
auch anhängliches Geschöpf; freilich in ihrer Art, denn
sie hat ein besseres Gedächtnis für erlittene Kränkung und
schlechte Behandlung, als der rasch wieder mit seinem
Herrn versöhnte Hund. Man muß die Katze überhaupt
nicht mit dem Hund vergleichen wollen, denn sie hat
einen anderen, aber nicht weniger guten Charakter als
dieser. Wer sie genau beobachtet und richtig zu behan=
deln versteht, wird sie in einigen guten Eigenschaften dem

Hunde sogar überlegen finden. In England und Italien, wo die Katze weniger verfolgt und nicht so oft von rohen Burschen mit Steinen geworfen wird wie bei uns, ist sie ein ebenso beliebtes, nützliches und treues Haustier wie der Hund.

Der Hund hat freilich in einer bestimmten Weise einen großen Vorzug allen anderen Haustieren gegenüber: er ist nicht nur im Hause, sondern fast noch mehr draußen im Freien ein zuverlässiger Gefährte des Menschen. Darum ist er der beste Begleiter eines jungen Pfadfinders auf seinen Streifzügen durch Wald und Feld. Ein Späher und Kundschafter mit einem gut dressierten Hunde wird bei weitem die besten Dienste leisten können.

Natürlich hat ein Pfadfinder, der auf dem Lande lebt, viel mehr Gelegenheit, Tiere zu beobachten, als ein anderer, der in einer großen Stadt wohnt.

Aber auch in jeder Stadt sind die Parkanlagen mit allerlei Vögeln, mit Enten, Schwänen, wilden Tauben, Spechten, Amseln, Drosseln, wohl auch mit Mardern und Eichhörnchen belebt; in den zoologischen Gärten und Aquarien seht ihr alle Arten von Tieren aus allen Teilen der Welt; in den naturhistorischen Museen findet ihr das ganze Material über die Tierkunde hübsch übersichtlich und praktisch geordnet. Ein junger Pfadfinder, der in einer großen Stadt wohnt, kann daher sehr wohl ebensoviel von den Tieren verstehen wie irgendeiner vom Lande. Am besten ist es freilich, wenn ihr mit dem Rade oder mit der Bahn, oder auch einfach zu Fuß euch auf das Land hinaus begebt und dort, in der freien Natur, die Kaninchen, Hasen, die Feldmäuse und die Vögel beschleicht und beobachtet. Ihr merkt euch dabei die Namen der verschiedenen Arten, ihre Spuren, die Nester, die Eier usw.

Wenn ihr das Glück habt, einen photographischen Apparat zu besitzen, so könnt ihr gar nichts Besseres tun, als euch eine Sammlung von Tierphotographien nach dem Leben anzulegen. Solch eine Sammlung ist zehnmal interessanter als das übliche Markenalbum, obgleich auch dieses ein nützliches Ding ist, und jedenfalls viel besser als eine Anhäufung von Ansichtspostkarten, von Siegeln, Monogrammen und Reklamemarken, die sich auch jeder Schafskopf in seiner Stube zu Hause anlegen kann, wenn er fremde Leute quält, ihm welche zu schenken.

Photographische Apparate kann man heutzutage billig

bekommen; ihr müßt nur eine Zeitlang etwas in eure Sparbüchse dafür tun.

Als Tiere, die man bei uns in Deutschland hauptsächlich beobachten kann, möchte ich nennen:

Hirsch, Reh, Hase, Kaninchen, Fuchs, Hamster, Wiesel, Marder, Iltis, Maulwurf, Fledermaus, Igel, Eichhörnchen, Wildkatze, Wildschwein, Dachs, Wasserratte, Wald- und Feldmaus, Fischotter.

Die Beobachtung jedes Tieres ist interessant, und es ist tatsächlich ebenso schwer, ein Wiesel wie einen Löwen zu beschleichen.

Sehr naturgetreu ist folgende Beschreibung des Kampfes zwischen einem Igel und einer Kreuzotter:

„Jeder weiß, daß der Igel ein erbitterter Feind der Schlangen ist; am meisten haßt er indessen die giftige Kreuzotter. Wenige werden aber wissen, wie er mit diesem gefährlichen Gegner fertig wird. Mein Verwalter ging einmal im Sommer in einen Wald, in dem häufig Kreuzottern vorkommen, und fand dort ein solches Reptil, ein besonders schönes Exemplar, das in der Sonne lag und schlief. Er wollte es gerade mit einer Schrotbüchse erschießen, als er plötzlich einen Igel bemerkte, der vorsichtig über das Moos heranschlich und sich der Schlange lautlos näherte. Dann war er Zeuge einer seltsamen Szene: Sobald der Igel seine Beute erreicht hatte, packte er sie mit den Zähnen am Schwanzende und rollte sich rasch zusammen. Die Schlange erwachte von dem Schmerz, richtete sich auf und schnappte wütend zu. Der Igel rührte sich nicht. Nun wand und krümmte sich die Kreuzotter vor Qualen und fuhr in verzweifelten Stößen auf den Igel los, so daß in wenigen Minuten ihr ganzer Rachen von den Stacheln des Igels zu einer einzigen blutigen Wunde zerrissen war; dann lag sie erschöpft am Boden.

Noch einige Bisse, eine letzte Zuckung, und sie war tot.

Als nun der Igel merkte, daß seine Beute nicht mehr lebte, ließ er sie los und rollte sich ganz gemächlich auf. Nun wollte er sich gerade an seine Mahlzeit machen, als er des Verwalters, der sich während des Kampfes näher herangeschlichen hatte, ansichtig wurde. Sofort rollte sich der Igel wieder zusammen und blieb als stachelige Kugel liegen, bis der Mann wieder im Walde verschwunden war.“

Wir können annehmen, daß alle Tiere bei ihren Handlungen durch Instinkt geleitet werden, d. h. durch eine Art angeborenen Denktriebes. Wenn wir uns z. B. vorstellen, daß eine neugeborene Fischotter sofort schwimmen kann, wenn man sie ins Wasser wirft, oder daß ein junges Reh aus Furcht davonläuft, wenn es zum erstenmal einen Menschen sieht, so müssen wir an ererbte Eigenschaften und Fähigkeiten glauben.

Long schreibt u. a.: „Beobachtet einmal ein Krähen= nest! Da werdet ihr eines Tages sehen, wie die Mutter neben dem Nest steht und ihre Flügel ausbreitet. Die Jungen machen es ihr nach. Das ist die erste Unterrichts= stunde. Vielleicht schon am nächsten Tage könnt ihr be= obachten, wie sich die Alte auf den Zehenspitzen aufrichtet und mit den Flügeln schlägt, um sich so im Gleich= gewicht zu halten. Wieder machen es die Jungen nach und merken allmählich, daß die Schwingen ein Mittel sind, um sich zu erheben. Am nächsten Tage springen die Alten flügelschlagend von Ast zu Ast um das Nest herum. Die Jungen folgen ihnen, und schau! — sie haben fliegen gelernt und wissen nicht wie.“

Die Vögel.

Der amerikanische Humorist Mark Twain, der ein herzenswarmes Gemüt besaß, schrieb in einem seiner Werke: „Es gibt Leute, welche ganze Bände über Vögel verfassen, sie so sehr lieben, daß sie Hunger und Müdig= keit nicht scheuen, um eine Art zu finden und um das Tierchen dann schließlich — zu töten!“

„Solche Kerls nennt man Vogelsammler (Ornitho= logen)!“

„Auch ich hätte das Zeug zu einem ‚Vogelsammler‘ gehabt, denn ich hatte die Vögel, wie alle Kreaturen, in mein Herz geschlossen. So zog ich denn eines Tages aus, um Ornithologe zu werden. Auf dem morschen Ast eines Baumes sah ich ein Vöglein sitzen, das sang so schön mit zurückgelegtem Köpfchen und aufgesperrtem Schnabel — und ehe ich wußte, was ich tat, hatte ich meine Flinte angelegt und abgefeuert. Da hörte es gleich auf zu singen, fiel wie ein alter Tuchfetzen vom Baum herunter, und ich stürzte hin, um es aufzuheben — und da war's tot. Sein kleiner Körper war noch warm, und das Köpfchen hing haltlos herunter, als ob das Genick gebrochen wäre, und ein weißes Häutchen bedeckte die Augen, und an der Seite des Köpfchens rann Blut heraus, und — weiß Gott, mir traten die Tränen so in die Augen, daß ich

nichts mehr sehen konnte. Seitdem habe ich kein harm=
loses, unschuldiges Tier mehr umgebracht."

Ein junger Pfadfinder muß alle Vogelarten an ihrem
Gefieder, ihrer Stimme und ihrer Flugweise erkennen;
er muß wissen, wovon sie sich am liebsten nähren und wo
sie sich aufhalten. Er wird das erreichen, wenn er die
Vögel beschleicht und bei all ihrem Tun belauscht. Dabei
wird er dann entdecken, wo und wie sie ihre Nester bauen.
Er wird aber nicht, wie gewisse herzlose und törichte
Jungen, den armen Vögeln ihre Eier rauben, sondern
lieber zusehen, wie sie brüten, wie die Jungen auskriechen
und gefüttert werden und wie ihnen von den Alten das
Fliegen, Nahrungsuchen und andere Weltkenntnis beige=
bracht wird. Kein echter Pfadfinder zerstört ein Nest,
sondern photographiert es lieber oder versucht eine Zeich=
nung davon herzustellen und sammelt auf diese Weise
möglichst viele Bilder verschiedener Vogelarten und ihrer
Nester.

In Deutschland gibt es viele Vogelarten. Einige der
häufigsten führe ich hier auf:

Raubvögel: Adler, Bussarde, Falken, Habicht, Sper=
ber, Weihen, Eulen, Käuze.

Klettervögel: Spechte, Kuckuck, Wiedehopf, Eis=
vogel. Segler: Segler, Ziegenmelker.

Singvögel: Drossel, Amsel, Nachtigall, Rotkehlchen,
Rotschwänzchen, Zaunkönig, Grasmücken, Rohrsänger,
Bachstelzen, Würger, Goldhähnchen, Meisen, Baumläufer,
Schwalben, Lerchen, Star, Pirol, Rabe, Krähen, Dohle,
Elster, Häher, Finken, Sperlinge, Gimpel, Kreuzschnabel,
Ammern.

Tauben: Ringeltaube, Holztaube, Feldtaube, Turtel=
taube. Hühner: Auer=, Birk= und Haselhuhn, Rebhuhn,
Wachtel, Fasan.

Sumpfvögel: Storch, Reiher, Rohrdommel, Kra=
nich, Kiebitz, Regenpfeifer, Schnepfen, Wasserhühner.

Schwimmvögel: Wildenten, Wildgänse, Schwäne,
Möwen, Taucher.

Eine ganze Menge Naturgeschichte könnt ihr bereits
dadurch lernen, daß ihr, besonders im Winter, die Vögel
der Nachbarschaft im Garten und am Fenster füttert!

Viele Vögel verlassen Deutschland im Herbst, fliegen
nach dem Süden und kommen erst im Frühling wieder,
wenn sie bei uns wieder genügend Nahrung finden können,
andere streichen in Scharen weit im Lande umher. Man=

ches läßt sich über die Zeit und Art des Vogelfluges beobachten, besonders in der Nähe von Leuchttürmen, die die armen Tiere zu ihrem Verderben anlocken. Ein Storch, der von der deutschen Vogelwarte zu Rossitten am Ostseestrande mit einem Fußring gezeichnet war, wurde von Eingeborenen im fernen Südafrika erlegt.

Leider kommen viele der Tierchen nicht mehr zurück, denn sie werden von rücksichtslosen Menschen massenhaft

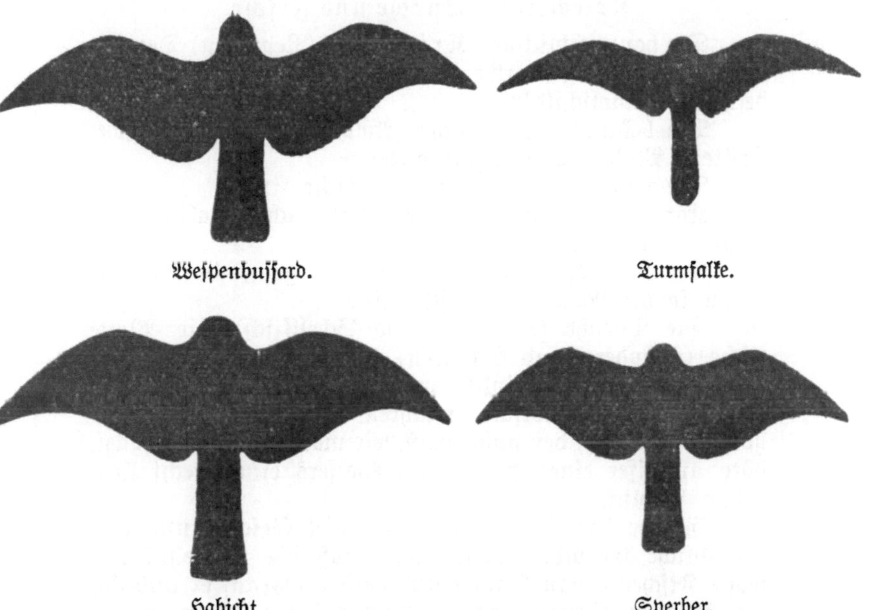

<table>
<tr><td>Wespenbussard.</td><td>Turmfalke.</td></tr>
<tr><td>Habicht.</td><td>Sperber.</td></tr>
</table>

gefangen und gegessen, oder sie werden gar nur aus dem Grunde ihres frohen Lebens beraubt, um Hüte eitler Damen zu schmücken. Auf diese Weise stirbt manche Vogelart aus, und in vielen Wäldern hört man nur noch selten das fröhliche Zwitschern der munteren, lieben Singvögel.

Viele Menschen sind in der Naturgeschichte so unwissend, daß sie einen Habicht und einen Sperber nicht von einem Bussard oder von einem Turmfalken unterscheiden können und allen gleichmäßig nachstellen. Habicht und Sperber sind vorwiegend schädlich, während sich Bussard und Turmfalke fast ausschließlich von Mäusen und Insekten nähren, also die Menschen von ihren Plagern befreien. Ihr könnt diese Vögel schon am Fluge erkennen. Der Bussard kreist lange Zeit über derselben Gegend in der Luft und späht nach Mäusen aus; ähnlich verhält sich der kleinere schmucke Turmfalke, der aber oft mit den Flügeln rüttelnd an einer Stelle schwebt. Der Habicht dagegen und sein kleinerer Vetter, der Sperber, streichen in raschem Fluge an Gebäuden und Waldrändern entlang, um oft mit großer Kühnheit ihre Beute zu überraschen.

Kriechtiere, Lurche und Fische.

Die hauptsächlichsten Kriechtiere (Reptilien) Deutschlands sind: Ringelnatter, Kreuzotter, Blindschleichen, Eidechsen, Sumpfschildkröte.

Die bekanntesten Lurche (Amphibien) sind: Frösche, Kröten, Molche und Salamander.

Die wichtigeren Süßwasserfische sind:

Karpfen, Weißfische, Forelle und Lachs (Salm), Aal, Hecht, Barsch und Stichling.

Die Zahl der Meerfische ist sehr groß; die bekanntesten in der Nord- und Ostsee sind:

Die Dorsche (Kabeljau und Schellfisch), die Plattfische (Flundern und Schollen) und die Heringe.

Ein guter Pfadfinder muß fischen können, damit er sich dadurch im Notfall ernähren kann; denn ein unbeholfener Mensch, der nicht weiß, wie man einen Fisch fängt, böte am Ufer eines fischreichen Wassers einen recht kläglichen Anblick.

Gerade das Fischen erfordert viel Geschick und eine unendliche Geduld. Denn man muß die Gewohnheiten jedes Fisches genau kennen und wissen, worauf er anbeißt, bei welchem Wetter und zu welcher Tagesstunde er sich am besten fangen läßt, an welchen Stellen der Gewässer er sich aufhält.

Ihr müßt euch vorsichtig anschleichen und verborgen halten, denn so eine Forelle hat gar scharfe Augen und ist sehr scheu.

Durch kleine Mißhelligkeiten darf man sich dabei die Laune nicht verderben lassen. Sie stoßen jedem im Anfang zu, und gerade ihre Überwindung macht das Fischen so reizvoll. Erst bleibt die Angel hängen und die Schnur verwickelt sich. Schließlich reißt gar die Leine oder der Angelstock bricht.

Auch mit Netzen hat man zuerst seine liebe Not. Jungen mit ungeschickten Fingern werden lange daran knüpfen und mit Mißvergnügen sehen, daß die Maschen stellenweise so weit sind, daß die Fische durchschlüpfen.

In den meisten Gegenden Deutschlands gibt es nur eine Giftschlange: die Kreuzotter. Diese hat als besonderes Merkmal auf dem Kopfe eine schwarze, etwa ∨ förmige Zeichnung, sowie ein meist deutliches, dunkles Zickzackband auf dem Rücken (dem „Kreuze").

Die träge, kurzschwänzige Kreuzotter wird leider häufig mit der lebhaften Ringelnatter und anderen harmlosen Schlangen, ja sogar mit der überaus nützlichen Blindschleiche verwechselt. Diese Tiere werden bedauerlicherweise oftmals von Leuten, die die Unterscheidungsmerkmale nicht kennen, erschlagen. Die Ringelnatter hat als besonderes Kennzeichen zwei gelblichweiße, halbmondförmige Flecken an den Seiten des Hinterkopfes.

Ein tüchtiger Pfadfinder muß über alle Schlangen Bescheid wissen, denn besonders in fremden Ländern, in die er in seinem Leben leicht einmal kommen könnte, gibt es eine Menge dieser kriechenden Geschöpfe, von denen viele Arten sehr gefährlich sind. Vor allem haben Giftschlangen die Angewohnheit, in die Zelte hineinzukriechen und sich unter den Decken oder in den Stiefeln zu verbergen. Ein alter Trapper pflegt daher stets vorsichtig sein Bett zu untersuchen, bevor er sich hineinlegt, und morgens schüttelt er sorgfältig die Stiefel aus, bevor er sie anzieht.

Die Giftschlangen haben zwei besondere Giftzähne, die für gewöhnlich flach nach rückwärts am Oberkiefer liegen. Wenn das Tier beißen will, stellt es die Zähne senkrecht und hackt damit in den Gegner ein. Durch einen feinen Kanal dieser Zähne wird das Gift aus einer Drüse in die Wunde gespritzt und tritt ins Blut des Gebissenen über. In wenigen Sekunden läuft das Gift durch die Adern des Körpers und dringt auch ins Herz. Häufig kann man aber die Wirkung eines Schlangenbisses dadurch aufheben, daß man die Wunde schleunigst mit einer Schnur, einem Taschentuch, mit Wäschefetzen usw. sehr fest abbindet. So kann das Gift sich nicht im Blute weiterverbreiten[1]).

Die wirbellosen Tiere.

Das Sammeln, Beobachten und Photographieren der Insekten ist außerordentlich interessant.

---

[1]) Näheres Seite 198.

Auch junge Pfadfinder, die sich mehr auf das Studium der Wirbeltiere geworfen haben, müssen eine gewisse Kenntnis derjenigen Insekten besitzen, welche diesen Tieren als Nahrung dienen.

Im allgemeinen kommen folgende Insektengruppen in Deutschland vor: Land- und Wasserwanzen, Blattläuse; Heuschrecken, Grillen und Schaben; Wasser- und Ameisenjungfern, Fliegen und Mücken; Bienen, Wespen und Ameisen; Käfer; Schmetterlinge und Motten.

Das Staatsleben der Bienen und ihr Orientierungssinn, mit dem sie sich wieder zum Stock zurückfinden, sind höchst wunderbar.

Die Beobachtung der Ameisen ist von ganz besonderem Interesse. Ein junger Pfadfinder darf nicht versäumen, sich genau anzusehen, wie die kleinen Tiere in wohlgeordneter Gemeinschaft leben, ihren Wohnhaufen kunstvoll bauen, Wege anlegen, wie sie sich mit ihren Fühlhörnern verständigen, sich gegenseitig helfen und warnen. Mitunter ziehen zwei Ameisenheere gegeneinander ins Feld und liefern sich richtige Schlachten. Auch Posten stellen die Ameisen auf, um zu verhindern, daß schädliche Insekten oder Ameisen eines anderen Staates eindringen.

Recht unangenehme Gäste sind die Stechmücken. Jeder Pfadfinder muß wissen, daß diese ihre Brutplätze in stehenden Gewässern haben und durch ihre Stiche Krankheitskeime, wie die des Malaria- und Gelbfiebers, übertragen können. Die Mücken stechen am liebsten in den ersten Abendstunden. Ein alter Pfadfinder wird daher niemals sein Lager dicht neben Sümpfen und Teichen aufschlagen.

Wer Schmetterlinge und Käfer fängt, um sie zu sammeln, muß den Tieren unnötige Qualen ersparen. Lebende Tiere an Stecknadeln zu spießen, ist eine Grausamkeit sondergleichen, die sich ein junger Pfadfinder nie zuschulden kommen läßt. Für ein paar Pfennige erhaltet ihr in jeder Drogenhandlung die Flüssigkeiten, mit denen man Insekten schnell betäubt. Sehr viel Freude macht das Aufziehen von Schmetterlingen aus Raupe und Puppe, doch gehört dazu eine genaue Kenntnis der Behandlungsart, sonst bleiben die Erfolge aus.

Außer den Insekten verdienen noch die Spinnen und Skorpione, sowie die Tausendfüßer und Krebse Erwähnung. Auch sei noch der Schnecken, Muscheln und der Würmer gedacht. Ein junger Pfadfinder, der sich mit diesen Tieren beschäftigt, wird sich auch fragen müssen,

welchen Nutzen oder Schaden sie ihm bringen, und ob sie
als Nahrung verwendbar sind. So zerstampfen die Ein=
gebornen Indiens und Afrikas getrocknete Heuschrecken
zu feinem Mehl; das daraus gebackene Heuschreckenbrot
schmeckt gar nicht schlecht. In solchen Dingen gibt es eben
keinen allgemein gültigen Geschmack, sondern nur Gewohn=
heiten. An der Küste wird manches gern gegessen, wo=
vor der Binnenländer schaudernd zurückweicht; so gilt
den Bewohnern Samoas der Palolo, ein großer Meer=
wurm, als größter Leckerbissen.

Abschnitt 2.

Die Pflanzen.

Ein tüchtiger Pfadfinder muß auch über die Pflanzen
genau Bescheid wissen. Oft beschreibt ein Kundschafter
ein Gelände als „bewaldet", da wäre es von großer Wich=
tigkeit, daß er auch gleich sagte, mit welchen Bäumen es
bestanden war. So deuten Weidenbäume die Nähe von
Wasser an. Nadelunterholz oder gar Dornbüsche erschwe=
ren das Vordringen außerordentlich.

In erster Linie muß jeder Pfadfinder die in seiner
Heimat vorkommenden Bäume unterscheiden können. Zu
diesem Zweck empfiehlt es sich, eine Sammlung der ver=
schiedenen Blattarten anzulegen oder sich Umrißzeichnun=
gen unter Beachtung der Blattnerven und der Stellung
der Blätter am Stengel herzustellen, bis man mit Sicher=
heit jede Art kennt. Jede Baumsorte hat ihre besondere
Form des Wachstums, an der man sie schon von weitem
unterscheiden kann, und die sich besonders leicht im unbe=
laubten Zustande durch Photographien festhalten läßt.
Auffallend gewachsene Bäume geben gute Richtungspunkte.

Häufig vorkommende Bäume und Büsche Deutsch=
lands: Tanne, Fichte, Kiefer, Lärche, Wacholder, Birken,
Erlen, Buchen, Hasel, Eichen, Nußbaum, Weiden, Pap=
peln, Ulmen (Rüster), Linden, Ahorn, Roßkastanie, Faul=
baum, Weißdorn, Rosen, Ebereschen, Apfel=, Birn=, Kirsch=
und Pflaumenbäume, Robinie (falsche Akazie), Flieder,
Esche, Holunder, Schneeball u. a.

Zur Bestimmung eines Baumes sind folgende Punkte
von besonderer Bedeutung: Die Gestalt, die durch die
Stellung der Äste zum Stamm, durch die Entfernung
der untersten Belaubung vom Erdboden, sowie durch die
Länge der Äste im Verhältnis zum Stamm bedingt ist;

ferner die Form der Blätter und Früchte, die Beschaffenheit der Rinde usw. Bei der Beurteilung aus der Ferne kommt vor allem der Umriß in Betracht, mitunter auch die Rinde, die z. B. bei der Birke weiß und weit sichtbar ist. Der Umriß erleidet freilich die mannigfachsten Umformungen, auch wenn die urwüchsige Gestalt

Was sind das für Bäume?

nicht durch die Hand des Gärtners verändert worden ist. Wer im Besitze einer Kamera ist, gehe hinaus in die freie Natur und sammle Typen, wie sie sich in Hülle und Fülle bieten. Sonst genügen auch Skizzenbuch und Bleistift. Unsere Abbildung zeigt die knorrige Eiche, die schlanke Pyramidenpappel, deren Äste sich eng an den Hauptstamm anschmiegen, und die liebliche Birke, deren Äste ungefähr in einem Winkel von 45 Grad abstehen und herabhängende geschmeidige Nebenzweige haben.

Die verschiedenen Getreidearten müssen euch ebenfalls

bekannt sein, ebenso die wichtigsten Futterpflanzen und
Gemüsearten in ihren verschiedenen Wachstumsstufen. Ein

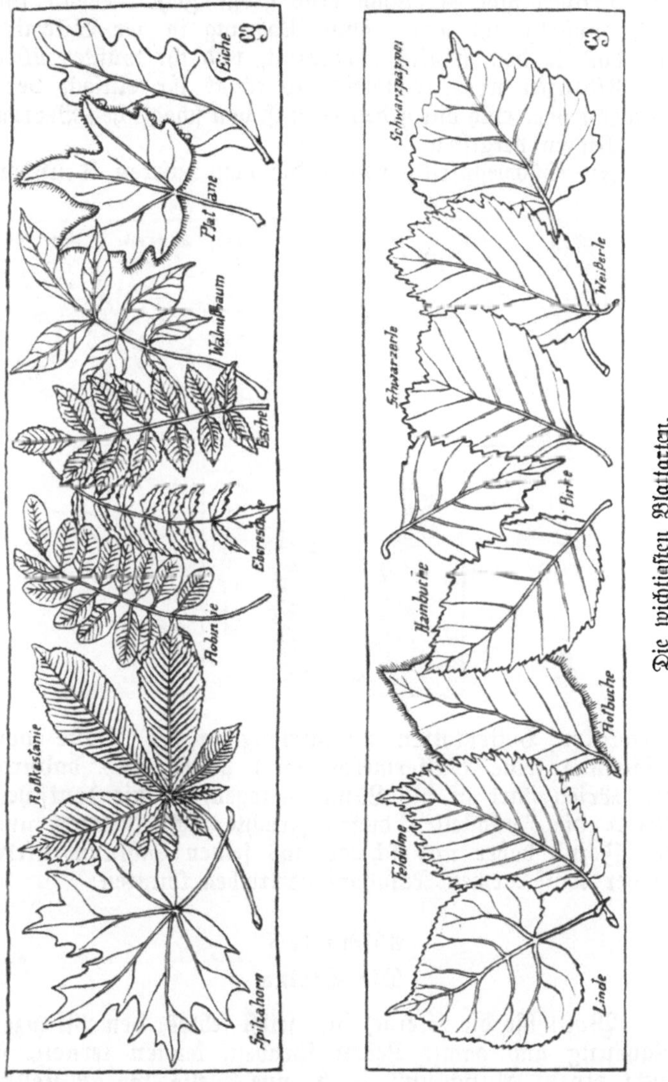

jeder Pfadfinder muß nicht nur mit den heimischen Ge=
wächsen vertraut sein, sondern überhaupt alle Nutzpflanzen
kennen, die uns Heilmittel, Fasern und v. a. liefern.

Es gibt eine Unmenge von Pflanzen, deren Früchte, Knollen, Wurzeln und Blätter eßbar sind. Besonders in den Tropen gibt es davon eine große Zahl. Wenn ihr euch vorstellt, ihr wäret ohne Nahrung in der Wildnis, wie das ja doch häufig vorkommt, und ihr wüßtet über die Pflanzen nicht Bescheid, so könnt ihr einfach ver=hungern oder euch durch den Genuß von schädlichen Beeren und Pilzen vergiften.

In Südwestafrika haben die von unseren Truppen

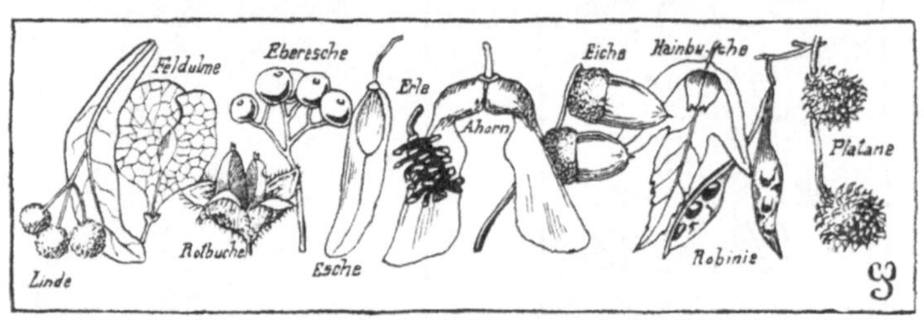

verfolgten Hottentotten monatelang in der Wüste von Tschamas (eine Wassermelonenart) gelebt und dadurch den Krieg stark in die Länge gezogen, da die deutschen Reiter die Fundstellen dieser Früchte nicht kannten und den Feind daher nur schwer aus seinen Schlupfwinkeln in der wasserarmen Kalahari vertreiben konnten.

Abschnitt 3.

Die Steine.

Wollt ihr die Steine, die, selbst leblos, den Pflanzen Nahrung und damit Leben spenden, kennen lernen, so sucht einen „Aufschluß", d. h. eine Stelle, wo an steilen Hängen oder bei Wegbauten, in Steinbrüchen und an anderen Orten der feste, gewachsene Fels, nicht von einem Pflanzenkleide oder mit losem Schutte bedeckt, freiliegt.

Wenn der Aufschluß nicht ganz frisch ist, müßt ihr mit dem Hammer ein Stück des Felsens abschlagen. Wie das Messer, das draußen im Freien liegen geblieben, unter dem Einfluß von Wasser und Luft bald rostet, so auch der Fels, er verfärbt sich, wird weicher, er „verwittert". Auch dem Spaltenfrost, der ja selbst eiserne Wasserleitungsrohre zersprengt, und schroffem Wechsel von Sonnenbrand und Nachtkühle widersteht kein Stein; mit leisem Knistern oder lautem Knalle springt er.

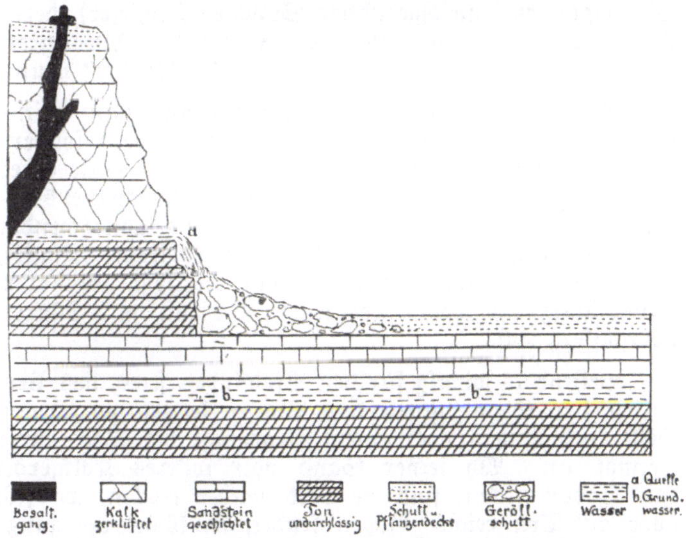

Nach jedem Regengusse könnt ihr leicht an Hängen und Wasserläufen beobachten, wie das abfließende Wasser die Gesteintrümmer als Blöcke, Kiesel, Sand und Schlamm je nach dem Gefälle mehr oder weniger weit mit sich nimmt und nach und nach abrollt. Die schwersten und härtesten Stücke reichern sich dabei an, und so findet man nicht selten in Flußläufen Rollstücke wertvoller Edelsteine und Goldsand. Seht euch bei eurem heimischen Flusse an, wie er bei Überschwemmungen sein Bett verändert, wo sich an seinen Windungen die tiefsten und die seichtesten Stellen finden, wo er Kies oder Sand führt. Die Macht des Windes zeigt sich euch an Sanddünen oder Schneewehen, deren Veränderungen ihr leicht zeichnen oder photographieren könnt.

Betrachtet ihr ein abgeschlagenes Gesteinsstück, so seht ihr fest verwachsene Kristallkörner oder nur verkittete Trümmer. Wie die aus dem Schmelzofen fließende Schlacke zu einem trüben Glase erstarrt, so wird auch das als Lava geschmolzene, dem Erdinnern entströmende Gestein zu dem dunklen, glasartigen Basalte, zu dem körnigen Granit (Gneis) oder Porphyr, in denen ihr die Gesteinskörner meist regellos durcheinander liegen seht. Dagegen sind Trümmergesteine: Glimmerschiefer, Sand- und Kalkstein, sowie die Tone (Lehm, Mergel) und die Kohlen. Sie zeigen euch gleichgerichtete Schichten (Schiefer), deren Oberfläche der Bergmann das „Hangende", die Unterlage das „Liegende", deren Dicke er „Mächtigkeit" nennt.

Die Bestandteile eines Gesteins nennt man Mineralien. Man kann sie außer an ihrer Farbe besonders an der Härte unterscheiden, die ihr leicht mit Hilfe eines Fingernagels, eines Messers oder eines Glasscherbens erproben könnt. Die wichtigsten sind, nach abnehmender Härte geordnet: Quarz, Feldspat, Hornblende (Augit), Eisenkies, Rot- und Brauneisenstein, Kalkspat, Glimmer, Gips, Salz und Ton. Der Kalkspat braust, mit Säuren übergossen, auf.

Besonders wichtig für den Pfadfinder ist es, das Verhalten der Steine gegen das Wasser kennen zu lernen. Seht euch einmal nach einem Regentage die Wege eurer Heimat an. Wo feiner Sand oder lockeres Kalkgeröll den Boden decken, sind sie bald wieder trocken, wo sich aber an Ton reicher Boden findet, da könnt ihr ganze Äcker nasser Erde mit euch schleppen. Der Ton hält das Wasser so fest wie eure Stiefel und gibt es nur langsam beim Austrocknen wieder ab, wobei er unter Bildung von Rissen zerfällt. Er zeigt deshalb auch am längsten eine Spur (s. S. 30ff.). Auch alle anderen Steine zerklüften beim Festwerden, sowie durch Erdbeben, und das Regenwasser bringt durch diese Spalten tief in die Erde. Wird es dann durch Tonschichten am weiteren Versickern verhindert, so tritt es als Quelle zutage, die der kundige Pfadfinder daher stets über, nicht unter Tonschichten suchen wird. Unterirdische Tonlagen halten auf diese Weise das sogenannte Grundwasser, das der Pfadfinder am leichtesten an tiefgelegenen Orten zu finden vermag. Da nun in den meisten Gegenden die Gesteinsschichten in ganz bestimmter Ordnung aufeinanderfolgen, vermag der Er-

fahrene das Vorhandensein wasserundurchlässiger Schich=
ten im voraus anzugeben.

Wo Wasser in zerklüfteten Kalkstein eindringt, löst
es beträchtliche Mengen davon auf. Wenn ihr mit sol=
chem „harten" Wasser kocht, so bildet sich in euren Koch=
kesseln als Kruste der Kesselstein, der schon manche Dampf=
kesselexplosion verursacht hat. In solchen Gegenden werdet
ihr auch Höhlen treffen, die dem Pfadfinder recht nütz=
lich sein können, bei deren Betreten aber Vorsicht gebo=
ten ist.

Das in die Erdspalten eingedrungene Wasser setzt
in ihnen oft regelmäßig gestaltete Mineralien, „Kristalle",
ab. Solche bandförmige Klüfte sind auch die Erzgänge,
die uns wertvolle und nützliche Metalle, wie Silber,
Kupfer, Blei, Zink, Zinn, u. v. a., bieten.

In der Schanze.

Fünftes Kapitel

Feld- und Lagerleben.

***

Abschnitt 1.
Pionierkunst.

Von Major Maximilian Bayer.

Pioniere sind Leute, die den Kolonnen vorausgehen, um ihnen durch Wald, Feld und Dickicht, über Flüsse und Ströme, über Berge und Täler, und selbst in der Wildnis den Weg zu bahnen.

Ein tüchtiger Pfadfinder muß auch ein guter Pionier sein und sich in jeder Lebenslage draußen im Felde zu helfen wissen. Er muß eine Art zu gebrauchen verstehen, muß Übung im Binden von Knoten, im Fällen von Bäumen, in der Anlage von Schutzdächern, Laubhütten, Zelten, im Bau von Brücken und Booten besitzen.

Wer sich als tüchtiger Pionier betätigen will, muß irgendein Handwerk gründlich können. Wenn euch jungen Pfadfindern Gelegenheit gegeben ist, bei einem Tischler, Zimmermann, Schmied, Klempner, Maurer, Tapezierer, Schlosser usw. etwas von deren Können zu erlernen, so versäumt das nicht! Selbst wenn ihr später einen ganz anderen Lebensberuf erwählen wollt, wird euch jede Fertigkeit in einem Handwerk von großem Nutzen sein. Ein Pfadfinder müßte sich z. B. seine Kleider und Schuhe flicken oder, noch besser, selber anfertigen können.

Auch die Prinzen des Hohenzollernhauses müssen ein Handwerk lernen. Zar Peter der Große von Rußland war als Schiffszimmermann tätig.

Unsere Soldaten in Südwest haben sich selber die Ziegel für die Stationsbauten aus Lehm geformt und an der Sonne gebrannt. Sie haben sich ihr Heim selber kunstvoll eingerichtet und aus alten Konservenkisten, Mehlsäcken, Blechdosen usw. hübsche und brauchbare Möbel hergestellt.

Das Knotenbinden.

Das Verknoten scheint zunächst eine höchst einfache Ge=
schichte. Das ist es aber durchaus nicht, denn man kann

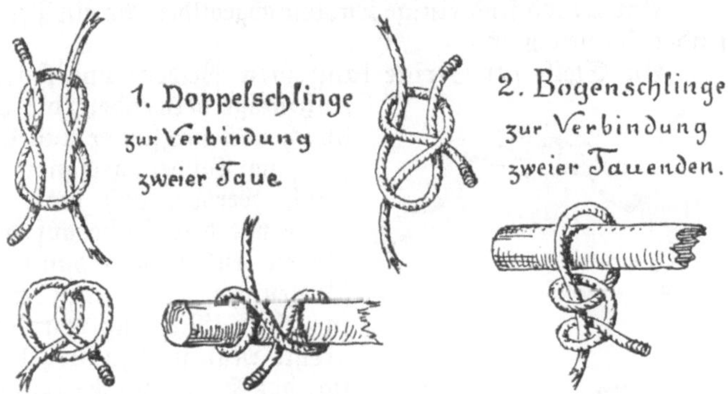

Man kann sie daher einem Manne, den man aus Gefahr
retten will um den Leib binden.

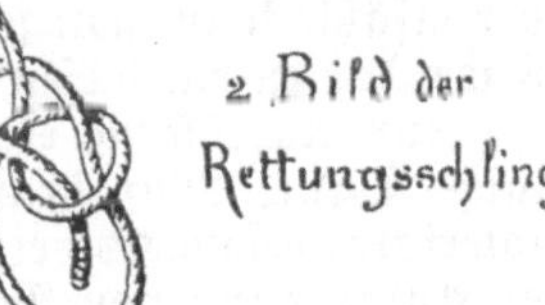

Bemerk.
In obigen Bildern
sind Tauenden SO dargestellt, während Taue,
die man sich weiter fortgesetzt zu denken hat SO gezeichnet sind.

dabei sowohl richtig, wie auch falsch verfahren. Schon
manches Mal hing ein Menschenleben von einem richtig
gebundenen Knoten ab.

Unter einem guten Knoten versteht man einen, der
jede noch so schwere Belastung aushält, ohne nachzugeben,

und dabei doch wieder leicht zu öffnen ist, wenn das nötig erscheint. Der schlechte Knoten dagegen löst sich, wenn er stark in Anspruch genommen wird, und ist trotzdem so fest verschlungen, daß man ihn gar nicht wieder aufbekommt.

Vorstehend sind einige Knoten abgebildet, die ein Pfadfinder kennen muß.

An Stelle der Stricke kann man Weiden= und Hasel=nußzweige verwenden, die da=durch noch biegsamer und bes=ser zum Binden geeignet ge=macht werden, daß man ein Ende mit dem Fuße auf dem Boden festhält und dann die Gerten mit den Händen scharf in einer Richtung rundum dreht. Man sieht ja auch häu=fig, daß Holz= und Reisigbün=del damit zusammengehalten werden. Mit solchen Ruten darf man nun freilich nicht

Weidenknoten.

alle Knoten schlingen wollen, wie mit einem weichen Tau; aber Pfähle kann man schon ganz gut damit befestigen und Weidenknoten wie diesen hier machen.

Zur Ausrüstung einer Pfadfindergruppe gehören auch einige Taue. Man braucht sie zur Verbindung des Bau=materials, besonders beim Brückenbau (s. Bilder S. 71 ff.), bei Anfertigung von Behelfstragen, zum Absperren, zum Knüpfen von Behelfsleitern ·(s. Bild S. 76), zur Her=stellung von Feldbetten und zu tausend anderen Dingen mehr, die jeder Pfadfinder sich ausdenken mag, und die alle herzuzählen unmöglich ist. Nur ein Beispiel sei noch erwähnt: Da der Pfadfinder sich auch im Feldlager mög=lichst sauber halten, und deshalb seine Wäsche selbst rei=nigen und trocknen können muß, so wird er aus Pfad=finderstäben und Leinen ein gutes Trockengestell herrichten können (s. Bild S. 86).

Eine sehr hübsche und nützliche Übung ist das Lasso=werfen. Da sich nicht jedes Tau zum Lasso eignet, muß mindestens ein guter Lasso in jeder Gruppe (Kornettschaft) vorhanden sein. Bei einiger Übung kann man es im Lassowerfen zu großer Geschicklichkeit bringen. Oft wird man diese Fertigkeit brauchen können; dazu einige Bei=spiele: Eine Abteilung kommt an einen 8 m breiten Fluß=lauf, der durchquert werden soll. Jenseits steht ein Baum=

stumpf. Der Lasso wird über den Fluß hinweg um den Baumstumpf geworfen und angezogen. Nun können auch Nichtschwimmer längs des Taues rasch ans andere Ufer gelangen. — Ein anderes Beispiel: Man will einen dicken Baum erklettern, dessen unterste Äste 5—6 m über dem Erdboden erst abzweigen. Der Lasso wird über einen starken Ast geworfen, dann führt man ihn bis auf $1/_2$ m an den Stamm heran, indem man die Enden festhält. Danach stellt sich der Leichteste der Gruppe in die Lassoschlinge, hält sich in Brusthöhe am Lasso fest und wird nun von den anderen hochgezogen. Man kann auch ohne fremde Hilfe hinaufkommen, indem man an beiden Enden anfaßt und, mit dem Körper rechtwinklig zum Baum, an diesem emporläuft. Das gelingt freilich nur sehr gewandten Turnern, geht aber schnell. — Ist ein Posten auf einem Baum von feindlichen Spähern bemerkt worden, so können ihm diese nichts anhaben, wenn sie keinen Lasso besitzen. — In vielen Gefahren kann ein Lasso als rettendes Seil dienen, z. B. wenn jemand in einen Brunnen gestürzt ist, zur Rettung aus einem brennenden Hause usw. — Ein Lasso ist etwa 15 m lang, kostet 2—3 M.[1]) und wird aufgerollt über der Schulter getragen.

Hütten= und Zeltbau.

Um im Feldlager gut zu übernachten, muß sich der Pfadfinder ein Schutzdach schaffen können. Bei längerem Aufenthalt lohnt es sogar, sich eine Hütte zu bauen.

Wenn man sich ein Dach aus Ästen und Stangen baut, legt man es so an, als wolle man es mit Ziegeln oder Schieferplatten belegen, indem man unten anfängt und dabei darauf achtet, daß die obere Schicht immer die untere bedeckt, damit der Regen ablaufen kann.

Die Rückseite der Hütte stellt man gegen den Wind und zündet das Feuer unter Wind, also am Eingang, an. Um zu verhindern, daß der Regen am Boden entlang durch die Hütte läuft, zieht man einen kleinen Graben ringsum und wirft die gewonnene Erde unten gegen die Hütten=wand. Wenn man sich in der Mitte ein Lager zum Schlafen einrichtet, hat man darauf zu achten, daß man mit dem Kopf höher liegt als mit den Füßen, auch muß man ver=

---

[1]) Kann vom Deutschen Pfadfinderbunde, Charlottenburg 2, Joachimsthalerstr. 5, bezogen werden.

meiden, daß man schräg zum Abhang liegt, sonst rutscht und rollt man während des Schlafes talab. Schon kleine Unebenheiten des Bodens genügen mitunter, um den Schlum-

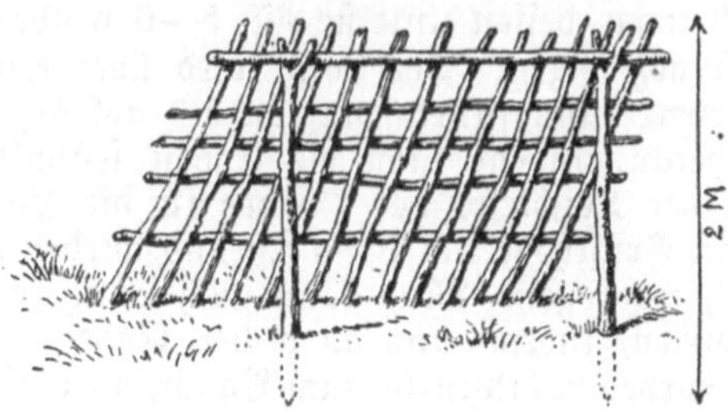

Rahmen für ein Schutzdach. (Wird mit Buschwerk oder Gras gedeckt. Mit 2 solchen Schutzdächern läßt sich eine Hütte bauen.)

mer empfindlich zu stören; deswegen ist der Platz, an dem man nächtigen will, möglichst sorgfältig zu ebnen, wobei es sich empfiehlt, die Stelle, wo die Hüfte aufliegen soll, etwas tiefer zu graben. Um weicher zu ruhen, kann man eine Gras- oder Laubschicht über das Lager breiten. Es empfiehlt sich ferner, die Stiefel auszuziehen und den Kragen zu öffnen, weil sonst der Blutumlauf gehemmt wird.

Unsere Truppen in Südwestafrika haben in dieser Weise oft mehrere hundert Male im Freien auf der bloßen Erde genächtigt. Als Schutz gegen die Unbilden der Witterung hatten die Reiter gewöhnlich nur ihren grauen Feldmantel und eine Decke. Wurde aber ein Feldlager für län-

Hütte.

gere Zeit eingerichtet, so bewiesen unsere deutschen Soldaten große Findigkeit im Bauen von Hütten. Mit dem einfachsten Material wurde ein hübsches „Heim" eingerichtet. Aus einigen alten Kisten und Proviantsäcken ent-

standen Bettgestelle, Türen, Tische, Stühle. Aus Lehm
wurden Kamine gebaut und aus ein paar Stück Wellblech
einfache Öfen konstruiert. Schien die Zeit ausreichend, so
holten die Mannschaften Steine herbei und errichteten
Blockhäuser daraus.

Als allereinfachste Unterkunft stößt man zwei gegabelte
Äste fest in den Boden und legt eine Stange quer über die

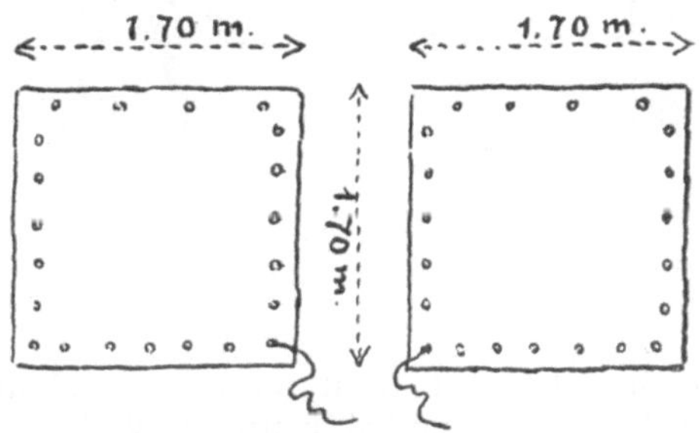

Jeder Pfadfinder trägt eine solche Zeltbahn, die er sich bei Regen
als Kapuze über Kopf und Schultern ziehen kann.

Gabeln. Von der Seite lehnt man nun Stöcke oder Reisig
dagegen und verstopft die Zwischenräume mit Gras, Laub
oder Stroh. Vielleicht noch schneller geht es, wenn man
nur eine Stange gegen den Baum lehnt, sie daran fest=
bindet und nun, wie eben beschrieben, Reisig seitlich daran
legt.

Sind keine Stangen zu haben, so kann man, wie die
Eingeborenen Südafrikas verfahren, Strauchwerk oder
Rohr im Halbkreis fest in den Boden stecken, bis auf diese
Weise ein schützender Wall gegen den kalten Nachtwind ge=
bildet ist. An der offenen Seite oder auch in der Mitte,
aber auf einer Erderhöhung, wird das Wärmefeuer an=
gezündet. Wenn es im Zelt oder in der Hütte durch die
Sonnenbestrahlung zu warm wird, so legt man Tücher
oder etwas mehr Stroh auf. Je dicker das Dach ist, um so
kühler bleibt es darunter. Wird es hingegen zu kalt, so
muß man das unterste Stück der Wand verdichten, oder
rings um den Fuß der Seitenwände Rasenstücke legen.

Zur Feldausrüstung unserer Soldaten gehören wasser=
dichte dunkelbraune, gleichseitige Zelttücher (Zeltbahnen),
die an allen 4 Seiten mit Knöpfen und Knopflöchern ver=
sehen sind, ferner kurze Zeltstöcke aus festem Holz, die

man durch metallene Schieber aufeinandersetzen kann, fer=
ner Zeltschnüre und Holzpflöcke (Heringe). Eine solche Aus=
rüstung kann auch der Pfadfinder führen, doch genügt es
meist, wenn er Zeltbahnen und Zeltschnüre hat, denn die
Stöcke und die Heringe kann er sich selber schneiden.

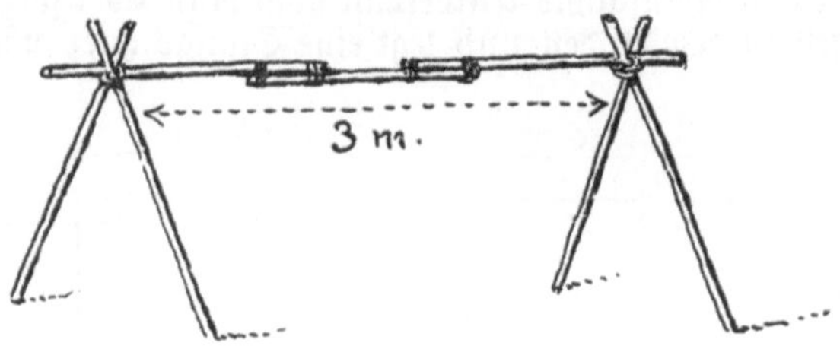

Gestell aus Stäben.

Statt der Zeltstöcke kann man übrigens auch unsere
praktischen Pfadfinderstäbe benutzen. Will man ein Zelt
bauen, so legt man erst die Hauptachse fest. In deren
Richtung wird später das Zelt versteift (befestigt), dann
werden die Zeltbahnen flach auf die Erde gelegt und zu=

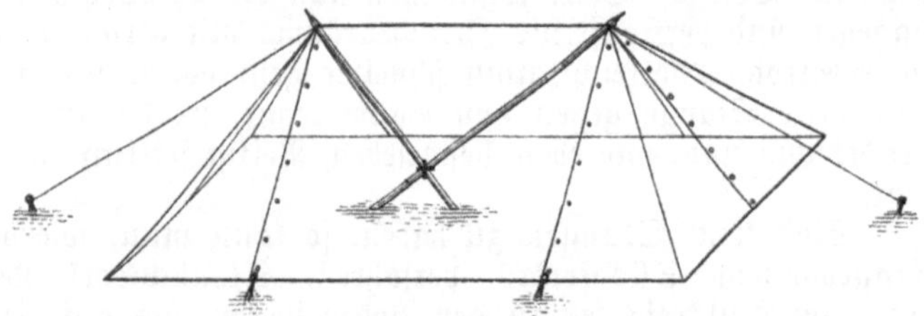

Zeltbau aus langen Pfadfinderstäben.

sammengeknöpft. Nun steckt man die Stäbe mit den Eisen=
spitzen durch die Zeltringe, und zwar zunächst in der
Hauptachse. An jeden Stab kommt ein Pfadfinder, und
auf Kommando heben diese die Spitzen und setzen die Stäbe
in der Richtung der Zeltachse mit dem stumpfen Ende auf
den Boden. Je nach Beschaffenheit des Untergrundes
werden die Stäbe zusammengebunden, oder außerdem et=
was in den Boden getrieben (schräg gegeneinander), die
oberen Spitzen nach außen gerichtet. Dann werden die
Spitzen mit den Seilen in der Richtung der Achse nach

außen straff gezogen, und schließlich werden die Zeltbahnen mit Heringen verspannt.

Beim Bau von Zelten mit flachen Dächern verfährt man entsprechend; nur muß man darauf achten, daß die Stäbe mit ihrer Spitze in der Richtung des Querschnitts nach außen zeigend eingesetzt werden.

Die Zeltbahnen sind stets so zu knöpfen, daß der Regen nicht eindringen kann, also zumeist so, daß die höheren Zeltbahnen, wie Schindeln der Dächer, über die unteren gelegt werden. Auch die Windrichtung ist zu beachten. — Ist Regen zu erwarten, so zieht man Gräben

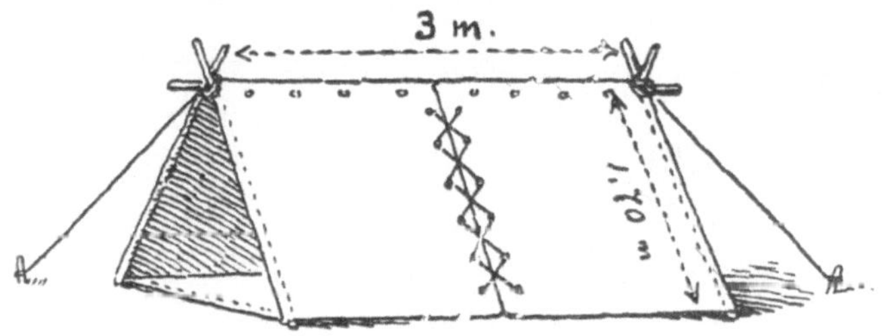

Ein Pfadfinderzelt.   4 Zeltbahnen als Seitenwände, 2 als Unterlage oder auch als Vor- und Rückwand.

um das Zelt, doch nützen die Gräben wenig, wenn sie keinen richtigen Ablauf haben. — Den unteren Rand der Zeltbahnen bewirft man mit Erde, damit der Wind nicht durchfegen kann.

Die Gestalt des Zeltes hängt von der Anzahl der verfügbaren Zeltbahnen und von der Witterung ab. Im allgemeinen läßt sich sagen: je kleiner und geschlossener, um so wärmer ist das Zelt. Die Form wird anders sein müssen, wenn man sich gegen Kälte oder gegen Sonne schützen will. An heißen Tagen muß frische Luft durch das Zelt strömen können (mindestens zwei Öffnungen), auch kann man, durch Vorbauten, schattige Liegeplätze gewinnen.

Selbst im geschlossenen Zelt muß eine Pfadfindergruppe stets alarmbereit sein. Dazu gehört, daß jeder Gegenstand auch im Dunkeln rasch gefunden wird — also peinliche Ordnung, bevor man zur Ruhe geht, — und daß einige Zeltbahnen so lose geknüpft sind, daß man sie mit einem Griff beseitigen kann, um hinauszuspringen.

Weder das Feuersignal, noch der Alarmruf, noch etwa der Schreckensschrei „Schlange im Zelt" darf eine gut ausgebildete Kornettschaft im Schlafe so überraschen, daß sie den Kopf verliert und in der Haft das Zelt umreißt, statt gewandt und sicher den Umständen gemäß zu handeln. Neulinge werden freilich stets geneigt sein, in Schlaftrunkenheit die Nerven bei plötzlichen Ereignissen zu verlieren; der richtige Pfadfinder wird auch dann „bereit" sein. —

Bei Regenwetter läßt sich die Zeltbahn auch als Um-

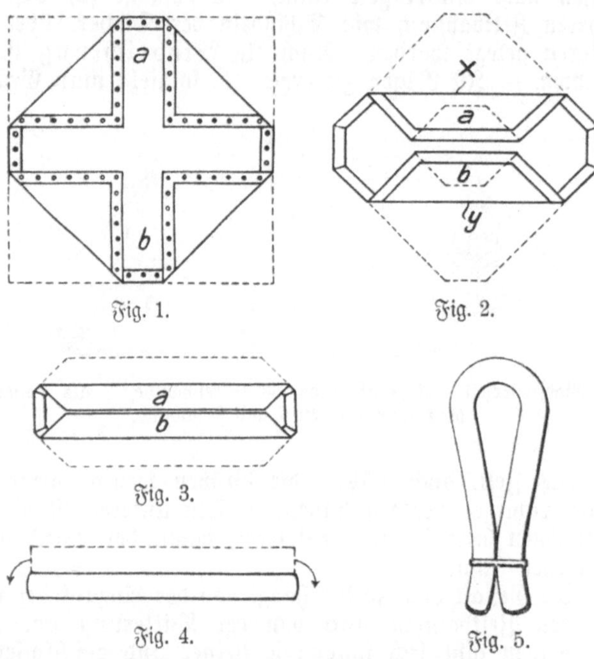

Wie man eine Zeltbahn zusammenlegt.

hang und Kapuze überwerfen. Dies ist zu üben, da bei schlechter Ausführung die Zeltbahn rutscht und mit den Enden am Boden schleift.

Eine Zeltbahn legt man auf folgende Weise zusammen: Zunächst wird sie vollständig auf dem Boden ausgebreitet. Dann werden die vier Ecken, nach der Mitte zu, rechtwinklig zusammengelegt (Fig. 1). Dann rollt man die Seiten a und b durch Zusammenklappen soweit zusammen, bis sie sich lose berühren (Fig. 2). Aus dieser Lage legt man a und b noch einmal durch Zusammenklappen soweit um, bis sich die Ränder x und y berühren (Fig. 3).

Schließlich klappt man a und b noch aufeinander, und die Bahn ist gerollt (Fig. 4). Fig. 5 zeigt die Bahn fertig zum Umhängen. Zwischen die einzelnen Klappen kann man noch die Zeltstäbe und Heringe legen.

Das Fällen von Bäumen.

Erst haut man ein Stück Holz unten am Stamm auf der Seite fort, nach der später der Baum fallen soll. Dann geht man auf die entgegengesetzte Seite und schlägt dort einige Zoll höher wieder ein Stück Holz vom Stamm ab, bis der Baum abbricht und umfällt.

Die Kunst des Baumfällens ist Übungssache. Vorsicht ist dabei am Platze, sonst haut man ins eigene Bein, statt in den Stamm.

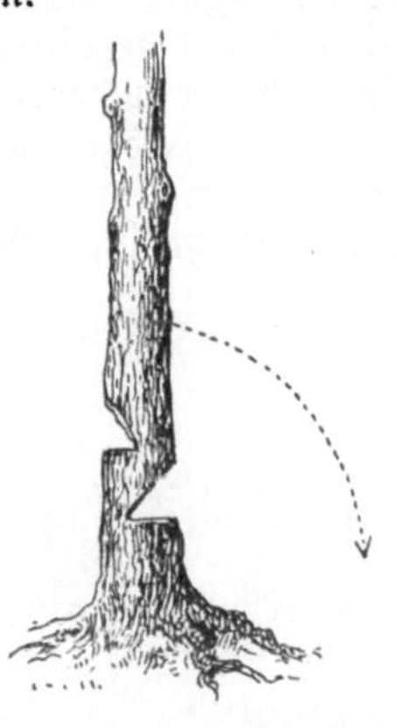

Wie man einen Baum fällt.

Brückenbau.

Es gibt unzählige Arten, wie man einen Übergang herstellen kann. In der Armee werden die Brücken meist aus Balken und Brettern zusammengefügt; als Pfeiler dienen gekreuzte und verstrebte Pfähle (Böcke) oder auf dem Wasser schwimmende Boote (Pontons).

Im Himalajagebirge, in Indien, spannen die Eingeborenen als Brücke drei Taue über den Fluß, die alle paar Schritt mit Stöcken in V-Form verbunden sind. Das eine Tau dient als Fußbelag, die beiden anderen als Geländer. Es sind etwas halsbrecherische Brücken, aber schließlich kommt man damit auf die andere Seite, und sie sind auch leicht herzustellen.

Die allereinfachste Weise, um einen schmalen, tiefen Wasserlauf zu überbrücken, ist die, daß man einen oder mehrere Bäume so fällt, daß sie sich quer über das Gewässer legen. Dann wird die obere Seite des Stammes mit der Axt geglättet, ein Strick als Geländer gespannt und ein recht brauchbarer Übergang ist fertig.

Auch Flöße sind verwendbar. Man baut sie am Ufer zurecht, und zwar im Wasser selbst, falls dieses an der Stelle seicht ist, anderenfalls am Lande. Wenn das Floß

Frankfurter Pfadfinder auf selbstgebauter Brücke.

bereit ist, hält man es durch Seile vom Ufer ab und läßt es nun durch die Kraft der Strömung nach dem anderen Ufer treiben.

Auch mit unseren Pfadfinderstäben können wir Stege bauen, falls die Flußläufe nicht gar zu breit und tief sind. In welcher Weise das geschieht, zeigen die Bilder auf S. 73 u. 74. Zum Bau sind freilich handfeste Stäbe nötig, nicht hübsch aussehende Spazierstöcke, die bei Belastung brechen. Auch müßt ihr das Verknoten gut verstehen, sonst gibt der Steg nach, wenn man ihn benutzen will.

Brücken und Stege soll man jedoch nur bauen, wenn es keine einfachere Möglichkeit gibt, den Flußlauf zu überschreiten. Wenn das Wasser nicht zu reißend und zu tief ist, wird man oft durchwaten können, nachdem man sich Stiefel und Strümpfe ausgezogen und die Hosen auf=

gekrempelt hat. Mitunter genügt es auch, wenn die größeren Pfadfinder das tun, und dann die kleineren Huckepack hinübertragen. Bei tieferem Wasser muß man sich weiter ausziehen. Die kleineren Pfadfinder, sowie die Anzüge und Ausrüstungsstücke werden alsdann auf den Schultern hinübergebracht. Ist der Untergrund so weich, daß die Stäbe zu tief einsinken, so können einige große Pfadfinder, die

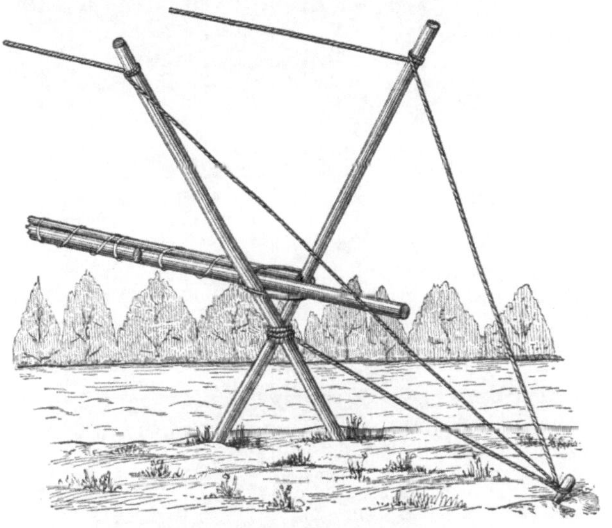

Verpfählung des Brückenkopfes.

sich vorher entsprechend entkleidet haben, den Steg unterstützen, bis die anderen hinüber sind.

In sehr hübscher Weise im Sinne der Feldpioniervorschrift setzten die Perleberger Pfadfinder über die Stepenitz. Das Material bestand nur aus 12 Bund Stroh, 4 armdicken Kanthölzern und 4 mitgebrachten Zeltbahnen. Von den Ecken der Zeltbahnen wurden drei, die Zipfel nach oben, zugeknöpft und in den so entstandenen „Beutel" wurde so lang Stroh hineingestopft, bis dieser überall ganz prall war. Dann wurde die vierte Ecke übergeknöpft. Dieser Strohballen wurde nun mit drei oder mehr derselben Art zusammengebunden, wobei jede Spitze des Ballens besonders mit einem Strick zugeknüpft werden mußte, um das Hineinlaufen des Wassers zu verhindern. Nun wurde auf die Strohsäcke ein Kantholzviereck aufgebunden, und zwar

Generalfeldmarschall Dr. Freiherr v. d. Goltz vor einer Pfadfinderstab=Brücke.

so, daß die Spitzen der Zeltbahnen mit einem Balkenkreuz zusammenfielen. Hierauf wurden über die Kanthölzer noch

Floß aus Zeltbahnen, Stroh und Brettern. (Perleberger Pfadfinder.)

Bretter gelegt. Das Floß war dann fertig und konnte ins Wasser gelassen werden. Auf zwei gegenüberliegenden Balken des Floßes wurden die Seile angebracht, und nun konnte das Floß, sobald die erste Fahrt mit Hilfe einer Stoßstange oder einiger in Ruder verwandelter Spaten gemacht war, von zwei Mann bedient, hin= und herüber= gezogen werden. Ein Floß von vier Strohballen trägt bequem fünf Pfadfinder. Es ist dies eine einfache und schnelle Art zum übersetzen über Flüsse, die vielleicht auch an anderen Orten von Pfadfindern versucht wird. — Zu einer solchen Floßübung sind natürlich nur gute, unge= stopfte Zeltbahnen zu verwenden, mit anderen könnte man versinken.

Strickleitern

kann man sich herrichten, indem man kurze Klötze oder Holzbündel in kleinen Abständen fest in einen Strick ein=

Leiter aus Pfadfinderstäben u. Tauen.

knotet. Für die Ausguck= posten, die auf Bäumen saßen, haben unsere Sol= daten in Südwestafrika Hölzer von etwa 40 cm Länge in geringen Abstän= den übereinander an die Baumstämme als Leiter genagelt. überflüssige Äste der Krone wurden abge= hauen, doch nur gerade so viele, daß der Posten sel= ber gut sehen konnte, den Spähern des Feindes aber verborgen blieb.

Dazu ist natürlich, in der Heimat, die Erlaubnis der Forstverwaltung nötig, denn die eingetriebenen Nägel können dem Stamme schädlich sein.

Hat man keine Nägel, sondern nur Taue und Pfadfin= derstäbe, so kann man sich helfen, indem man die Pfad= finderstäbe in Halbmeterabständen in zwei Taue knüpft, und diese an einen starken Ast hängt. Daß die Stabenden weit überstehen, schadet gar nichts.

Wie man ein Boot baut. (Bild Seite 77.)

Man nimmt zwei Bretter A und B von 3,5 m Länge, 50 cm Breite und 2 cm Dicke und schneidet sie so zurecht, wie es die Figur zeigt. Dann nagelt man ein Brettchen C in die Mitte ein, um die Seitenteile festzuhalten, und ein etwas kleineres Brettchen zum gleichen Zweck genau darunter.

Man schneidet dann einen festen Teil D als Bug, sowie ein Brett von 60 cm Länge und 25 cm Breite für den Stern.

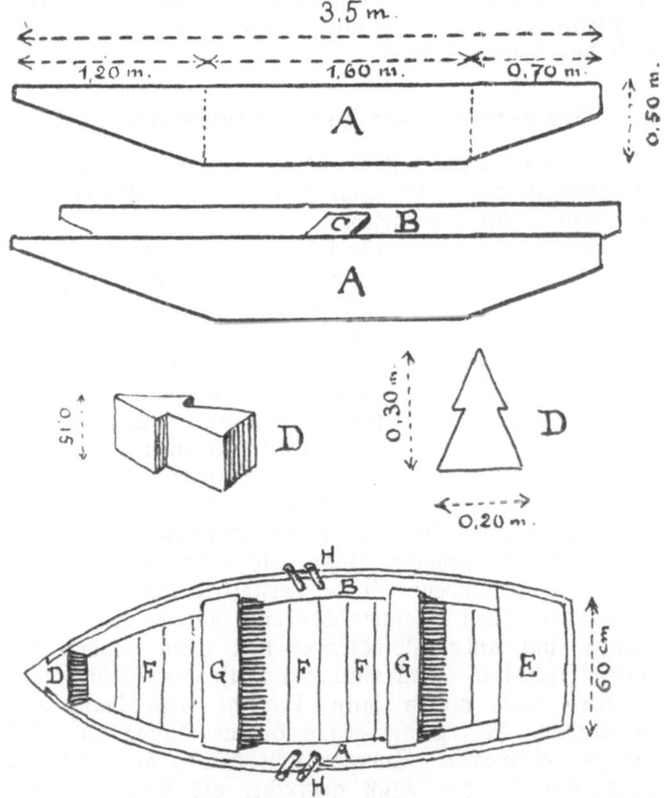

Wie man ein Boot baut.

Nun biegt man die Enden der Seitenbretter an den Bugkeil und an das Sternstück und macht sie mit Schrauben daran fest.

Dann dreht man das Boot um und schraubt die Boden=bretter FF ein. Die Spalten und Ritzen werden mit Werg verstopft, das man mit einem stumpfen Stemmeisen durch Hammerschläge zusammenpreßt. Wenn nötig, schmiert man noch Pech darüber, damit das Wasser ja nicht eindringen kann.

An den Stellen, wo die Sitze hinkommen sollen, nagelt man an beide Seitenwände von innen Bretter, die bis 30 cm an den Vordrand hinaufreichen. Auf diese Unterstützung legt man die Sitzbretter und schraubt sie daran fest.

An den Seiten befestigt man dann die Klötze HH als Ruderpinnen, schlägt die überflüssigen Bretter C heraus — und das Boot ist fertig!

Verwendung der Pfadfinderausrüstung.

Wie man Taue und den Lasso verwenden kann, haben wir schon in den Abschnitten über das Knotenbinden, über Zelt und Brückenbau gesehen.

Die Pfadfinderstäbe lassen so mannigfache Verwendung zu, daß wir uns hier auf einige Beispiele beschränken wollen. Der Erfindungsgabe und dem praktischen Sinn jedes Pfadfinders muß es überlassen bleiben, in jedem einzelnen Fall das richtige zu treffen. — Daß man mit den Stäben Brücken bauen, Zelte errichten, Leitern machen kann, haben wir schon gesehen. Nottragen kann man gleichfalls damit anfertigen (vgl. S. 202).

Kornettfähnlein.

Zum Feldbett gehören Böcke, die man durch ein paar kreuzweise gebundene Stäbe herstellen kann. Will ein Pfadfinder einen Stamm oder eine Mauer erklettern, so können ihm andere Pfadfinder mit ihren Stäben einen Auftritt schaffen. Daß man mit Hilfe der Stäbe Signale errichten und winken kann, braucht wohl kaum gesagt zu werden. Als Waffe gegen bissige Hunde sind Stäbe gut zu gebrauchen. Quergehalten dienen die Stäbe zum Absperren, in den Fluß getaucht, als Maß für dessen Tiefe usw.

Jeder Pfadfinder muß die Länge seines Stabes genau kennen und einen Maßstab daran eingekerbt haben; dann ist der Stab auch ein gutes Hilfsmittel geworden, um im Gelände zu messen. (Vgl. S. 111—113.) Schließlich sei noch die Verwendung des Stabes zum Stabturnen und zum Stabspringen erwähnt, zum Gerwerfen (nur unter Aufsicht eines Feldmeisters und mit aller Vorsicht!) und als Kletterhilfe im Gebirge.

Jeder Pfadfinder sollte einen Stab tragen, prägt sich doch auch in diesem Stabe die Eigenart unserer Ausbildung aus. Der Kornett trägt am Stabe das dreieckige weiße Kornettfähnlein, mit dem Pfadfinderabzeichen und den Nummern der Feldkompagnien und der Kornettschaft (Gruppe).

Beim Tragen des Pfadfinderstabes müßt ihr stets darauf achten, daß ihr mit der Spitze andere Menschen nicht gefährdet. Die beste Tragweise ist also senkrecht, mit der Spitze nach unten. Doch kann der Stab auf langen Märschen, auf Geheiß des Feldmeisters, auch geschultert werden.

Hat ein Stab Eisenspitzen, so sind diese rund zu schleifen. Beim Einstecken der Stäbe in den Boden sehe man sich vor, daß man nicht den Fuß des Nachbarn trifft; das ist besonders zu beachten, wenn die ganze Gruppe ihre Stäbe zusammenstellt.

Die Pfadfindergürtel lassen sich, aneinander geknüpft, wie die Taue verwenden, vor allem zu Rollzügen, zum Absperren, sowie zum Erklettern von Bäumen. Als „erste Hilfe" ist die Gürtelkette oftmals von Nutzen; stellt euch vor, es sei jemand in einen Brunnen gefallen, und es sei kein Tau zur Stelle: rasch die Gürtel ab, aneinandergeknüpft, hinuntergelassen — so kann der im Brunnen Ertrinkende, der in der Grube Erstickende sich herausarbeiten. Freilich muß das Aneinanderknüpfen geübt werden, sonst geht zu viel Zeit verloren.

In Südwestafrika haben unsere Reiter oftmals die Koppelriemen oder die Zügel der Pferde aneinandergeknüpft, um das Wasser aus den tiefen, senkrechten Brunnenlöchern zu schöpfen.

Die Äxte, Beilpicken und Spaten dienen zum Ziehen von Gräben, zum Ausheben von Erd- und Kochlöchern, zum Einebnen des Bodens, zum Zurechtschneiden der Bretter, Bohlen und Äste. Niemals dürfen die Äxte, Beilpicken und Spaten beim Pfadfinderspiel oder sonst irgendwie als „Waffen" angesehen werden.

Das Eigenmaß.

Jeder Pionier muß die Maße des eigenen Körpers kennen; das erspart ihm Metermaß und Zirkel, die man doch nicht immer zur Hand hat. Nachstehend gebe ich die Durchschnittslängen eines mittelgroßen Mannes:

Endglied des Zeigefingers oder Breite des
Daumens . . . . 2 cm
Spannweite vom Daumen zum Zeigefinger . 19 „
Spannweite vom Daumen zum kleinen Finger 21 „
Handgelenk zum Ellbogen (gleich der Fußlänge) 27 „
Ellbogen bis zum Zeigefinger . . . . . . 46 „

Jeder muß nun bei sich selbst erproben, wieweit seine
Maße von diesen Durchschnittsmaßen abweichen.

Wenn ihr die Arme ausbreitet, so entspricht der Ab=
stand von der einen Spitze des Mittelfingers zum anderen,
die sogenannte Spannweite, etwa eurer Körpergröße.

Das Herz und der Puls schlagen ungefähr 72 mal in
der Minute; jeder Schlag folgt dem anderen also in etwas
weniger als einer Sekunde.

Die Schrittlänge beträgt rund 80 cm. Man braucht
mithin etwa 125 Schritte, um 100 m zurückzulegen. Wenn
man schnell geht, pflegen die Schritte ein wenig kürzer zu
sein als bei ruhigem Gang.

In gutem Marschtempo legt man 100 m in einer
Minute, das Kilometer (1000 m) also in 10 Minuten zu=
rück; für Marsch mit Gepäck rechnet man 5 km in der
Stunde.

Auch einen Millimetermaßstab hat der Pfadfinder bei
sich — wenn er Geld hat. Unsere Münzen haben ganz
bestimmten Durchmesser und bestimmtes Gewicht, die man
sich merken muß:

1 Markstück   24 mm   Gewicht etwa 5$\frac{1}{2}$ g
10 Pfennigstück 21   „   „   „ 4   „
5   „   18   „   „   „ 2$\frac{1}{2}$ „

Abgegriffene Stücke haben natürlich etwas weniger Durch=
messer, aber die Unterschiede sind so gering, daß sie nicht
in Betracht kommen.

Abschnitt 2.
Lagerleben.
Von Oberstabsarzt Dr. Lion.

Behaglichkeit im Lager.

Man hört vielfach die Behauptung, daß das Feld= und
Lagerleben verwildere. Höchstens ganz unerfahrene Neu=
linge werden diese irrige Ansicht durch ihr Verhalten wirk=
lich bestätigen.

Ich muß hier zu meiner Beschämung gestehen: man neigt sehr schnell dazu, abseits von Ländern der Kultur den „wilden Krieger" oder den „wilden Jäger" zu spielen. Wenn man dann aber alte, erfahrene Pfadfinder mitten in der Steppe trifft, immer mit sauberem, wenn auch geflicktem Rocke, immer rasiert und mit gepflegtem Kopf= und Barthaar, dann schämt man sich doch und bemüht sich doppelt, ihnen auch darin nachzueifern.

Ein richtiger Pfadfinder, z. B. ein alter Hinterwälder, verwildert niemals durch das Leben im Felde; denn er weiß, wie er für sich zu sorgen hat und wie er sich das Feld= und Lagerleben durch hunderterlei kleine Kniffe so bequem wie möglich einzurichten vermag. Der erfahrene Mann baut sich einen Unterschlupf, zündet ein Lagerfeuer an und richtet sich aus Farnkräutern, Buschwerk, Gras oder Stroh eine Matratze als Lager her. Ein alter Pfadfinder weiß sich überhaupt immer zu helfen, er findet stets einen Ausweg aus jeder Schwierigkeit und Unbequemlichkeit.

Ein Biwak nennt man einen Platz zum Rasten, an dem man wenige Stunden, etwa einen Nachmittag oder eine Nacht bleibt. Man schläft unter freiem Himmel oder unter kleinen Zelten, die durch Vereinigung mehrerer Zeltbahnen hergestellt werden.

Unter einem Feldlager versteht man gewöhnlich einen Aufenthaltsort, der für längere Zeit bestimmt ist. Hier entstehen aus Notunterkünften allmählich feste, große Zelte, Baracken oder Hütten. Sehr wichtig ist bei jeder Art von Feldlager stets ein bequemes Ruhelager. Solches kann man sich nun auf verschiedene Arten herstellen. Sehr wichtig ist dabei, stets darauf zu achten, daß man zwischen Körper und Erde eine Zwischenschicht hat, besonders wenn der Boden naß ist. Abgeschnittenes Gras, Stroh, Zweige oder Farnkräuter legt man daher in möglichst dicker Schicht auf die Stelle, die man sich als Ruheplatz ausgesucht hat. In Kanada stellen Jäger und Polizeitruppen eine sehr bequeme Lagerstätte, eine Art von Sprungfedermatratze dadurch her, daß sie eine große Anzahl von Spitzen der Tannenzweige abschneiden und sie auf dem Boden so eng wie möglich, wie die Borsten einer Bürste, einpflanzen. Wenn sie sich dann darauf niederlassen, so liegen sie wie in einem äußerst angenehmen, federnden Ruhebette.

Das Geheimnis, sich beim Schlafen auf der Erde warm zu halten, besteht vor allem darin, ebensoviel Decken unter sich zu haben wie über sich. Wenn eine Patrouille ein Feuer schürt, so müssen alle Leute mit den Füßen gegen dieses gerichtet liegen, wie die Speichen eines Rades zur Achse. Sollten die Decken nicht genügend warm halten, so legt man Moos, Stroh, Farnkräuter darauf; auch Zeitungen kann man vorzüglich dabei verwenden. Es kann überhaupt als guter Ratschlag gelten, wenn man bei kaltem Wetter friert und nicht genügend warme Kleidungsstücke hat, Zeitungspapier rings um die Brust, vor allem auf den Rücken, unter den Rock und die Weste zu legen. Das Papier wird so gut wie ein Mantel einen hübschen Wärmezusatz bringen.

Auch wenn die Stiefel naß sind oder wenn man schadhaftes Schuhwerk vor Eindringen von Nässe schützen will, legt man Papier hinein, besonders auf die Sohlen. Es

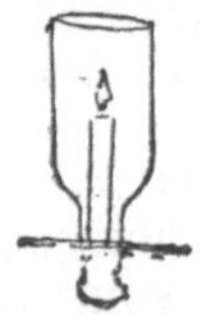 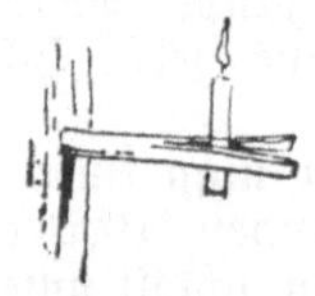 

Feld-Kerzenhalter.

ist oft wunderbar, wie behaglich sich dabei die bis dahin frierenden Füße fühlen.

Feld-Kerzenhalter stellt man her, indem man etwas Draht zu einer kleinen Spiralfeder zurechtbiegt und in diese, wie die Abbildung zeigt, das Licht befestigt. Oder man kann die Kerze in einen gespaltenen Stock einklemmen und diesen in eine Spalte der Wand, eines Pfahles oder Baumes stecken.

Ein Windlicht kann man sich sehr leicht anfertigen, wenn man den Boden von einer Flasche absprengt, den Hals in die Erde oder in irgendein Brett steckt. In den Flaschenhals läßt sich bequem von obenher eine Kerze hineinschieben, die, vor Wind geschützt, eine gute Beleuchtung gibt. Man kann auch in den Hals einen Stock von unten einschieben, der gespalten die Kerze trägt und zugleich als Handgriff dient. Durch einen kleinen aufgesetzten Blechstreifen schützt man das Windlicht vor Regen.

Das Absprengen des Flaschenbodens erfordert besondere Kunstfertigkeit: Man kann die Flasche 2,5 bis

3,5 cm hoch mit Wasser füllen und sie dann in die Holz=
kohlenglut stellen, bis das Glas heiß wird und an der
Wassergrenze abspringt. Wir wendeten in Afrika gern die
Methode an, die wir bereits in Teutschland mit unseren in
allen Arten von Behelfsarbeiten im Felde wohl bewander=
ten Krankenträgern geübt hatten. Ein Stück
Bindfaden wird um die Flasche nahe an ihrem
Boden herumgelegt und dann schnell hin= und
hergezogen, bis der ganze Ring durch die Rei=
bung heiß geworden ist. Stellt man jetzt die
Flasche in kaltes Wasser, oder gießt man sol=
ches darüber, so wird der Boden an der ge=
wünschten Stelle abspringen. Man benötigt
für dieses Verfahren zwei Leute, einen, der
die Flasche hält, einen anderen, der mit dem
Bindfaden hantiert. Ist man allein, so be=

Feldgabel.

festigt man das eine Ende der Schnur an einem Haken,
einem Baum oder an einem Wagenrad, das andere, wie
die bayerische Vorschrift empfiehlt, um den rechten Ober=
schenkel, spannt den Bindfaden stark an und führt nun die
Flasche in sägenden Bewegungen, nachdem man sie ein=
mal mit dem Faden umwickelt hat, daran auf und ab.

Feldgabeln kann man gleichfalls aus Draht her=
stellen, der an den Enden geschärft wird.

Knöpfe gehen im Lager ständig verloren. Es trägt
daher viel zur Bequemlichkeit bei, wenn jeder Pfadfinder
weiß, wie man sich Knöpfe aus Schnürsenkeln oder Bind=
faden anfertigen kann. Der Pfadfinder muß auch lernen,
Kragenknöpfe aus Holz, Stein oder Horn zu schnitzen.

Ein einfacher Leinwandsack, 60 cm breit, kann sehr
viel zu einer angenehmen Nachtruhe beitragen. Man kann
auf dem Marsch alles mögliche darin unterbringen oder
man trägt ihn leer und steckt erst bei der Rast Gras oder
auch sein Unterzeug hinein und hat dann ein vorzügliches
Kopfkissen für sein Nachtlager.

Lagerfeuer.

Wie man Lagerfeuer anzündet[1]).

Bevor der richtige Pfadfinder sein Lagerfeuer an=
zündet, entfernt er sorgfältig alles in der Nähe befind=

---

[1]) In den heimischen Wäldern ist Feueranzünden sowie jede
Beschädigung der Bäume streng verboten und strafbar. Zu Übun=
gen im Feueranzünden sind nur freie Plätze, insbesondere mit Ge=
nehmigung des Garnisonkommandos auch Exerzierplätze zu benützen.

liche trockene Gras, Heidekraut, Laub usw.; denn sonst kann
das Feuer leicht auf benachbarte Grasflächen oder Büsche
übergreifen. Wer die rasende Wut eines solchen ver=
heerenden Buschfeuers erlebt hat, wird doppelt vorsichtig
sein. Und doch sind so viele verhängnisvolle Grasbrände
nur durch den Leichtsinn unerfahrener Neulinge verursacht
worden, die sich in möglichst törichter Weise ihr sogenanntes
Lagerfeuer anzumachen suchten.

Man kann das in der Nähe des Feuerplatzes befindliche
Gras mit dem Messer abschneiden. Einfacher und schneller
kommt man zum Ziel, wenn man sich einen sogenannten
Ring brennt. Dies muß jedoch mit großer Vorsicht ge=
schehen, und man darf nur nach und nach und und immer
nur eine kleine Grasfläche auf einmal abbrennen, muß
dabei aber stets Baumzweige oder alte Säcke zur Hand
haben, mit denen man das Feuer sofort ersticken kann, wenn
es irgendwie die beabsichtigte Grenze überschreiten sollte.
Der richtige Pfadfinder wird überhaupt immer auf der
Wacht sein, daß er rechtzeitig ein zufällig entstehendes
Buschfeuer möglichst noch im Keime ersticken kann.

Es hat eigentlich nicht besonders viel Wert, jemand
das Feueranzünden mit schönen theoretischen Lehren bei=
bringen zu wollen, denn das einzige Mittel, es richtig zu
lernen, besteht darin, daß man die hier erteilten Rat=
schläge praktisch anwendet, sich danach selbst sein Holz
richtig zurechtlegt und es dann in Brand zu setzen sucht.

Man nimmt zuerst ganz kleine Späne von möglichst
trockenem Holze, und häuft sie locker aufeinander. Dazu
bringt man dann Stroh und Papier. Darüber legt man
kleine Hölzer pyramidenförmig aufrecht gegeneinander und
über diese wiederum eine Pyramide von größeren Hölzern
oder Zweigen. Dann zündet man das Stroh oder Papier
an. Wenn nun das Feuer lustig brennt, werden stärkere
Holzstücke hinzugelegt und schließlich große Holzkloben oder
ganze Baumstämme, die jedoch nicht allzudick sein dürfen.
Auf solche Weise erhält man ein vorzügliches Feuer, be=
sonders auch zum Wärmen.

Handelt es sich nur um ein Kochfeuer, so kommt
man natürlich mit weit weniger Holz aus. Die Haupt=
sache ist dabei, daß man eine möglichst große Menge
glühender Holzkohlen erhält. Man braucht dazu nur drei
starke Holzkloben, die sternförmig auf den Boden gelegt
werden. Sie liegen dann wie Wagenspeichen gegeneinan=
der. Da, wo die drei Holzstücke nahe aneinanderstoßen,

wird zuerst mit dünnen Holzspänen das Feuer angelegt. Wenn das Feuer erst einmal ordentlich brennt, kann es nicht mehr ausgehen. Man braucht immer nur wieder die Holzstücke gegen die Mitte des Feuers nachzuschieben und erhält so stets von neuem frische glühende Holzkohlen.

Es gibt dies ein sehr gutes Kochfeuer, das keine sichtbare Flamme und wenig Rauch erzeugt. Dies ist besonders von Wichtigkeit, wenn man unentdeckt vom Gegner abkochen will. Um das Feuer über Nacht im Glimmen zu erhalten, bedeckt man es reichlich mit Asche. Es wird dann die ganze Nacht hindurch schwelen und ist morgens stets gebrauchsfertig. Durch einfaches Hineinblasen facht man die Glut wieder an. Will man aber das Feuer die ganze Nacht hindurch unterhalten, so legt man eine Anzahl von Holzklötzen sternförmig mit den Enden aneinander. Einer davon muß jedoch so lang sein, daß er leicht mit der Hand aus liegender Stellung erfaßt werden kann.

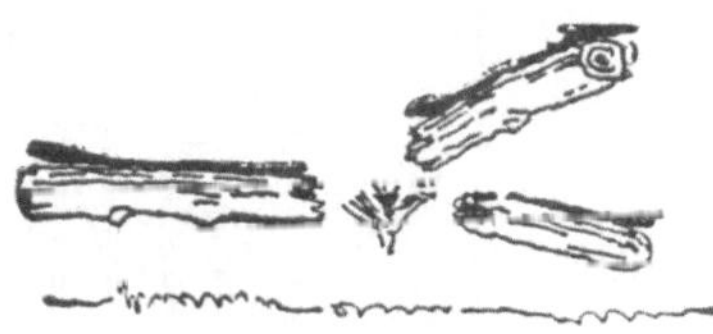
Wagenradfeuer fertig zum Anzünden.

Ohne aufstehen zu müssen, kann man damit von Zeit zu Zeit das Holz wieder in die Mitte hineinschieben.

In Südwestafrika lieferte uns in holzarmen Gegenden der getrocknete Dung der Rinder ein gutes Brennmaterial.

Für das Lagerfeuer ist eine Feuerzange sehr nützlich. Von Buchenholz oder einem anderen zähen Holz schneidet man einen Stock, der ungefähr 1,25 m lang und 1 bis 3 cm dick ist. In der Mitte wird er bis zur halben Dicke abgeschabt. Diesen Teil hält man einige Sekunden in glühende Holzkohlen und biegt dann den Stock zusammen, bis sich die beiden Enden vereinigen. Diese flacht man an der inneren Seite ein wenig ab, so daß die Klauen dadurch besser fassen können, und die Feuerzange ist fertig.

Ein Besen ist ein sehr wichtiges Gerät zur Sauberhaltung eines Lagers. Er kann leicht aus einigen Birkenreisern hergestellt werden, die man dicht um eine Stange bindet.

Trocknen der Kleider.

Oft genug wird der Soldat im Dienste naß, und man sieht dann eine ganze Menge Rekruten, die einfach in ihrer nassen Kleidung bleiben, bis sie wieder von selbst trocken wird. Sie bekommen oft sehr schnell Erkältungen, Fieber, Grippe, nicht selten auch schwere Lungenentzün= dungen. Deshalb wird ein alter Feldsoldat, zumal ein richtiger Pfadfinder, es folgendermaßen machen: wenn er keine anderen Kleider zum Wechseln hat, hängt er

Gestelle aus Pfadfinderstäben (A = Steingewicht).

seine Bekleidungsstücke in der Sonne oder über einem Feuer an einem Gestell von Pfadfinderstäben zum Trocknen auf und setzt sich währenddessen in eine Decke gehüllt unter einen Wagen oder an sonst einen geschützten Ort.

Um seine Kleider über einem Feuer zu trocknen, stellt man einen Holzkohlenbrand her und baut darüber aus Stöcken einen kleinen, bienenkorbartigen Käfig. Dar= über hängt man seine Kleider, die dann sehr schnell trocknen.

Aber auch in der Hitze ist es gefährlich, in durch= geschwitzten Kleidern sich hinzusetzen, besonders wenn Wind geht. Dann kann man mitten im Sommer, auch in den Tropen, eine Erkältung mit oft sehr unangenehmen Fol= gen bekommen.

Man soll daher immer ein Reservehemd mitführen, das man bei jeder längeren Rast wechselt, während man das durchschwitzte an der Sonne wieder trocknen läßt.

Ordnungssinn.

Der Boden des Lagers muß stets rein und überhaupt in Ordnung gehalten werden, nicht allein weil alle Abfälle Fliegen heranlocken, die in Speiseresten und im Unrat am besten gedeihen, sondern auch weil der richtige Pfadfinder stets seinen Stolz darein setzt, ein sauberes Lager zu hinterlassen. Denn es ist recht beschämend, wenn andere Leute an dem verlassenen Lagerplatz vorbeikommen und eine dort zurückgebliebene Unordnung sehen. Euer ganzer Ruf würde darunter leiden, und der richtige Pfadfinder soll doch immer ein Vorbild für andere sein. In Kriegszeiten oder in gefährdeten Gegenden kann es zur Gefahr werden, wenn man alles mögliche umherliegen läßt. Die feindlichen Späher der Hottentotten suchten sofort das Lager der Deutschen ab, sobald diese außer Sehweite waren. Sie schöpften aus dem Zurückgelassenen manche für sie wertvolle Nachricht. Besonders erfreut waren sie natürlich, wenn sie Patronen fanden.

Darum sind richtige Pfadfinder immer ordentlich, im Lager wie zu Hause. Es muß dies eben etwas ganz Selbstverständliches für sie sein. Wer nicht ordentlich zu Hause ist, ist auch nicht ordentlich im Lager. Und wer nicht ordentlich im Felde ist, wird niemals ein wirklicher Pfadfinder werden, sondern immer ein Anfänger bleiben. Jeder Pfadfinder muß jederzeit darauf gefaßt sein, daß er plötzlich, auch mitten in der Nacht, alarmiert wird, oder daß seine Hilfe verlangt wird. Darum muß er in seinem Zelt oder Quartier immer auf Ordnung sehen, mit einem Handgriff muß er auch im Dunkeln jeden Bekleidungs- und Ausrüstungsgegenstand zu finden wissen, sonst kann er die beste Zeit verlieren, in unkultivierten Ländern auch wehrlos niedergeschlagen werden.

Deshalb muß man sich schon zu Hause daran gewöhnen, alle seine Sachen auf einem Stuhl am Bett zusammenzulegen, sodaß man sie in einem Nu anziehen kann.

Feldlatrinen und Abfallgruben.

Etwas sehr Wichtiges, das in einem Lager nicht versäumt werden darf, ist die Anlage von Feldlatrinen. Viele schwere Seuchen, wie Cholera, Typhus und Ruhr, sind dadurch entstanden, daß dies vernachlässigt worden war. Besonders in Kriegszeiten sind viele stolze Heere,

die der Feind nicht besiegen konnte, diesen Seuchen wehr=
los erlegen. Denn durch den Kot werden alle Krankheits=
stoffe abgeschieden; liegt er oder auch Küchen= und Schlacht=
abfälle frei herum, so setzen sich Fliegen darauf, die die
Krankheitskeime auf die Nahrung verschleppen können.
Wenn solche Abfälle eingetrocknet sind, weht der Wind
mit dem Staube Schmutzteile in Mund, Wasser und Nah=
rung. Darum muß jede Entleerung in Gräben erfolgen
und jedesmal sofort mit Erde bedeckt werden. Bei stehen=
den Lagern mit richtigen Aborten ist Torfstreu als ge=
ruchlos machendes Mittel besonders zu empfehlen.

Die Feldlatrinen bestehen aus einfachen Gräben, die
etwa 30 cm breit und 75 cm tief sind. Wer sie benutzen
will, muß sich über diesen Gräben in der Längsrichtung,
die Beine an beiden Rändern gespreizt, niederhocken. So
gelangt auch der Urin hinein, das umliegende Erdreich
wird nicht beschmutzt und Schmutzteile können dann
nicht durch die Stiefel in das ganze Lager verschleppt
werden.

Der Graben wird durch seitlich aufgestellte Stroh=
matten oder Leinwandschirme in kleine Aborte geteilt,
so daß sich keiner durch den andern belästigt fühlt.

Man legt die Latrinen überhaupt immer so an, daß
sie möglichst durch Gebüsch verdeckt sind.

Auch wenn ein Pfadfinder seine Notdurft auf dem
Marsche außerhalb des Lagers verrichtet, muß er wenig=
stens immer ein kleines Loch für seine Ausscheidungen
graben, das dann gleich wieder mit Erde ausgefüllt wird;
das tut sogar ein Hottentott, trotzdem er das Wort Hygiene
nicht gelernt hat.

Alle anderen Abfälle müssen in eine eigens dafür ge=
grabene Grube geschüttet, darin möglichst verbrannt und
mit Erde überworfen werden. Sie dürfen niemals im
Lager umherliegen. Die Kornetts müssen genau darauf
sehen, daß dies gewissenhaft geschieht. Vor jedem Zelt
muß eine Kiste stehen, in die alle Abfälle, auch die Fetzen
Papier geworfen werden. Wenn recht viel Papier und
Stroh dabei ist, kann man dann alles um so leichter
verbrennen. In Kalkfontein hatte ich ein eigenes Arbeits=
kommando von gefangenen Hereros unter Aufsicht von
Wachtmannschaften für alle diese Reinigungsarbeiten ge=
bildet. Inmitten Hunderter von Typhuskranken blieben
wir von der Krankheit verschont.

Lagerordnung.

Beim Beziehen des Lagers müssen bestimmte Lager=
vorschriften gegeben werden. Man stellt sie ein für alle=
mal auf und ergänzt sie nach Bedarf. Sie müssen in erster
Linie den Kornetts genau erklärt werden. Diese sind
dann voll dafür verantwortlich, daß die ihnen unter=
stellten Pfadfinder sie genau ausführen.

Man läßt jede Gruppe für sich getrennt von den an=
dern lagern. So kann man am besten zwischen ihnen
einen Vergleich im Punkte der Reinlichkeit und Ordnung
in Zelten und Umgebung anstellen.

Wenn auch jede Gruppe ihr Zelt für sich hat, so muß
sie sich doch stets in Rufweite von dem Zelt des Feld=
meisters befinden.

Nach dem Abkochen mittags: 1—2 Stunden Rast.
Jede Badegelegenheit in einem Fluß oder See muß be=
nutzt werden. Es sind jedoch strenge Vorschriften zu er=
lassen, daß kein Nichtschwimmer in gefährliche Strömungen
oder tiefes Wasser gelangen kann. Auch gute Schwimmer
sind vor Übertreibungen zu warnen. Die Grenzen des
Badeplatzes sind jedesmal genau zu bezeichnen.

Zwei gute Schwimmer müssen ständig als Aufsichts=
personal bestimmt werden; am besten fahren sie dauernd
im Boote die äußeren Grenzen des Badeplatzes ab. Sie
sind nur mit Badehose bekleidet, haben jedoch einen Man=
tel, einen Umhang oder ein Tuch umgehängt. Erst wenn
alle anderen gebadet und das Wasser verlassen haben,
dürfen sie selber baden.

Vorschriften über Feueralarm müssen stets erlassen
werden.

Man darf nicht versäumen, bekannt zu machen, welche
Grundstücke nicht betreten werden dürfen, welche Brunnen
benutzt und welche nicht benutzt werden dürfen. Vorschriften
über Beseitigung der Abfälle, Anlage von Feldlatrinen,
Zeit zum Niederlegen und Wecken dürfen gleichfalls nie
vergessen werden.

Kameradschaft.

Das Lagerleben, wo du allein auf dich und deine
Kameraden angewiesen bist, ist so recht geeignet, die Kame=
radschaft zu stärken und alle Schwächen und Vorurteile
des Alltags abzustreifen. Da öffnest du dem Freunde das
Herz, du teilst mit ihm den Proviant, das Zelt, um am
anderen Morgen mit ihm wieder Seite an Seite unter

fröhlichen Marschliedern weiterzuziehen. Wer getreulich
sein letztes Stück Brot mit einem Kameraden geteilt hat,
bleibt fest mit ihm wie durch Bande des Blutes für sein
Leben verbunden. Niemand wird den Lagerfrieden stören,
jeder wird suchen, in den Lagerspielen (vgl. S. 161 ff. und
in dem Sonderheft „Jungdeutschlands Pfadfinderspiele")[1]
sowie am Lagerfeuer sein Bestes zu geben, um seine Kameraden zu erfreuen. Gesänge, Vorträge, kleine Theater-
szenen, Akrobaten- und Zauberkunststücke können so zur
allgemeinen Erheiterung beitragen.

Das Lied.

Einen frischen Geist bringt es ins Lagerleben, wenn ge-
sungen wird. Unser Pfadfinderliederbuch[2] bringt eine
große Menge frischer und beherzter Lieder, die am Lagerfeuer im Chor erklingen mögen. Denn, wie es im Vor-
wort des Liederbuches heißt: „Aus frohem Herzen steigt
das Lied gar leicht. Doch auch in schweren Stunden soll
es uns erheben; ein heiteres Gemüt, es schlägt die All-
tagssorgen, — — Pfadfinder pflegt den Sang nach Deutscher Art!"

---

[1] Verlag von Otto Spamer, Leipzig. Vom Pfadfinderbunde
zu beziehen. Preis 60 Pfg.
[2] Beim Pfadfinderbunde zu beziehen. 123 Lieder mit Text und
Noten. Preis 75 Pfg., gebd. 1 Mk. Verlag von Otto Spamer, Leipzig.

Abschnitt 3.

Die Verpflegung im Feldlager.

Von Oberstabsarzt Dr. Lion.

Kochen.

Jeder Pfadfinder muß selbstverständlich sein Fleisch und Gemüse auch ohne die gebräuchlichen Küchengeräte zu kochen und sein Brot zu backen verstehen. Zum Wasserkochen hat er gewöhnlich sein Zinn= oder Aluminiumkoch=

Lagerleben.

geschirr. Darin kann er dann sein Gemüse kochen oder sein Fleisch sieden lassen, aber oft wird er es für andere Zwecke nötig haben und muß dann sein Fleisch auch ohne Gefäß braten können. Dies geschieht sehr zweckmäßig, wenn man es mit Salz und Pfeffer bestreut, dann auf spitze Stöcke steckt und nahe dem Feuer aufhängt, bis es geröstet ist. Man kann auch, wenn man keinen Kochgeschirrdeckel hat, den Deckel einer alten Cakes= oder Konservenbüchse als Bratpfanne benützen. Dann muß man Fett oder Wasser zusetzen, damit das Fleisch nicht anbrennt, bevor es gar ist.

Fleisch kann auch, in einen nassen Bogen Papier eingeschlagen oder mit einer Hülle von Lehm umgeben, in die glühenden Holzkohlen gelegt werden, wo es von selbst

braten wird. Vögel und Fische können auf die gleiche
Weise zubereitet werden. Dabei ist es nicht nötig, den
Vogel vorher abzurupfen, wenn man ihn in Lehm ein-
wickelt. Die Federn verkleben nämlich mit dem Lehm,
sobald er in der Hitze hart wird. Wenn man dann den
Lehm aufbricht, wird der Vogel ohne Federn, wie eine
Nuß aus ihrer Schale, gebraten herauskommen.

Vögel rupft man am leichtesten gleich nach dem
Töten ab.

Man kann auch Fleisch bei Fehlen von Wasser auf
folgende Art zubereiten:

Das Kochgeschirr wird mit würfelförmigen Fleisch-
stücken von etwa 2 cm Durchmesser, mit dazwischen ge-
legten Pfefferkörnern, Salz und einigen Lorbeerblättern
gefüllt, fest geschlossen, in ein mit glühenden Holzkohlen
halbgefülltes Loch von etwa 50 cm Breite und Tiefe gestellt, mit glühenden Holzkohlen umgeben und bedeckt;
darüber wird eine leichte Schicht Boden gebracht. Nach
zwei bis drei Stunden ist das Fleisch weich, saftig und
sehr schmackhaft; auf dem Boden des Kochgeschirrs hat sich
der Fleischsaft angesammelt. Bei Zinn-Kochgeschirren
kommt es vor, daß Zinn vom Deckel abtropft und so
das Fleisch ungenießbar wird.

Wenn man mit dem Feldkochgeschirr kochen will,
kann man es auf Holzklötze stellen. Es fällt jedoch leicht
um, wenn man nicht genügend aufpaßt. Daher stellt man
es besser auf den Boden mitten in die Glut hinein. Man
kann auch einen Dreifuß von drei grünen Holzstangen
über dem Feuer dadurch errichten, daß man sie an den
Enden zusammenbindet, daran einen Draht oder eine
Kette anbringt und den Topf daran anhängt.

Die einfachste Art einer Feuerstelle bilden die Kochgräben. Diese werden in der Windrichtung angelegt, sind
etwa $^1/_3$ m breit und ebenso tief. Die ausgehobene Erde
wird beiderseits zu einem kleinen Wall aufgeworfen. Die
Kochgeschirre werden an Stangen aufgehängt, die quer
über diesen Wall gelegt werden. Die Stangen können,
wenn nötig, jedoch auch auf Gabeln gelegt werden.

Eine gute Art von Feldküche ist folgende:

Zwei Reihen von Erdschollen, Mauersteinen, Steinen
oder dicken, 2 m langen, oben abgeflachten Balken werden
in spitzem Winkel aneinandergestellt, so daß sie 10 cm
an dem einen, 8 cm an dem anderen Ende voneinander
entfernt sind, das weitere Ende nach der Windseite. Dar-

über wird in zwei Gabeln ein Stock gelegt, an dem die Kochgeschirre aufgehängt werden.

Wenn man einen Topf Wasser auf dem Feuer kochen läßt, darf man den Deckel nicht stark daraufpressen, denn der Dampf muß irgendeinen Ausweg haben, sonst würde er den Topf sprengen.

Um zu erkennen, ob das Wasser anfängt zu kochen, braucht man den Deckel nicht abzunehmen und hinein= zusehen, sondern es genügt, das Ende eines Stockes oder Messers an den Topf zu halten. Wenn das Wasser kocht, nimmt man damit eine Erschütterung wahr.

Feldküche.

Kabobs. Fleischschnitte am Spieß. Man schneidet das vorher tüchtig geklopfte Fleisch in etwa 1—2 cm dicke Scheiben, diese wieder in kleine Würfel von etwa 2,5 bis 3,5 cm Länge. Eine Anzahl dieser Würfel reiht man an einem Stock oder eisernen Stab auf und stellt diesen entweder an das Feuer oder hängt ihn bei fortwährendem Drehen über starke Glut auf, bis das Fleisch gebraten ist. Ein hölzerner Stock wird am besten zuvor naß gemacht, damit er nicht anbrennt.

Jägerbraten. Man schneidet das Fleisch in kleine Würfel von etwa 2,5—3,5 cm im Quadrat. Dann schabt und zerhackt man etwas Gemüse, wie Kartoffeln, Rüben, Zwiebeln usw., und wirft es in das Kochgeschirr. Man füllt dieses dann bis zur Hälfte mit reinem Wasser oder mit Suppe, wozu sich am besten die Maggiwürfel eignen.

Man mischt darauf Mehl, Salz und Pfeffer zusam= men, reibt das Fleisch fest hinein und tut es in den Kessel. Es muß gerade genug Wasser da sein, um die Speisen zu bedecken — nicht mehr. Man lasse das Koch= geschirr in der Holzkohlenglut stehen und etwa 1¼ Stunde gelinde kochen. Die Kartoffeln müssen am längsten kochen. Wenn diese weich genug sind — man prüfe sie mit einer Gabel — dann ist das ganze Gericht fertig. Alle Arten von Dünsten und Schmoren sind dem Anrösten am Feuer vorzuziehen, denn man muß vor dem Essen die geröstete Kruste stets erst abschaben. Dadurch geht viel Fleisch verloren und oft ist dann das Innere noch ziemlich roh. Aber rösten ist immer noch besser, als rohes Fleisch zu genießen oder gar zu hungern.

Brotbacken.

Im deutschen Heere wird das Brotbacken im Kochgeschirr geübt. Auch für den Pfadfinder ist dieses Verfahren empfehlenswert. Man bringt Mehl, Backpulver, das man auch Trockenhefe heißt, und eine oder zwei „Prisen" Salz — immer doppelt so viel Backpulver wie Salz — in das Kochgeschirr, mengt alles gründlich mit Löffel oder Stab. Dann wird warmes Wasser von etwa 45° hinzugegossen, der Teig damit tüchtig verrührt und allmählich so viel Wasser hinzugesetzt als nötig ist, um den Teig vollkommen zu durchfeuchten. Aus dieser Masse formten wir in Südwestafrika Fladen oder Flinsen. Diese Flinsen legt man dann auf einen Bratrost über heiße Asche oder schiebt das Feuer teilweise beiseite, legt den Teig auf den heißen Grund, häuft glühende Asche herum, besonders auch oben, und läßt ihn dann von selbst backen. In 10—15 Minuten sind die Brote fertig.

In Südwestafrika waren die Mehlflinsen eine unserer Leibspeisen. Man briet im Kochgeschirrdeckel flache Stücke des auf obige Art — meist jedoch ohne Backpulver — hergerichteten Teiges in zerlassenem Nierenfett auf beiden Seiten. Konnte sich der Leibkoch den Luxus leisten, Zucker zum Teige zuzusetzen, so war für den afrikanischen Feinschmecker das Omelett fertig. Ein Zusatz von Milch ist dabei immer etwas Köstliches. Da man nicht immer Büchsenmilch zur Hand hat, sollte der Pfadfinder sich nicht schämen, auf seinen Wanderungen einmal auch beim Melken zuzusehen. Sonst kann man neben einer milchspendenden Kuh verdursten.

Um richtiges Brot zu backen, drückt man den Teig in einen vorher mit Mehl bestreuten irdenen Topf, Zinnkochgeschirr- oder Aluminiumkochgeschirrdeckel und verschließt diese Gefäße gut. Gleichzeitig gräbt man eine Grube, in der das Gefäß reichlich Platz hat; mit der ausgehobenen

Erde erhöht man die Seitenwände der Grube. In dieser zündet man dann ein Feuer an, läßt das Holz niederbrennen, bis nur noch glühende Kohlen vorhanden sind, setzt dann das Geschirr mitten in die Glut hinein und häuft auch solche ringsherum. Nach etwa einer halben Stunde ist das Brot fertig gebacken.

So buken wir monatelang in Südwestafrika. Wenn man kein Backpulver hat, muß man sich den Sauerteig selbst bereiten. Am Abend vor dem Backen verrührten wir dazu etwa einen halben Liter warmen Wassers mit Mehl, jedoch durfte die Masse nie zu fest werden. Dieser Teig brauchte über Nacht nur an einem warmen Ort — in der Nähe des Lagerfeuers — zu stehen, und der Sauerteig war dann fertig zum Gebrauch.

Vorratsbeutel.

Oft wird es dir im Felde passieren, daß du statt Brot oder Zwieback zwei Hände voll Mehl bekommst, außerdem ein Stück Fleisch, einen Löffel voll Salz, einen solchen voll Pfeffer, ein paar Stück Zucker, etwas Backpulver und eine Handvoll Kaffee oder Tee. Es ist dann oft sehr belustigend, wie ein Anfänger seine Portion in Empfang nimmt und zu seinem Lagerplatz bringt.

Wie würdest du dabei verfahren?

Wahrscheinlich den Pfeffer in die eine Tasche stecken, das Salz in eine andere Tasche, den Zucker wieder in eine andere, das Mehl in den Hut, diesen in der einen Hand halten, das Stück Fleisch in der anderen, und den Kaffee — noch in einer anderen.

Wenn du aber dazu in Hemdärmeln bist, was besonders in den Tropen nicht selten vorkommen wird, da hast du nicht so viel Taschen, und wenn du, wie die meisten deiner Mitmenschen, nur zwei Hände hast, so ist der Proviantempfang ein schwieriges Kunststück.

Der richtige Pfadfinder hat daher immer mindestens seine drei „Vorratsbeutel" — (kleine Säckchen) — die natürlich ausgewaschen werden müssen.

Reinlichkeit.

Bei der Bereitung der Nahrung ist peinlichste Sauberkeit erforderlich. Zwar werden durch das Kochen alle Krankheitsstoffe vernichtet. Aber beim Essen können durch schmutziges Geschirr oder ungereinigte Eßbestecke weitere Krankheitskeime in die Nahrung gelangen. Reinige daher dein Kochgeschirr, Teller, Gabel, Löffel, Messer so gründlich wie möglich. Wenn du sie dann wieder am Rockzipfel oder an einem schmutzigen Tuch abwischst, so hat die ganze Reinigung keinen Wert gehabt. Am besten tauchst du dein Eßbesteck vor der Benutzung in kochendes Wasser oder in Tee, läßt das Wasser ablaufen und das Geschirr lieber in der Luft trocknen, wenn du kein sauberes Tuch hast.

Lasse auch dein Essen nicht lange stehen oder decke es dann wenigstens gut zu, damit auch kein Staub, der, wenn er mit Unrat vermischt ist, gleichfalls Krankheitskeime mit sich führen kann, in die Speisen gelangt. Fliegen sind besonders gefährlich, weil sie die Krankheitskeime an ihren Beinen mit sich schleppen und es auf die Nahrung ablagern, die du dann verzehrst. Typhus, Ruhr oder im günstigeren Falle auch nur ein Magendarmkatarrh oder Brechdurchfall können dann die Folgen sein. Besonders gefährlich ist es, wenn derartige Krankheitskeime in das

Wasser

gelangen. Dies kann der Fall sein, wenn ein Brunnen schlecht zugedeckt oder wenn der Brunnenkessel nicht ganz dicht ist, so daß aus naheliegenden Dunggruben oder gedüngten Äckern Abfallstoffe hineinsickern können. Ebenso ist Wasser aus Teichen oder offenen Wasserläufen nie ohne weiteres als Trinkwasser verwendbar, da Abfälle und Abwässer aus Ortschaften oder Fabriken es meist verunreinigt haben werden. Hat man daher kein Wasser aus Wasserleitungen, aus gut angelegten Brunnen oder aus Quellen zur Verfügung, so koche man das Wasser vor dem Genuß ab. Alle Krankheitserreger werden dann durch das Kochen getötet. Auch bei der Bereitung von Tee oder Kaffee muß man natürlich das Wasser einige Minuten fest sieden lassen. Man trinkt das Wasser am besten warm als Tee und Kaffee. Es löscht dann schneller den Durst als kaltes, weil es die trockenen Schleimkrusten im Munde besser löst. Man kann es auch in der Feldflasche schnell abkühlen und braucht dazu nur den Filzüberzug zu befeuchten und die Flasche in den Wind zu hängen.

Merke dir, daß zu kalte Getränke leicht den Magen verderben, und daß dadurch die Krankheitserreger, die dein gesunder Magen sonst töten würde, erst Gelegenheit finden, dich krank zu machen. Daher trinke auch möglichst nur, wenn du etwas zuvor gegessen hast, am besten ein Stück Brot. Um dieses zu verdauen, sondert der Magen keim-

tötende Salzsäure ab, und diese wird in vielen Fällen
die Krankheitskeime vernichten können. Bei leerem Magen
geht das Wasser schnell aus ihm wieder heraus in den
Darm, und dort können die kleinen Lebewesen ungeschwächt
die Krankheit einpflanzen. Auch Waschwasser oder Spül=
wasser soll man nicht aus jedem beliebigen Fluß oder
Teich schöpfen. Wenn ein Teich die einzige Wasserver=
sorgung ist, so gräbt man am besten eine kleine Grube,
etwa 1 m tief und 3 m von dem Teich entfernt. Das
Wasser wird dann in dieses Loch, durch den Boden fil=
triert, hineinsickern und, da der Sandfilter viele Krank=
heitserreger zurückbehält, dadurch weitaus reiner und ge=
sünder besonders zum Waschen und Baden sein. In vielen
Städten, die keine Quellen zur Verfügung haben, wird
auch das Wasserleitungswasser aus Flüssen auf ähnlicher
Grundlage gewonnen.

Abschnitt 4.
Das Leben im Freien.
Von Major Maximilian Bayer.

Die Buren behaupteten von den deutschen und den
englischen Soldaten, daß sie sich außerordentlich linkisch
beim Feldleben in den weiten, öden Steppen Südafrikas
benommen hätten: sie verstünden nichts vom Jagen und
Kochen, fänden sich nicht zurecht und wüßten nicht zu
beobachten, kurzum, sie wären schwerfällig in allen Dingen,
die wir als Pfadfinderkunst bezeichnen. Die Buren haben
sogar behauptet, die Deutschen seien in der Eingewöhnung
noch langsamer als die Engländer, die doch wenigstens
rasch zulernten. Das Urteil ist hart und etwas einseitig,
denn die Buren betrachten hierbei unsere Soldaten nur
von dem einen Standpunkt aus, auf dem sie selbst von
jeher erzogen worden sind, und übersehen dabei die guten
Seiten, die unsere deutschen Soldaten wieder voraus haben.
Aber das soll uns hier nicht kümmern. In Wahrheit wer=
den in einem zivilisierten Lande, wie Deutschland, die
Soldaten, wie überhaupt fast alle Menschen, nicht darauf=
hin erzogen, auf sich allein gestellt, zu sorgen. Deshalb
sind sie auch für einige Zeit so gänzlich hilflos, wenn man
sie in einen Kolonialkrieg schickt. Erst durch schwere
Mühen und durch schlechte Erfahrungen lernen sie dann
allmählich zu. Wären sie schon als Jungen zu Pfad=

findern ausgebildet worden, so würden sie sich in einem
solchen Falle viel weniger als Neulinge gebärden.

Vielleicht hat mancher noch nie selbst ein Feuer an=
gemacht und sich das Essen gekocht, weil fürsorgliche Hände
das für ihn besorgten. Wenn er zu Hause Wasser nötig
hatte, so brauchte er bloß den Hahn an der Leitung um=
zudrehen. Wie man aber draußen, in der Einöde, Wasser
dadurch findet, daß man die Bewachsung des Bodens unter=
sucht und im Sande gräbt, bis man auf feuchte Stellen
stößt, ist den meisten gänzlich fremd. Verläuft sich der
Europäer im Heimatlande, so „fragt er den Schutzmann"
nach dem Weg. Nie hat ihm ein Haus und ein weiches
Bett gefehlt, denn es stand alles für ihn stets bereit, und
er brauchte es sich nicht etwa erst herzurichten. Stiefel
und Kleider kaufte er im Laden; sie selbst anzufertigen,
hatte er nie nötig. Das sind alles Gründe, weshalb der
Neuling vom „rauhen Feldleben" spricht. Für einen Pfad=
finder, der aus Erfahrung weiß, wie er sich benehmen
muß, hat das Feldleben keine Schrecken. Er kennt all die
kleinen Hilfsmittel, mit denen er sich's gemütlich machen
kann; um so angenehmer empfindet er dann aber den
Gegensatz, wenn er wieder in das bequeme Kulturleben
zurückkehrt. Und auch in diesem kann er viel besser für
sich sorgen als der gewöhnliche Sterbliche, der nie gelernt
hat, für seine Bedürfnisse selber sich umzutun. Ein Mann,
der als Pfadfinder in der Wildnis überall mit Hand an=
gelegt hat und von allem etwas versteht, wird auch leichter
Anstellung und Beschäftigung finden, wenn er später wie=
der in die geordneten Verhältnisse der Heimat zurückkehrt.

Erkundungsmärsche.

Als gute Übung empfehlen wir, die jungen Pfadfinder
einzeln oder in Gruppen, den fahrenden Rittern gleich,
auf die Wanderung quer durchs Land zu schicken, mit dem
Auftrage, Menschen, die der Hilfe bedürfen, zu suchen und
zu unterstützen. Ob die Reise zu Fuß oder mit dem Rade,
mit Schneeschuhen oder auf Schlittschuhen über beeiste
Seen und Wasserläufe unternommen wird, ist gleich.

Wer eine solche Wanderschaft unternimmt, soll mög=
lichst nicht in Häusern nächtigen, sondern bei gutem Wet=
ter im Freien, bei schlechtem Wetter in Heuhaufen oder
Scheunen schlafen, wie es die deutschen „Wandervögel"
schon lange tun.

Auf solchen Ausflügen ist stets eine Karte mitzu=

führen, nach der man sich zurechtzufinden hat, ohne die Vorübergehenden nach dem Wege zu fragen. Natürlich ist jeden Tag eine gute Strecke zurückzulegen; aber deswegen dürft ihr doch nicht versäumen, den Bewohnern, deren Scheunen ihr benutzt, irgendwelche Dienste als Dank für ihre Güte zu erweisen.

Für gewöhnlich sollte jede solche Wanderschaft mit einem bestimmten Zweck, z. B. mit einer Erkundung, verbunden werden. Eine aus der Stadt kommende Pfadfindergruppe könnte es z. B. unternehmen, ein Gebirge, einen Flußlauf, eine alte Burg oder ein Schlachtfeld zu erkunden. Pfadfinder, die auf dem Lande wohnen, machen sich dagegen auf, um eine größere Stadt kennen zu lernen, deren Häuser und zoologische Gärten sie sich besehen und in der sie die Museen und den Zirkus besuchen. In den Straßen einer fremden Stadt muß sich der Pfadfinder seinen Weg merken sowie auf die Läden achten, an denen er vorbeikommt, und genau aufpassen, was in den Läden ausgestellt ist. Ferner wird er sein Augenmerk auf die Fuhrwerke richten, die an ihm vorbeifahren, sehen, ob die Zäumung und die Hufe in Ordnung sind, ebenso, jedoch unauffällig, alle Menschen beobachten, die vorbeikommen.

Aber so viele Leute gehen mit geschlossenen Augen stumpfsinnig ihren Weg und achten nicht auf die Dinge, die sie sehen könnten. Unterwegs ist auf alles zu achten, und die ganze Wanderstraße muß euch mit allen Einzelheiten so in der Erinnerung bleiben, daß ihr allen, die denselben Weg zu machen wünschen, genaue Auskunft geben könnt. Man darf auch keinen Nebenweg und Fußpfad übersehen und muß ihn genau in der Erinnerung behalten. (Vgl. Abschnitt 6 Orientierung.)

Auch soll man auf kleine Zeichen achten, so auf das Auffliegen oder die jähe Flucht von Vögeln. Dies deutet gewöhnlich darauf hin, daß ein Mensch oder ein Tier in der Nähe sein muß. Staub beweist, besonders bei Windstille, daß Tiere, Menschen oder Gefährte in Bewegung sind. Man soll nichts zu gering halten, um es zu beachten; ein Knopf, ein Zündholz, Zigarrenasche, eine Vogelfeder oder ein Blatt können von großer Bedeutung sein.

Ein Pfadfinder soll nicht immer nur geradeaus schauen, sondern auch nach vorn und rückwärts; er muß „seine Augen hinten" haben, wie der Volksmund sagt.

Tragt, wenn irgend möglich, den Weg, den ihr gegangen seid, sowie die Hauptsachen, die ihr gesehen habt, auf eurer Karte ein oder, noch besser, fertigt selber Skizzen davon an.

Erkundung bei Nacht.

Ein guter Pfadfinder muß sich in der Nacht ebenso-gut wie am Tage zurechtfinden können. In der Armee ist es schon längst Gebrauch, daß sich Späher unter dem Schutze der Dunkelheit an den Feind heranschleichen. Wäh-rend der letzten Feldzüge haben Nachtmärsche und Nacht-gefechte eine große Rolle gespielt. Im Hererokriege pfleg-ten besonders am Waterberg unsere kühnen Reiter-patrouillen in den Mitternachtsstunden quer durch die feindlichen Werften zu streifen, während die Neger in tiefem Schlafe in ihren Hütten lagen.

Auch zu nächtlichen Unternehmungen gehört eine ge-wisse Übung, sonst kann man sich leicht verirren, da alle Entfernungen größer erscheinen und Richtungspunkte kaum zu sehen sind. Gewöhnlich bewegt man sich nachts mit mehr Geräusch, weil man zufällig auf trockene Äste tritt, gegen Steine stößt usw.

Wer nachts den Feind beobachten will, muß sich mehr auf seine Ohren als auf seine Augen verlassen. In der Ruhe der Nacht bringt der Schall weiter als am Tage. Wenn man sein Ohr auf den Boden legt oder gegen einen Stock lehnt oder noch besser gegen eine auf der Erde liegende Trommel, so hört man den Hufschlag von Pferden sowie den Schall von menschlichen Schritten eine große Strecke weit.

Nach einer anderen Methode öffnet man sein Taschen-messer beiderseits, sodaß auf jeder Seite eine Klinge aufgeklappt ist. Die eine Klinge steckt man in die Erde und nimmt die andere zwischen die Zähne, dann hört man alles viel deutlicher. Dies kommt daher, daß die Knochen des Schädels den Schall in das Ohr verstärkt hineinleiten. Man kann sich leicht davon überzeugen, wenn man eine Stimmgabel an die Zähne setzt.

Ein Spähtrupp muß sich in der Nacht enger zu-sammenhalten als am Tage; an ganz dunklen Stellen, z. B. im Schatten der Büsche, Bäume und Häuser, können die Pfadfinder ihre Stäbe gegenseitig am Ende fassen, um in Verbindung zu bleiben.

Für einzelne Späher ist der Stab bei Dunkelheit

von großem Nutzen, denn sie können sich damit zurecht=
fühlen, trockene Zweige beiseite werfen usw.

Kundschafter, die sich getrennt vorwärts bewegen,
können sich dadurch verständigen und in Verbindung hal=
ten, daß sie den Laut eines Tieres nachahmen.

Wer das Hundegebell nachzuahmen versteht, kann
nachts die Nähe von Gehöften damit feststellen, denn deren
vierbeinige Wächter pflegen anzuschlagen, wenn sie die
Stimme von „ihresgleichen" zu vernehmen glauben.

Wassersport.

Ein Pfadfinder muß unbedingt schwimmen können,
denn vielleicht wird er einmal gezwungen sein, einen Fluß
zu durchqueren, um sich in Sicherheit zu bringen, oder
in die Lage kommen, ins Wasser zu springen, um jemand
vor dem Ertrinken zu retten. Wer von euch noch nicht
schwimmen kann, müßte es deshalb sofort lernen — es
ist ja doch nicht schwer!

Ebenso muß ein Pfadfinder imstande sein, ein Boot
so zu lenken, daß es sich richtig an ein Schiff oder an
einen Steg anlegt.

Ferner muß er ein Ruder in voller Bootsmannschaft
wie auch ein Doppelruder allein zu handhaben verstehen.
Auch das sogenannte „wricken", das Hin= und Herdrücken
des Ruders über den Bootsstern, ist zu üben. Wenn ihr
das Ruder aus dem Wasser hebt, müßt ihr aufpassen, daß
von vorn kommender Wind euch nicht auf das Ruder=
blatt bläst, sonst hält er euch auf.

Die Art, wie man ein Tauende so wirft, daß es in
ein anderes Boot fällt, muß euch geläufig sein, ebenso
die Kunst, ein Tau aufzufangen und festzumachen. Ihr
sollt imstande sein, ein Floß aus allerlei Material, wie
Bohlen, Klötzen, leeren Tonnen, Säcken und Strohbündeln
zu bauen, denn ihr könnt in die Lage kommen, einen
Flußlauf, an dem ihr kein Boot findet, mit Nahrungs=
mitteln und eurem Gepäck überschreiten zu wollen. Wie
nützlich könnte diese Fertigkeit sein, wenn ihr euch z. B.
auf einem Schiffswrack befindet, auf dem sonst niemand
ein Floß anzufertigen versteht. Alle diese Dinge sind
aber nur durch Übung zu erlernen! (Vgl. S. 73 ff.)

Im heißen Sommer bieten mehrtägige Bootfahrten
eine angenehme und unterhaltende Abwechslung. Man
biwakiert am Flußufer und kocht dort ab. Am besten
trefft ihr die Vorbereitungen mit Unterstützung eines

Rudervereins, der stets gerne Pfadfindern behilflich sein wird. Wo Gelegenheit vorhanden, ist auch das Segeln, das besonders zu Geistesgegenwart erzieht, zu üben.

Bergsport.

Das Bergsteigen ist ein prächtiger Sport. All eure Geschicklichkeit ist erforderlich, wenn ihr euren Weg richtig finden und euch in der freien Natur wohl und behaglich fühlen wollt.

Man verliert bei Bergtouren natürlich leicht die Richtung. Dann bleibt nichts übrig, als sich nach der Sonne und nach dem Kompaß zu richten.

Größer noch ist die Gefahr, sich zu verirren, wenn man in dichten Nebel gerät, der die Orientierung selbst für Leute schwierig macht, die jeden Zoll des Bodens genau kennen.

Im Hochgebirge müssen sich die Pfadfinder mit einem Tau aneinander seilen lernen, wie es die Bergbewohner in den Gegenden des ewigen Eises tun, um sich vor dem Absturz in Gletscherspalten und Abgründe zu bewahren. Wenn man sich so zusammenbindet, und es fällt einer, so rettet ihn das Gewicht der anderen vor dem Sturz in die Tiefe. Wenn man sich richtig anseilt, befindet sich der eine Bergsteiger vom anderen etwa 5 m entfernt. Das Tau wird mit einer Schlinge fest um die Taille gelegt; der Knoten wird auf der linken Seite geschürzt. Jeder einzelne hält den vor ihm befindlichen Mann von hinten fest und zieht zu diesem Zweck fortgesetzt das Tau stramm an. Rutscht nun einer aus, so stemmen sich alle mit ihrem ganzen Gewicht dagegen und halten seinen Fall auf, bis er wieder festen Fuß faßt. Wendet euch an den Alpenverein eures Wohnortes, der gern mit euch Kletterübungen vornehmen wird.

Spähdienst.

Für gewöhnlich gehen die Pfadfinder einzeln oder zu zweien. Sind mehrere zusammen, so bilden sie eine Gruppe. Wenn eine solche Gruppe patrouilliert, so darf sie niemals in dichtem Haufen geschlossen sich bewegen, sondern sie muß weit ausschwärmen, damit sie möglichst viel vom Gelände sieht. Ein solcher weit ausgebreitet gehender Spähtrupp kann vom Feinde nicht leicht abgeschnitten oder überfallen werden, denn wenn es dem Gegner wirklich gelingen sollte, einige der Pfadfinder gefangenzunehmen, so können sich die anderen noch retten und Meldung zurückbringen.

Ein Spähtrupp von sechs Pfadfindern würde in freiem Gelände etwa in folgender Ordnung marschieren:

➡ 5

➡ 3

➡ 1

➡ 6

➡ 2

➡ 4

In der Mitte befindet sich der Feldkornett (1) als Führer.

Nummer 6 ist Verbindung nach rückwärts, zum Zuge.

Wenn sich der Spähtrupp auf einer Straße vorbewegt, gliedert er sich ähnlich, hält sich aber scharf an die Ränder und schiebt die Nummern 2, 3 und 4 vor den Feldkornett (1) mit seinem Begleiter 5; er geht dann etwa folgendermaßen:

3 ➡

1 ➡

6 ➡

5 ➡   4 ➡   2 ➡

Spähtrupps, welche offenes Gelände durchqueren müssen, sollten sich so rasch wie möglich vorwärts bewegen, damit sie von Feinden oder von Tieren nicht bemerkt werden. Am schnellsten kommt man im „Pfadfinderschritt" voran, indem man abwechselnd geht und läuft. Ist der Spähtrupp in einer Deckung angelangt, so kann er wieder haltmachen, um Atem zu schöpfen, und sich bei dieser Gelegenheit umsehen, wie er sich nun wohl am besten weiter vorschleiche. Wenn der vorausgehende Pfadfinder (2) seinen Spähtrupp aus den Augen verliert, kann er seinen nachfolgenden Kameraden aller paar Schritt durch geknickte Äste oder geknotete Grasbüschel die Richtung kenntlich machen.

Aufträge, die an Spähtrupps gegeben werden, müssen klar und kurz sein. Der Auftrag ist vom Spähtruppführer zu wiederholen. Es darf nicht vergessen werden anzugeben, wie weit sich der Spähtrupp höchstens ent=

fernen darf, wann er zurück sein soll und wohin Meldungen zu schicken sind. Übungen in der Abfassung kurzer Meldungen, mündlich wie schriftlich, unter Beifügung einfacher Skizzen in wenigen Strichen, sind angebracht.

Spähtrupps können nachkommenden Abteilungen Zeichen am Wege zurücklassen, aus denen die Marschrichtung usw. zu erkennen ist. Ist eine Abteilung vom Versammlungsort weitermarschiert, so kann sie nachfolgenden Pfadfindern Nachricht geben. Es bedeutet:

➡→: dorthin führt der Weg.

☐➡→: drei Schritt weit in dieser Richtung ist eine schriftliche Meldung verborgen.

✕: nicht weiter auf diesem Wege.

⊙: wir sind nach Hause gegangen.

Abschnitt 5.

Wie man sich anschleicht.

Von Major Maximilian Bayer.

In einem Manöver stießen einmal zwei Patrouillen aufeinander und näherten sich nun gedeckt, bis ein völlig offener Grund zwischen ihnen lag, dessen ungesehenes Überschreiten unmöglich schien. Nur an einer Stelle reichte von dem Platze, wo die eine Patrouille lag, ein etwa 70 cm tiefer Graben, dessen Rand mit Büschen besetzt war, ein Stück weit in die Talmulde hinab. Die Patrouille sah, wie zwei Kälber vom jenseitigen Hange her nach dem Ende des Grabens liefen, dort hielten und zu grasen begannen.

Einer der Späher schlich nun vorsichtig im Graben zu den beiden Kälbern vor, in der Hoffnung, dort irgendwie Mittel und Wege zu finden, um weiterzukommen; ferner erwog er, daß dort vorn die äußerste Stelle wäre, von der aus er den Feind noch gedeckt beobachten könnte. Halbwegs im Graben bekam er aber plötzlich überraschendes Feuer von einem feindlichen Späher, der schon dort lag!

Ein Schiedsrichter ritt heran, fragte den Schützen, wie er denn eigentlich dahin gelangt sei, und erhielt die Antwort, er habe drüben auf der Weide mehrere Kälber gefunden, zwei davon nach dem Ende des Grabens getrieben und sich dabei zwischen ihnen, geduckt laufend, versteckt. Auf diese Weise habe er bis in den Graben ungesehen gelangen können. —

Wenn wir Tiere in der Freiheit beobachten wollen, müssen wir uns so anschleichen, daß sie uns weder sehen noch wittern können. Der Jäger, der ein Wild beschleicht, verbirgt sich dabei vollständig; ebenso muß es ein guter Pfadfinder machen, der sich dem Feinde nähern will. Auch ein Polizist wird kaum einen Langfinger fassen, wenn er in Uniform herumsteht, sondern eher schon, indem er sich in Zivil mit möglichst harmloser Miene unter die Menge

Anschleichen.

mischt und im Schaufenster, das ihm als Spiegel dient, die Vorgänge hinter sich beobachtet.

Kriegskundschafter vor dem Feinde und Jäger, die ein Wild beschleichen, achten auf zwei wichtige Dinge, wenn sie nicht gesehen sein wollen. Das eine ist die Vorsicht, dafür zu sorgen, daß der Hintergrund (Bäume, Büsche, Felsen, Häuser usw.) von ähnlicher Farbe sei wie sie selber, das andere ist die Maßnahme, so lange unbeweglich still zu liegen, wie der Gegner oder das Wild in die Richtung blickt, in der sich der Beobachtende befindet.

Ein Pfadfinder, der so verfährt, wird sogar in freiem Gelände oftmals unbemerkt bleiben.

Bei der Wahl des Hintergrundes muß man sich natür= lich nach der Farbe der eigenen Kleidung richten. Trägt man z. B. Khaki, wie unsere Truppen in China und in

den Kolonien, so darf man sich nicht vor eine weißge=
strichene Mauer oder vor einen dunklen Busch stellen.
Sand, Heidegras oder Felsen passen besser zur Farbe des
Khaki, und wenn sich der Späher bei solchem Hintergrunde
ganz still verhält, so wird man ihn selbst in der Nähe kaum
erkennen.

Hat man dunkle Kleidung an, so bleibt man besser
im Schatten der Büsche, der Bäume und Felsen, wobei
immer sorgfältig darauf zu achten ist, daß der Hintergrund,
vom Feinde aus gesehen, dunkel bleibt. Gegen helle Stel=
len hebt sich ein dunkel gekleideter Mensch scharf ab.

Spähen wir von einem Berge herab, so müssen wir
ja vermeiden, daß sich unsere Umrisse vom Himmel ab=
heben; das ist der häufigste Fehler aller Anfänger. Auch
beim Spähen von Bäumen herab muß man stets auf
Deckung bedacht sein.

Während des Krieges in Südwestafrika hatte ich mit
einer Patrouille einen Teil des Hererolandes zu durch=
queren; als Spurenleser war mir ein eingeborener Ba=
stardsoldat beigegeben.

Wir ritten zwischen den schroffen, kahlen Felshängen,
die Okahandja vorgelagert sind. Plötzlich machten mich
die Reiter auf eine schwarze Gestalt aufmerksam, die zu
unserer Rechten auf einem Felsengrat stand. Mechanisch
faßten wir nach dem Gewehr und blickten, während wir die
Zügel fallen ließen, unter der vorgehaltenen Hand gegen
den blendenden Himmel. Der Bastard, der vor uns ritt,
sah auch einen Augenblick hinauf und sagte gleichmütig:

„Is Pavian!" (große Affenart).

„Woran erkennst du denn, daß dies ein Pavian ist,
das könnte doch auch ein Herero sein?"

Der Bastard drehte den Kopf zur Seite: „Herero
liegt immer, schwarzer Minsch steht nicht auf Klippe,
wenn Minsch steht, is Affe oder Weißer!" —

Besonders viel kann man von einem Zuluspäher
lernen, der von einer Kuppe oder von einer Geländewelle
aus beobachten will. Erst kriecht er auf allen vieren hin=
auf, platt an den Boden gedrückt; oben, auf der Höhe, hebt
er den Kopf ganz langsam, Zoll um Zoll, bis er sich um=
sehen kann. Glaubt er trotzdem, daß ein Feind in seiner
Richtung herüberlugt, so bleibt er unendliche Zeit völlig
still liegen, damit man ihn für einen Stein oder für einen
Baumstumpf halte. Ist er aber nicht entdeckt, so senkt er

wieder langsam Zoll um Zoll den Kopf und gleitet ruhig, auf den Boden gepreßt, von dem Hügel herab.

Von den Anschleicharten seien hier einige erwähnt:

Gebücktes Vorlaufen, Kniee etwas gebeugt, Arme möglichst nahe dem Boden, Kopf hoch, um zu beobachten.

Vorkriechen auf Händen und Füßen, unter Vermeidung von Geräusch, wobei man darauf achten muß, daß man die Handballen nicht auf dürres Laub oder auf Aststücke setzt, und daß die Füße genau auf die Stellen nachgezogen werden, wo die Handballen waren.

Bereit zum Überfall.

Indianermäßiges Schleichen: Flach auf der Erde liegend; die linke Hand wird unter gleichzeitiger Beugung des Oberarms vorgesetzt. Der rechte Arm wird vorgestreckt. Die linke Hand drückt den Körper vom Boden und schiebt ihn vor, während der rechte Arm kräftig nach vorn zieht. Darauf geht der linke Arm seitlich nach vorn, und die Bewegung wird mit Wechsel der Armstellung wiederholt.

Rollen, bei Überschreitung von Chausseen und zur raschen Überwindung glatter, abschüssiger Flächen. Die Arme, mit dem Stab zusammen, werden fest angepreßt, die Beine steif ausgestreckt.

Während der Nacht muß man sich in der Tiefe halten. Um so besser kann man dafür den Feind beobachten, der sich am hellen Sternenhimmel um so deutlicher abhebt, je näher er kommt.

Selbstverständlich muß man möglichst leise gehen, wenn man nicht entdeckt sein will, besonders des Nachts. Den gewöhnlichen Schritt eines Mannes kann man weit hören; deshalb sollte ein tüchtiger Pfadfinder leicht auftreten, und zwar nicht auf dem Absatz, sondern nur auf den Fußballen. Das muß man stets üben, bis es zur völligen Gewohnheit wird, so leicht und leise wie nur mög-

Pfadfinderfrage: Steht der Späher richtig?

lich zu gehen. Diese Art zu marschieren ermüdet viel weniger, macht uns ausdauernder, gibt dem Gang etwas Flottes, Elegantes, Elastisches und sieht ganz anders aus als das schwerfällige Auftreten der meisten Menschen. Überdies stärkt das Ballengehen die Fuß- und Beinmuskeln und ist gesund, weil das Rückgrat dabei weniger erschüttert wird als beim plumpen Aufpoltern mit dem Absatz, das überdies besonders in Wohnungen ein Zeichen von Rücksichtslosigkeit gegen seine Mitmenschen ist.

Ferner muß ein Pfadfinder beim Beschleichen eines Gegners oder eines Wildes stets unter dem Winde bleiben (d. h. auf der Seite des Gegners oder des Wildes, nach welcher der Wind weht), selbst wenn der Luftzug noch so schwach ist.

Bevor man sich anschleicht, stellt man erst die Richtung fest, aus der der Wind weht, damit man ihn später von vorn behält. Zu dieser Feststellung nimmt man feinen Sand oder Grasbüschel, Laub, Papierschnitzel usw. in die Hand und läßt sie zu Boden fallen; die Richtung, in der sie zur Seite geweht werden, ist natürlich auch die Windrichtung.

In Südwestafrika haben die Eingeborenen, wenn sie von unserer Truppe überfallen waren, mehr als einmal dadurch sich zu retten gesucht, daß sie sich mit Schaffellen verhüllten und gebückt zwischen davonlaufenden Hammelherden verbargen. In Australien gehen die Neger auf die Jagd nach Emus (straußenähnliche Vögel), indem sie sich in ein gefiedertes Fell dieser Tiere hüllen und einen Arm mit vorwärts gebeugter Hand hochhalten, sodaß er einem Vogelhals mit Kopf gleicht.

Wenn sich ein Pfadfinder aus dem Grase erhebt, um zu beobachten, so kann er sich ein Band um den Kopf binden, in das er Grasbüschel so steckt, daß sie zum Teil aufwärts stehen, zum Teil das Gesicht bedecken. Er ist auf diese Weise schwer zu entdecken. Auch Vorhalten von Zweigen, oder Einreiben des Gesichts mit Erde kann die Sichtbarkeit verringern.

Wenn die japanischen Soldaten in Gegenden kämpften, die mit Gras und Büschen bewachsen waren, deckten sie sich grüne Schleier über das Gesicht, wodurch sie den Russen auf große Entfernung fast unsichtbar blieben. Auch unsere Pioniere haben grasgrüne Kleiderüberzüge, um sich möglichst ungesehen an feindliche Schanzen heranschleichen zu können.

Wenn man sich hinter Feldsteinen verbirgt, so wird man besser am Stein rechts und links vorbeischauen, als oben über ihn hinweg. Beobachtet man an Baumstämmen vorbei, so legt man sich etwas Strauchwerk als Deckung daneben.

Abschnitt 6.

Orientierung.

Von Major Maximilian Bayer.

Bei den Indianern nennt man einen Kundschafter, der die Fähigkeit hat, sich in ganz fremder Gegend zurechtzufinden, einen „Pfadfinder". Dieser Titel gilt dort als hohe Ehre und Auszeichnung, denn er ist ein Beweis großer Geschicklichkeit.

Schon so mancher Neuling hat sich in Steppe und Busch verirrt und ist nie wieder gesehen worden. Das ist die Folge davon, daß man in der Jugend die Pfadfinder=kunst nicht gelernt hat und kein Auge fürs Gelände besitzt.

In Südwestafrika kam es wiederholt vor, daß unsere Reiter, die in das Gebüsch gingen, um Holz zu suchen, ihr Lager nicht wiederfanden. Einige von ihnen sind auf diese Weise qualvoll verdurstet, andere fielen in die Hände des Feindes.

Es kommt auch öfters vor, daß jemand, der allein durch das Dickicht (oder vielleicht durch die Straßen einer Stadt) in Gedanken versunken vor sich hingeht, nicht ge=nügend auf die Richtung achtet; das geschieht besonders leicht, wenn man irgendwelchen Hindernissen ausweicht und dann nicht wieder genau dieselbe Richtung einhält, in der man sich vorher bewegt hatte. Die meisten Menschen haben die Gewohnheit, nach rechts auszuweichen, und die Folge davon ist, daß man durchaus nicht immer in der Richtung bleibt, wenn man sich einbildet, schnurgeradeaus zu gehen. Man kann sich hiervon überzeugen, wenn man den Versuch macht, mit geschlossenen oder verbundenen Augen über einen freien Platz nach einem bestimmten Punkt zu gelangen.

Ein Neuling, der plötzlich merkt, daß er sich im Walde oder in der Wüste verirrt, verliert gewöhnlich den Kopf und beginnt unsinnig drauflos zu rennen; viel richtiger wäre es, er behielte kaltes Blut und machte sich daran, das einzig Zweckmäßige zu tun: auf der eigenen Spur zurückzugehen. Sollte er diese aber verlieren, so bleibe er am besten da, wo er sich gerade befindet, und zünde ein Signalfeuer an, damit er von denen, die ihn suchen, gefunden werden kann. Die Hauptsache ist, daß man nicht gleich verzweifelt, sondern kühlen Mut behält.

Ein tüchtiger, erfahrener Pfadfinder stellt am Morgen zunächst einmal fest, aus welcher Richtung der Wind weht. Wenn er sich dann zur Erkundung aufmacht, muß er seinen Vormarschweg, mit dem Kompaß in der Hand, prüfen. Es empfiehlt sich ferner, daß man öfters rückwärts schaut, damit man weiß, wie die Richtungspunkte (Landmarken), an denen man sich wieder heimfinden will, von der anderen Seite aussehen.

Ganz ebenso orientiert man sich in einer fremden

Stadt, zumal wenn man gerade mit dem Zuge angekommen ist. Sobald man aus dem Bahnhofe heraustritt,
merkt man sich, wo die Sonne steht oder in welcher Richtung der Rauch weht. In Städten dienen auffallende Gebäude, Kirchen, Fabrikschornsteine, Straßennamen und die
Läden als Merk- und Anhaltspunkte; mit ihrer Hilfe
findet man sich wieder ganz bequem zum Bahnhof zurück,
selbst wenn man zahlreiche Straßen durchlaufen hat. Wenn
ihr diese Art der Orientierung ein bißchen übt, so wird
es euch bald auffallend leicht werden, euch zurechtzufinden,
während es Leute gibt, die sich noch verirren, wenn sie
schon wochenlang in einer fremden Stadt gelebt haben.

Wenn ihr eine Pfadfindergruppe führen wollt, so geht
voraus und achtet mit voller Anspannung auf jedes kleine
Zeichen, das euch den richtigen Weg weist; denn wenn ihr
statt dessen schwatzt oder an andere Dinge denkt, so könnt
ihr euch leicht verirren. Alte Pfadfinder sind meistens
wortkarg, weil sie aus Gewohnheit die ganze Aufmerksamkeit nur auf ihre augenblickliche Beschäftigung zu richten
pflegen.

Höhen- und Entfernungsschätzen.

Die Fähigkeit, irgendeine Größe und Entfernung —
von einem Zentimeter bis hinauf zu mehreren Kilometern
— mit dem Auge richtig schätzen zu können, ist für jeden
jungen Pfadfinder von besonderem Wert. Als Anhaltspunkte müßt ihr die Weite eurer Handspannen, die Breite
des Daumens, die Länge des Unterarms, die Größe der
Füße, die Spannweite eurer Arme genau kennen. Als
Hilfsmittel kann man sich einen Maßstab am Pfadfinder-
stock anbringen, indem man ein Meßband daneben hält
und sich die wichtigsten Längen, wie 1, 5, 10, 20, 50 cm,
1 und 2 m, mit dem Messer leicht einkerbt.

Über einen Fluß hinüber schätzt man auf folgende
Weise: Man wählt irgendeinen Gegenstand (Bäume, Felsen usw.) auf der anderen Seite des Wasserlaufs, stellt sich
bei A senkrecht dazu auf, und geht dann im rechten Winkel etwa 90 Schritt weit am eignen Ufer nach C. Beim
60. Schritt steckt man einen Zweig in den Boden (B). Bei
C angekommen, also 90 Schritt von A entfernt, macht man
linksum und geht im rechten Winkel zu A—C so lange
weiter, bis man (also bei D) den Gegenstand über den
Stock B hinweg sieht. Die Entfernung von C nach D

ift halb so groß wie die Flußbreite von A nach dem Gegen=
stand X.

Um die Höhe eines Objekts, wie des Baumes X,
festzustellen, mißt man mit dem Pfadfinderstab von A eine
Anzahl von Metern ab, z. B. 8, und steckt dort einen
vielleicht 2 m hohen Stock bei B in die Erde. Dann mißt
man in derselben Richtung so lange weiter, bis man (bei C)
die Spitze des Stockes mit dem Wipfel des Baumes in
einer Linie sieht. Die ganze Strecke A—C verhält sich
dann zur Höhe des Baumes A X, wie die Strecke B—C
zur Höhe des Stockes B. Wäre also die ganze Strecke
A—C 11 m lang, das Stück B—C 3 m lang, und der

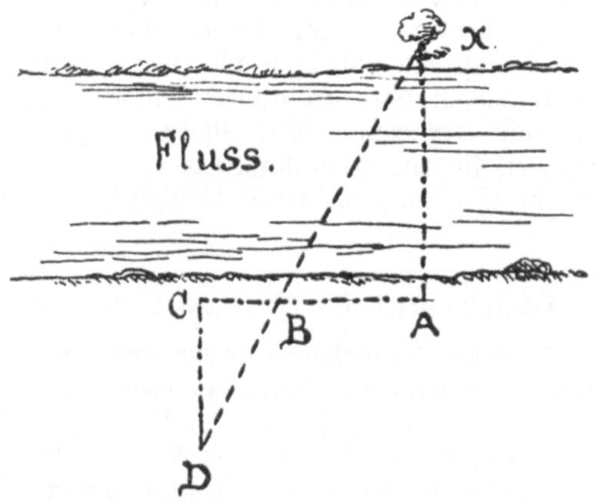

Wie man die Breite eines Flusses mißt.

Stock 2 m hoch, so würde der Baum 7⅓ m hoch sein
müssen.

Die schwere Kunst des Entfernungsschätzens ist
nur durch fortgesetzte Übung zu erlernen! Bei großen
Strecken gibt die Zeit, die man braucht, um sie zurückzu=
legen, einen Anhalt für deren Länge. Wenn ihr z. B. in
lebhaftem Schritt für gewöhnlich in der Stunde 6 km
marschiert, so werdet ihr wohl in 10 Minuten 1 km, in
1½ Stunden 9 km zurückgelegt haben. Es empfiehlt sich,
die Geschwindigkeit des Ganges öfters auf großen Land=
straßen nachzuprüfen, wo ihr an den Chausseesteinen ganz
genau den in einer bestimmten Zeit zurückgelegten Weg
feststellen könnt. Jeder Pfadfinder muß ganz genau wis=
sen, wieviel Schritte er auf 100 m macht. Auf allen

Chausseen befinden sich aller 100 m kleine, weiße Steine, zwischen denen man den eigenen Schritt erproben kann. Die Chausseebäume pflegen ziemlich genau 10 m, die Telegraphenstangen an der Bahnlinie etwa 75 m auseinanderzustehen. Telegraphenstangen sind ungefähr 6 m hoch. Die gebräuchlichsten Bahnschienen haben eine Länge von 15 m, Personenwagen sind etwa 12 m lang, Lokomotiven sind 16—18,5 m lang. Wenn man fährt, so fühlt man den Übergang von einer Schiene zur anderen durch

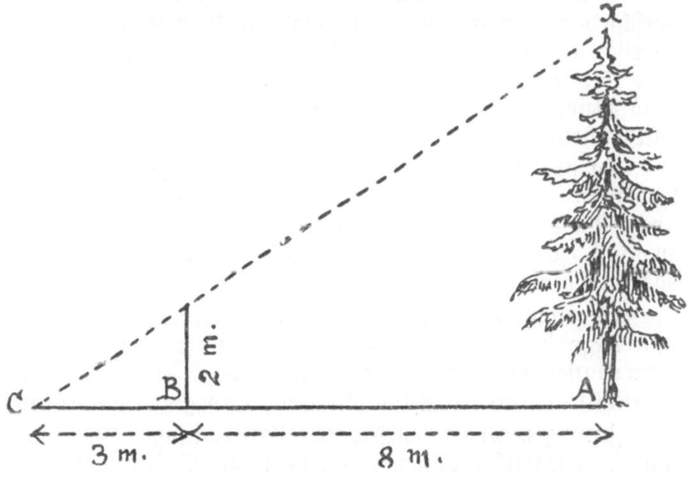

Wie man die Höhe eines Baumes mißt.

einen deutlichen Stoß; man braucht nur die Uhr herauszunehmen und die Zahl der Stöße zu zählen, so hat man die Geschwindigkeit und die zurückgelegte Entfernung, z. B. 30 Schienenstöße in der Minute = 450 m in der Minute = 27 km in der Stunde. — Ist man sich der Schienenlänge nicht sicher (denn es gibt auch solche zu 9 und 12 m), so schreitet man eine Schiene ab, bevor man einsteigt. Der Querabstand von Schiene zu Schiene beträgt im ganzen Reiche von Schmalspurbahnen abgesehen, 143,5 cm. Solcher Hilfsmittel, um Größen nachzumessen, gibt es noch eine große Menge; der Pfadfinder muß sie erfragen und sich merken. Hat man eine Strecke von 100 m genau festgelegt, so sieht man sich die Strecke gegen die Sonne, mit der Sonne im Rücken, von der Seite usw. an, um sie sich fest einzuprägen. Wenn man

spazieren geht, kann man nebenher sehr leicht das Ent=
fernungsschätzen üben. Man stellt sich z. B. an einem
übersichtlichen Punkt auf und überlegt sich nun, wieweit
es nach verschiedenen anderen Objekten, wie Bäumen,
Häusern usw. sein mag. Dann schreitet man diese oder
jene Entfernung ab und prüft dadurch die vorher auf=
gestellte Schätzung nach. Sehr bald schon wird man
merken, wie außerordentlich die Fähigkeit, Strecken richtig
einzuschätzen, durch beharrliche Übung zunimmt.

Damit man genau weiß, wie groß ein Mensch auf
verschiedene Entfernung aussieht, und was man dann
jeweils an ihm noch unterscheiden kann, läßt man von
dem Standort der Pfadfindergruppe aus jemand in das
Feld hineingehen und nach 100, 150, 200, 250 m usw.
haltmachen.

Da große Entfernungen schwer zu schätzen sind, über=
legt man sich, welcher Punkt halbwegs liegen mag, und
schätzt diese halbe Entfernung. Erscheint diese auch noch
zu groß, so halbiert man nochmals und vervielfacht dann
das Ergebnis mit 4.

Es empfiehlt sich ferner, sowohl stehend wie kniend
und liegend zu schätzen, sowie über verschiedene Boden=
formationen hinweg, besonders auch über Strecken, die un=
übersichtlich sind (über tote Winkel), und gegen die Sonne.

Zum genauen Abmessen der Entfernungen kann man
sich eines Strickes bedienen, an dem die Maße mit Knoten
oder Bändern bezeichnet sind; ferner ist zum Abmessen
ein Fahrrad praktisch, dessen Radumdrehungen die Ent=
fernung ergeben.

Bei klarer Luft und über helle Flächen (Wasser,
Schnee) schätzt man leicht zu kurz, während man gegen
die Sonne, in Dämmerung und Nebel meist zu weit
schätzt.

Der Schall legt in der Sekunde rund 330 m zurück;
man kann daher öfters auch mit seiner Hilfe eine Ent=
fernung ermitteln. Wenn man z. B. ein feindliches Ge=
schütz aufblitzen sieht, so zählt man die Sekunden, bis der
Schall unser Ohr erreicht, und vervielfacht diese Zahl mit
330. Die Entfernung eines Gewitters kann man in
gleicher Weise messen, indem man den Zeitraum zwischen
Blitz und Donner mit der Uhr oder durch langsames
Zählen mißt. Man kann auf diese Art leicht feststellen,
ob sich ein Gewitter allmählich nähert oder ob es abzieht,

indem man die Entfernung der Blitze mehrmals hinter=
einander prüft.

Ein Pfadfinder soll auch die Höhen von ganz kleinen
wie von großen Gegenständen zu beurteilen wissen. Er
müßte also lediglich durch Schätzung (ohne Messung) fest=
stellen können, wie hoch ein Zaun, wie tief ein Graben,
wie hoch ein Damm, ein Haus, ein Baum, ein Turm,
ein Hügel oder ein Berg ist. Nicht durch Bücher, sondern
nur durch Übung läßt sich diese Kunst erlernen.

Zwei Pfadfinderfragen:

1. Angenommen, das Bild sei um 10^{30} Uhr vormittags aufgenommen
   worden. Aus welcher Himmelsrichtung wird der Feind erwartet?
2. Aufnahmezeit des Bildes sei als unbekannt angenommen. — Kann
   diese Photographie von Westen, also mit nach Osten gerichteter
3. Kamera, aufgenommen worden sein? (Aus unserer Bundeszeitschrift
   „Der Pfadfinder". Verlag von Otto Spamer, Leipzig.)

Auch die richtige Schätzung von Gewichten ist von
Wert, einerlei ob es sich um einen Brief, ein Stück Fleisch,
einen Fisch, ein Pfund Kartoffeln, einen Sack Getreide
oder um einen Karren voll Kohlen handelt.

Das Schätzen einer Anzahl von Personen oder Gegen=
ständen ist gleichfalls wichtig. Wer sich darin übt, kann
bald mit ziemlicher Sicherheit nach einem kurzen Blick
sagen, wieviel Menschen ungefähr in einer Gruppe zu=
sammenstehen, wieviel in einer Straßenbahn sitzen, oder
wieviel sich in einer Volksmenge befinden, wieviel Schafe

8*

eine Herde enthält, wieviel Stämme zu einer Baumgruppe, wieviel Waggons zu einem Eisenbahnzug gehören. Es ist unterhaltend und lehrreich, wenn man sich in den Straßen der Stadt wie auch draußen im freien Gelände häufig mit solchen Fragen beschäftigt.

Orientierung nach Norden.

Ein guter Pfadfinder muß die Einteilung des Kompasses und sämtliche Himmelsrichtungen so genau wie ein

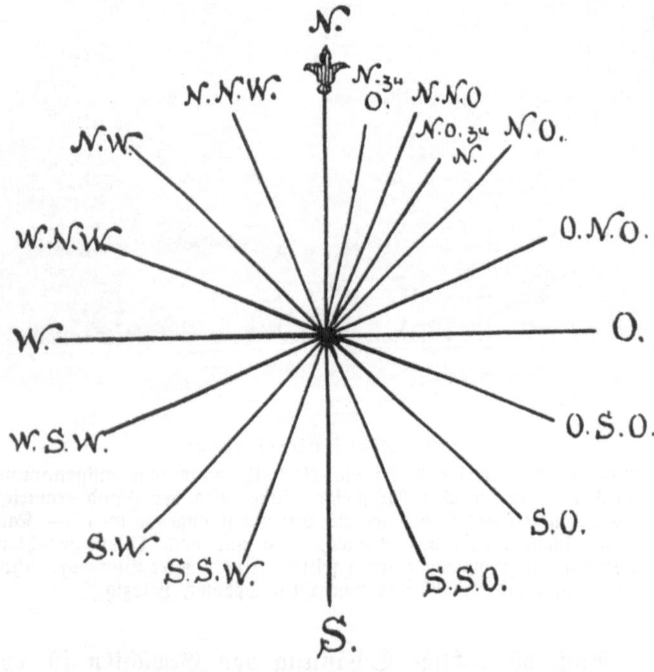

Seemann kennen. In diesem Buche ist bisher schon so viel vom Nordpunkt die Rede gewesen, daß ihr ohne weiteres begreifen werdet, wie wichtig es sein muß, ihn stets beim Pfadfinderdienst in Wald und Feld aufsuchen zu können.

In Ermanglung einer Magnetnadel könnt ihr mit Hilfe der Sonne, des Mondes und der Sterne die Nordrichtung leicht feststellen.

Um 6 Uhr morgens steht die Sonne genau im Osten, um 9 Uhr im Südosten, um 12 Uhr mittags im Süden, abends genau im Westen. Im Winter geht die Sonne schon vor 6 Uhr abends unter, hat dann aber natürlich den Westpunkt noch nicht erreicht[1]).

Um den Südpunkt am Tage zu finden, legt man seine Taschenuhr, mit dem Glas nach oben, flach auf die Hand und läßt die Sonne darauf scheinen. Dann dreht man die Uhr so lange, bis der kleine (Stunden=)Zeiger genau nach der Sonne gerichtet ist. Nun legt man, ohne die Uhr noch zu bewegen, einen Bleistift so auf die Uhr, daß er vom Mittelpunkt des Zifferblatts gerade in die Mitte zwischen der Spitze des kleinen Zeigers und der Zahl 12 gerichtet ist. Die Linie des Bleistifts fällt alsdann mit der Nord=Südrichtung genau zusammen.

Orientierung nach den Sternen.

Wenn man in der Nacht zum Himmel emporsieht, so scheint es, als ob die Sterne sich im Kreise um uns her

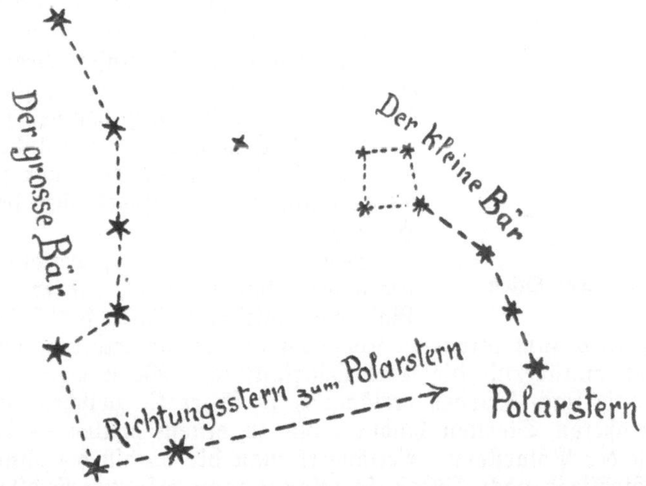

umbewegten, während sich in Wirklichkeit die Erde um sich selber dreht.

Es gibt sehr viele Sternbilder, deren Umrisse wie Menschen oder bestimmte Tiere aussehen, sodaß man sie dementsprechend bezeichnet hat.

---

[1]) Der Unterschied zwischen Ortszeit und mitteleuropäischer Zeit ist dabei zu berücksichtigen.

Der große Bär (oder große Wagen) ist wegen seiner auffallenden Form leicht zu finden. Ein Pfadfinder muß dies Sternbild unbedingt kennen, denn er kann mit dessen Hilfe die Nordrichtung genau feststellen. Verlängert man nämlich den Zwischenraum der letzten beiden Sterne fünfmal, so erreicht man den sogenannten Polarstern! Dieser ist der letzte Stern im Schwanz des kleinen Bären. Nebenbei gesagt sind dies die einzigen Bären mit langen Schwänzen, die ich kenne. — Wenn man vom Polarstern nun eine Senkrechte nach dem Horizont zieht, so erhält man die Nordrichtung.

Der Orion.

Ein anderes auffallendes und sehr schönes Sternbild ist der Orion. Er gleicht einem Manne, der einen Gürtel und ein Schwert trägt. An den drei Gürtelsternen kann man den Orion leicht erkennen. Die drei kleineren schräg dazu stehenden Sterne sind das Schwert. Der Orion ist sowohl auf der südlichen wie auf der nördlichen Erdhalbkugel, für unsere Gegenden allerdings nur im Winter, sichtbar. Der große Bär steht dagegen fast nur für die Bewohner der nördlichen, und das „Kreuz des Südens" nur für die der südlichen Halbkugel über dem Horizont.

Wenn ihr euren Pfadfinderstab so gegen den Himmel haltet, daß er eine Linie vom mittleren Stern des Oriongürtels zum mittleren Kopfstern des Orion bildet, so habt ihr annähernd die Nord-Südrichtung. Wenn man diese Linie nach Norden verlängert, so führt sie zwischen zwei größeren Sternen hindurch bis zu einem dritten — das ist der Polarstern. Verlängert man die vorhin bezeichnete Stablinie nach Süden, so gelangt man erst zum Endstern des Orionschwertes und dann zu einer Sterngruppe, die ungefähr ein L bildet. Geht man noch um ein ebenso großes Stück weiter, so kommt man zum Südpol, der indessen leider nicht durch einen Stern gekennzeichnet ist.

Man kann also ungefähr sagen, daß das Schwert des Orion mit seinen drei kleinen Sternen nach Norden und Süden zeigt.

Abschnitt 7.
Kartenlesen.

Von Hauptmann C. Freiherr von Seckendorff.

Die Fähigkeit, die Karte zu lesen, alle auf ihr dar=
gestellten Geländeverhältnisse rasch und richtig zu erkennen
und zu beurteilen, ermöglicht es, uns auch in unbekannter

Die Pfadfinder beim Feldmarschall Grafen Haeseler.

Gegend zurechtzufinden; deshalb muß jeder Pfadfinder
das Kartenlesen lernen und ständig üben.

Je besser wir die Karte zu lesen verstehen, desto mehr
schwindet die Gefahr, uns nach langer Irrfahrt einem
gütigen Geschick anvertrauen oder uns auf die meist recht
wenig glaubwürdigen Angaben der „Eingeborenen" ver=
lassen zu müssen. Je mehr uns die bildliche Darstellung
des Geländes zur Photographie wird, aus der uns die
lieben Züge eines alten Bekannten entgegensehen, desto
tiefer dringen wir ein in das Verständnis der Mutter
Erde, desto inniger werden unsere Beziehungen zu Got=
tes schöner Natur.

Auf einsamen Spaziergängen ist die Karte dem, der
sie zu lesen versteht, ein unterhaltender Begleiter, auf

langen Wanderungen ein verläſſiger Führer, auf fernem Kriegspfad ein treuer Freund.

Das Handwerkszeug, das wir zum Kartenleſen brauchen, iſt die Kenntnis

1. der Maßſtäbe,
2. der Situationsdarſtellung,
3. der Bergzeichnung.

1. Unter dem Maßſtab einer Karte verſtehen wir zunächſt das Verjüngungsverhältnis, in dem die Karte gezeichnet iſt, d. h. um wie vielmal kleiner ein Gegenſtand auf ihr abgebildet iſt.

Das einfachſte Mittel, um raſch und ſicher bei jedem beliebigen Maßſtab feſtzuſtellen, welcher Strecke in der Natur 1 cm auf der Karte entſpricht, iſt folgendes: Streiche im Nenner der Maßſtabbezeichnung die beiden letzten Stellen ab — und die große Rechnung iſt gemacht! In unſerem Beiſpiel 1 : 100000 (die letzten zwei Stellen 00 geſtrichen) iſt 1 cm = 1000 m, 1 : 50000 (00 geſtrichen) iſt 1 cm = 500 m.

Welche Folgen hat der Irrtum im Maßſtab hinſichtlich der Zeitberechnung? —

Macht euch alſo zum Grundſatz: Erſt Maßſtab feſtſtellen — dann arbeiten!

Der Ausdruck „Maßſtab" bedeutet jedoch nicht nur das Verjüngungsverhältnis einer Abbildung, ſondern auch eine Vorrichtung zum Meſſen. Hierzu dient uns entweder ein Lineal und dergl. oder eine geometriſche Zeichnung des Maßes, wie ſie jede Karte enthält. Mit Zirkel, Papier uſw. läßt ſich leicht jede Entfernung abgreifen, wie ſich eine Strecke auch nach dem Augenmaß ſchätzen oder berechnen läßt, wenn wir daran denken, was 1 cm, 1 mm in dem betreffenden Maßſtab gilt.

2. Die Situationsdarſtellung erſtreckt ſich auf die Wiedergabe aller Geländeteile und -gegenſtände in ihrer wagerechten Ausdehnung. Hierher gehören: Wege und Eiſenbahnen mit ihren Kunſtbauten, Bodenbewachſung, Wohnplätze (Stadt, Dorf, Gut, Schloß mit Park uſw.), Gewäſſer mit ihren Übergangsſtellen. Höhenunterſchiede, Böſchungsverhältniſſe gehören nicht hierher. Wir lernen ſie in der Bergzeichnung kennen.

Die Situation wird durch Zeichnung ihrer Umgrenzungslinien in Verbindung mit Kartenzeichen (Signaturen) wiedergegeben (vgl. die Kartentafel am Schluß des Buches).

3. Die Bergzeichnung iſt die bildliche Darſtellung

der Bodenformen und erfolgt wie die Situationswieder=
gabe im Grundriß. Das Gelände erscheint euch also so,
als ob ihr es von einem Luftballon aus betrachten würdet.
Die Darstellung des Geländes erfolgt auf verschiedene
Weise, einmal in sogenannten Schichtlinien, dann in
Bergstrichen und schließlich in gemischter Bergzeich=
nungsart, und zwar entweder in Schichtlinien mit Berg=
strichen oder in Schichtlinien mit Schummerung. Es gibt
noch andere Arten der Darstellung, doch genügt es im
allgemeinen, wenn man die erwähnten zu lesen versteht.

Sehen wir sie uns an der Hand unserer Tafel (am
Buchende) etwas näher an!

Vergleichen wir die Schichtlinienzeichnung mit der
Bergstrichzeichnung, so finden wir bei flüchtigem Hinsehen,
daß uns die Darstellung in Schichtlinien kein richtiges
Bild vom Gelände gibt, während man aus der Bergstrich=
zeichnung die Bodenformen gewissermaßen herauskommen
sieht. Und doch hat die Wiedergabe des Geländes in
Schichtlinien ihre großen Vorteile. Aus ihr läßt sich
rasch und leicht erkennen, wie das Gelände geböscht ist,
und zwar: je weiter die Schichtlinien auseinandergehen,
desto flacher ist die Böschung, je näher sie zusammenstehen,
desto steiler. Wo mehrere Schichtlinien gleich weit aus=
einanderstehen, zeigen sie eine stetige Böschung an; wo
die Schichtlinien bald eng, bald weiter verlaufen, geben
sie eine wechselnde Böschung wieder.

Sehr leicht können wir aus der Schichtlinienzeich=
nung auch die Neigung von Wegen, von Dorfrändern,
Waldsäumen usw. ablesen. Wir brauchen sie nur mit dem
Lauf der Schichtlinien zu vergleichen. Verlaufen Wege
usw. parallel zu ihnen, so sind sie wagrecht; stehen sie
senkrecht darauf, so zeigen sie an der betreffenden Stelle
die steilste Verbindung an. Wo Wege schräg zu den
Schichtlinien hinziehen, sind sie um so weniger steil, je
kleiner die spitzen Winkel sind, die sie mit den Schicht=
linien bilden. Eine Drahtseilbahn wird also z. B. senk=
recht zu den Schichtlinien eingezeichnet sein; eine Eisen=
bahnlinie ohne Steigung wird ganz wagrecht zu ihnen
— also zwischen zwei Schichtlinien — verlaufen.

Ferner können wir aus der Zahl der Schichtlinien
ganz leicht errechnen, wie hoch eine Erhebung, wie tief
eine Einsenkung ist. Schließlich können wir aus den ein=
getragenen Höhenzahlen die absoluten Höhen und Höhen=

unterschiede ablesen oder für jeden beliebigen Punkt leicht errechnen, wenn uns der Schichtlinienabstand bekannt ist.

Wie die wichtigsten Bodenformen, nämlich: Kuppe, Sattel, Nullfläche, Rücken, Mulde, Schlucht und Tal, in der Schichtlinienzeichnung dargestellt sind, zeigt uns unsere Tafel am Schlusse des Buches.

Die Bergstrichzeichnung hat gegenüber der Schicht= linienzeichnung den Nachteil, daß wir aus ihr die Höhen= verhältnisse nicht so leicht feststellen können. Mit Sicher= heit können wir sie nur da ablesen, wo Höhenzahlen für einzelne Punkte angegeben sind. Alle anderen Höhen= unterschiede können wir nur schätzen.

Dafür aber bietet die Bergstrichzeichnung den Vorteil, daß aus ihr die Bodengestalt auf den ersten Blick körper= lich hervortritt, und daß die ganze Karte bessere Übersicht gewährt. In den meisten Karten, besonders in den Gene= ralstabskarten, sind die Bodenformen durch Bergstriche dar= gestellt. Aus der Stärke der Bergstriche können wir die Art der Böschung unmittelbar ablesen. Wo die Berg= striche gleich stark gezeichnet sind, geben sie eine stetige Böschung wieder, wo ihre Stärke wechselt, haben wir wech= selnde Böschung.

Aus dem Ton des Bildes können wir allgemein und vergleichsweise das Maß der Böschung ablesen. Als ein= fache Regel ist hier zu merken: je dunkler der Ton, desto steiler die Böschung!

Wenn auch nicht so genau wie aus der Schichtlinien= zeichnung, können wir auch aus der Bergstrichzeichnung die Neigung von Wegen usw. feststellen. Linien, die parallel zu den Bergstrichen ziehen, haben die Böschung, wie sie durch Bergstriche angegeben sind, halten also wie die Bergstriche die Linie des kürzesten Falles ein. Linien, die zu den Bergstrichen senkrecht hinziehen, sind horizontal; schräg zu den Bergstrichen verlaufende Linien sind um so stärker geböscht, je kleiner die spitzen Winkel sind, die sie mit den Schichtlinien bilden. Eine Drahtseilbahn wird in der Bergstrichzeichnung parallel zu den Bergstrichen eingetragen sein; eine Eisenbahn ohne Steigung wird die Bergstriche senkrecht schneiden.

An Stelle der Bergstrichzeichnung wird häufig durch Schummerung die körperliche Wirkung des Bildes zu er= reichen versucht. Wie aus der Tafel gleichfalls ersichtlich ist, werden die verschiedenen Böschungen durch schwächeren oder stärkeren Farbenton wiedergegeben. Auch hier gilt die Regel: „je flacher desto heller, je steiler desto dunkler."

Wer die Kunst des Kartenlesens erlernen will, der darf sich durch kleine Enttäuschungen nicht entmutigen lassen; wer sie aber erlernt hat, dem bietet sie einen Schlüssel zu einem neuen Tor, durch das er in die Wunder der Allnatur eintreten kann.

Bedenkt immer eines: „Ohne Fleiß kein Preis!"

(Übungen im Kartenlesen siehe in der Führerordnung.)

Die Ansichtsskizze.

Vom Bayerischen Wehrkraftverein.

Der Zweck einer Ansichtsskizze besteht darin, ein einfaches Bild irgendeiner Gegend in kurzer Zeit derartig aufs Papier zu bringen, daß der, der erst später an denselben Punkt kommen wird, bereits deutlich erkennen kann, was er von dort aus sehen wird. Es handelt sich also darum, alle die Punkte, die besonders im Gelände auffallen, und jene, deren Lage besonders wichtig ist, auf die Skizze zu zeichnen. So kommen am meisten in Betracht: Kirchtürme, Kamine, Baumgruppen oder die feindliche Stellung, Postierungen oder das Lager des Gegners.

Alle unwesentlichen Teile bleiben weg. Auch darf man nicht glauben, durch eine reiche Farbenpracht die Güte einer Ansichtsskizze zu erhöhen. Im Gegenteil! Es leidet nur die Klarheit darunter. Je einfacher, desto besser ist jede Skizze.

Wie zeichnet man eine Ansichtsskizze? Da muß man sich zunächst klar werden, was der Lage oder dem Auftrage nach auf die Skizze kommen muß. Und nun hüte man sich vor dem Fehler, zu viel auf die Zeichnung bringen zu wollen. Je mehr man vom Gelände abzeichnet, desto kleiner wird es in der Darstellung, desto undeutlicher wird die Skizze. Besonders für Anfänger empfiehlt es sich, den Raum nach der Breite möglichst schmal zu nehmen.

Um eine richtige Darstellung des Geländes zu erhalten, verfährt man am zweckmäßigsten so:

Man nimmt an einem Bleistifte (Holzstück, Papierstreifen) mit dem Daumen der rechten Hand die Breite der Fläche ab, auf die man zeichnen will. Die gewonnene Breite am Bleistifte festhaltend, bringt man ihn sodann wagrecht mit mehr oder weniger ausgestrecktem Arme

vors Auge und visiert nun darüber hinweg, wieviel man
von dem abzunehmenden Gelände der Breite nach ab=
zeichnen kann. Gleichzeitig merkt man sich, welcher Teil
des Geländes in die Mitte der Skizze kommt.

Auf dem Papier zieht man sich dann eine senkrechte
Mittellinie und legt den gemerkten Punkt gleich fest. So=
dann sucht man sich die Linie im Gelände, welche unge=
fähr in Augenhöhe liegt. Also nicht den äußersten Hori=
zont, kaum sichtbare Waldungen oder in der Ferne ver=
schwimmende Berge.

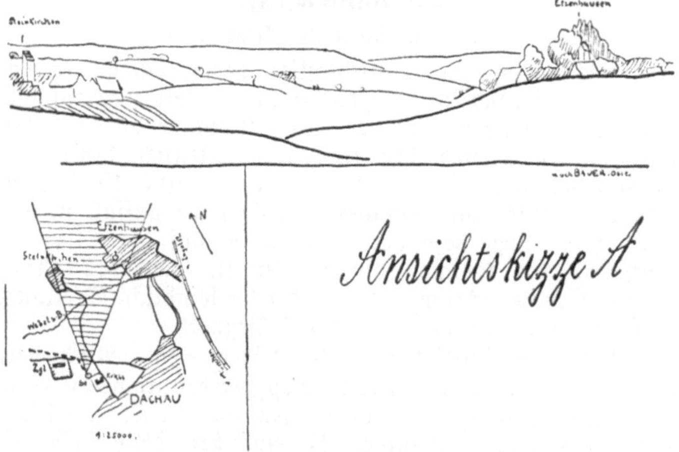

Von dieser Linie ausgehend zeichnet man den ent=
fernteren Hintergrund und immer näher zu sich her den
Vordergrund.

Hiebei mißt man die Höhe und Breite der einzelnen
Geländeteile immer wieder am Bleistifte ab. Doch ist
darauf zu achten, daß der Arm gleichmäßig ausgestreckt ist.

Außerdem achte man darauf, daß man nicht zuviel
Vordergrund skizziere. Das Bild gibt einen Winkel=
ausschnitt aus der Karte wieder (s. Ans.=Skizze A). Be=
sonders übersichtlich wird ferner die Ansichtsskizze da=
durch, daß der Hintergrund mit feinen, der Mittel=
grund mit stärkeren, der Vordergrund schließlich mit
festen, breiten Linien gezeichnet wird.

Wichtige Punkte können deutlich erkennbar gemacht
werden, so Eisenbahnlinien durch einen eingezeichneten
Zug.

Was gehört noch zu einer Ansichtsskizze? Die genaue Angabe des Standpunktes des Zeichners ist unbedingt notwendig; denn in geringerer Entfernung, besonders seitwärts, verschiebt sich das Bild so sehr, daß die Skizze wertlos ist. Entweder bringt man daher eine kleine Planskizze an, auf welcher der Standpunkt mit St. eingetragen ist (s. Ans.=Skizze A), oder man bringt eine Überschrift an wie Blick von .... auf .... (Ans.= Skizze B).

Ferner müssen die wichtigsten Entfernungen erkennbar sein. Diese ersieht man entweder aus der im

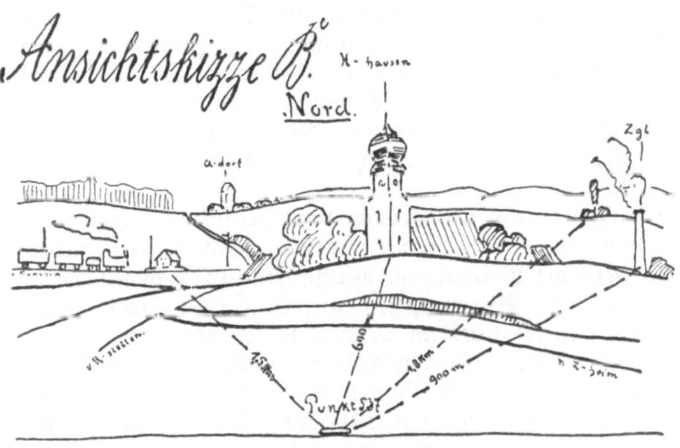

Maßstabe gezeichneten Planskizze (Ans.=Skizze A) oder man schreibt sie in die Skizze ein (Ans.=Skizze B).

Die Ortsnamen werden über der Zeichnung eingetragen. An Wegen, Eisenbahnlinien usw. wird in der Skizze eingeschrieben, woher sie kommen oder wohin sie gehen. Auch muß die Himmelsrichtung, in welcher man das Bild sieht, in der Skizze eingetragen werden.

Abschnitt 8.

Das Nachrichtenwesen.

Von Major Maximilian Bayer.

Die Übermittlung geheimer Nachrichten hat im Kriege wie im Frieden eine so große Bedeutung, daß ein Pfadfinder all seine Geschicklichkeit darauf verwenden muß.

Die Kunst, wichtige Nachrichten auf geheime Weise

zu übermitteln, ist schon recht alt. Als der Perser Histiäus vor mehr als 2000 Jahren von seinem Bruder, dem König Darius, in Susa unter strenge Aufsicht gestellt war, gelang es ihm trotzdem, eine geheime Botschaft an seinen Schwiegersohn Aristagoras nach Milet gelangen zu lassen. Er schor seinem treuesten Sklaven alle Haare vom Kopfe weg und ätzte auf der glatten Kopfhaut die Worte ein, die er an Aristagoras zu richten hatte. Darauf behielt er den Sklaven so lange bei sich, bis ihm die Haare wieder gewachsen waren. Dann erst schickte er ihn nach Milet mit dem einzigen mündlichen Auftrag an Aristagoras, er solle dem Boten den Kopf scheren und diesen ansehen. Dies geschah, und es kamen die Worte zum Vorschein: „Histiäus spricht zu Aristagoras: ‚Laß Jonien aufstehen‘.“ Diese Botschaft hatte wichtige Folgen. Sie bewirkte den jonischen Aufstand. Aus diesem entstanden die für die Geschichte der damaligen Zeit so wichtigen Perserkriege.

Baden-Powell erzählt aus seiner Erfahrung folgendes Beispiel:

„Bevor die Belagerung von Mafeking begann, bekam ich von einem unbekannten Gewährsmann aus Transvaal eine geheime Mitteilung, welche genaue Angaben über den Angriff der Buren gegen unsere Stadt sowie über die Stärke des Feindes an Männern, Pferden und Geschützen enthielt. Alle diese wichtigen Nachrichten standen auf einem kleinen Fetzen Papier, der als Ball, etwa in Größe einer Pille, zusammengerollt war. Diese kleine Kugel lag in der Höhlung eines Spazierstockes und war dort mit Wachs befestigt und verklebt. Den betreffenden Stock hatte man einem Eingeborenen ausgehändigt, dem bloß mitgeteilt worden war, er solle damit nach Mafeking gehen und ihn mir als Geschenk überreichen. Als mir der Schwarze diesen Stock gab und dabei sagte, er sei ihm von einem weißen Manne für mich übergeben worden, ahnte ich natürlich gleich, daß in dem Holz etwas versteckt sein müsse. Als ich nun sorgfältig nachsah, entdeckte ich das wichtige Schriftstück.“

Der Signaldienst.

Vor dreihundert Jahren zog der Kapitän Johann Schmidt mit den Österreichern gegen die Türken ins Feld. Bei dieser Gelegenheit erfand er eine Lichtverbindung, die darin bestand, daß in der Nacht brennende Fackeln hochgehalten wurden, mit denen, je nach ihrer

Stellung zueinander, bestimmte Worte ausgedrückt wer=
den konnten. Dieses Signalsystem wurde von mehreren
österreichischen Offizieren so lange geübt, bis es ihnen
völlig geläufig war.

Die betreffenden Offiziere wurden später von den
Türken eingeschlossen. Schmidt rückte mit einer Abtei=
lung zu ihrem Entsatz heran und erreichte nachts einen
Hügel in der Nähe der Stadt. Von hier aus verständigte
er sich durch Fackelzeichen mit den Belagerten, machte
ihnen Mitteilung von seinem Angriff gegen den Rücken
des Feindes und ermöglichte es dadurch der Besatzung,
einen glücklichen Ausfall zu machen.

Die Pfadfinder aller Länder wenden Signalfeuer an,
mit denen sie sich am Tage (durch die Rauchsäule) und in
der Nacht (durch den Feuerschein) verständigen.

Rauchsignale. Zwei kurze, in kleinen Zwischen=
räumen aufsteigende Wolken bedeuten: „Vorwärts!“ Eine
kurze, eine lange, zwei kurze Rauchwolken: „Sammeln!
Hierher!“ Zwei lange Rauchsäulen: „Halt!“ Abwechselnd
große und kleine Wolken: „Alarm!“ Außer diesen kann
man natürlich beliebig viele Signale in jedem Falle ver=
abreden.

Um starken Rauch zu entwickeln, zündet man zunächst
ein gewöhnliches Feuer an und wirft, sobald es ordentlich
brennt, feuchtes Laub, Gras oder dumpfiges Heu darauf.
Dann legt man eine feuchte Decke über das Ganze und
zieht sie jedesmal weg, wenn man wünscht, daß eine Rauch=
wolke aufsteigen soll. Die Größe der Rauchsäule hängt
von der Zeit ab, während deren man das Feuer offen
schwelen läßt. Für kleine Wolken deckt man den Holz=
haufen rasch auf, zählt bis zwei und legt die Decke wieder
darüber. Für eine große Wolke bleibt das Rauchfeuer
jedesmal sechs Sekunden lang aufgedeckt.

Im amerikanischen Bürgerkriege beabsichtigte der
Pfadfinder=Hauptmann Lowry, seiner Armee mitzuteilen,
daß sie der Feind unvermutet in der Nacht angreifen
werde. Er konnte aber nicht zu seiner Truppe gelangen,
weil ein angeschwollener Fluß dazwischen lag, und es über=
dies stürmte und regnete.

Plötzlich kam ihm ein guter Gedanke. Er ging zu
einer alten Lokomotive, die verlassen auf den Schienen
stand, machte Feuer darin an und begann mit der Dampf=
pfeife nach dem Morse=Alphabet (von dem gleich noch die
Rede sein wird) kurze und lange Signale zu geben. Bald

verſtanden ſeine Freunde, um was es ſich handelte, und antworteten mit einer Trompete. Nun ſchickte er ihnen, Wort für Wort, eine Nachricht über die Abſichten des

Spiegel-Signalapparat[1].)

Feindes zu und rettete auf dieſe Weiſe die 20000 Mann ſeiner Armee aus großer Gefahr.

Bei dem ſchweren Unglück des Unterſeebootes U 3 ver= ſtändigte ſich Marine-Ingenieur Dreikorn aus dem In= nern des geſunkenen Bootes heraus durch Klopfſignale

---

[1] Anleitung zum Bau von Heliographen, in der Sammlung „Spiel und Arbeit" (Verlag von Otto Maier, Ravensburg).

mit den Rettungsmannschaften. Er schlug mit einem Hammer taktmäßig die Morsezeichen an die Bordwand und konnte dadurch das Rettungswerk bedeutend erleichtern.

Bekannt ist, daß sich viele Eingeborenenstämme durch Schläge auf einer großen Trommel verständigen.

Jeder Pfadfinder sollte das Morse=Alphabet kennen, denn er kann es überall verwenden, wo es sich darum handelt, mit Winkerflaggen eine Verständigung zu er= zielen, wie es bei uns in der Armee und bei der Marine schon längst geschieht.

Der Signaldienst mit Spiegeln, Lampen und Winkerflaggen.

Das Morse=Alphabet besteht nur aus Strichen und Punkten. Wir haben bereits gesehen, wie man diese Striche und Punkte durch große und kleine Rauchwolken, sowie durch lange und kurze Feuerzeichen ausdrücken kann. Im südwestafrikanischen Kriege haben unsere Truppen mit gro= ßem Erfolg auch von besonderen Signalapparaten (Helio= graphen) Gebrauch gemacht. Diese bestanden aus einem Ge= stell (Stativ), einem Spiegel und einer Lampe. An geeigne= ten, weil sichtbaren Punkten, meist auf Bergkuppen, wurden die Apparate aufgebaut. Am Tage bediente man sich der Spiegel. Man stellte hierzu einen Stock so auf, daß man vom Spiegel aus (der dazu ein kleines Loch zum Durch= schauen hatte) über die Stockspitze hinweg die Station sah, mit der man sich verständigen wollte. Drehte man den Spiegel nun derartig, daß die Sonnenstrahlen hinein= fielen und gegen die Stockspitze geworfen wurden, so konnte man auch annehmen, daß die ferne Station das Blitzen des Sonnenlichts im Spiegel sah. In Afrika, wo die Sonne sehr hell und klar scheint, konnte man auf diese Weise mit einem kleinen, einfachen Handspiegel bis über 50 km weit signalisieren! Auch bei uns in Deutschland wird man an sonnigen Tagen mit diesem System noch auf große Entfernungen eine Verbindung herstellen kön= nen. Nachts bedient man sich der Azetylen=Lampe, die durch die Glaslinsen eines Scheinwerfers nach der anderen Station hinüberleuchtet. Die Morsezeichen werden durch lange (Strich) und kurze Belichtung (Punkt) ausgedrückt.

Die Morsezeichen. Hinter jedem Buchstaben sind Merkworte nach dem System des Oberleutnants v. Horix eingefügt, deren Betonung mit den Strichen und Punkten übereinstimmt.[1])

1. Buchstaben:

a	· — (Armee, Alarm)		n	— · Nase
ä ae	· — · —		o	— — —
b	— · · · (Bahnbilletten)		ö oe	— — — ·
c	— · — · Crocodile		p	· — — · Patrontasche
ch	— — — —		q	— — · — Querbaumgerüst
d	— · · Damian, Danaer		r	· — · Revolver, Rhabarber
e	·		ſ	· · ·
f	· · — · Futterale		t	—
g	— — · Grenzpfähle, Grabsteine		u	· · — Utopie
h	· · · ·		ü ue	· · — — Uebermüdung
i	· ·		v	· · · — Ventilation, Varieté
j	· — — — Jerusalem		w	· — — Wohlauf nun
k	— · — Kriegsgesang		x	— · · — Xanten am Rhein
l	· — · · Lappalie, Ligurien		y	— · — — Yalu Kampfplatz
m	— —		z	— — · · Zahntechniker

2. Ziffern:

1	· — — — —		6	— · · · ·
2	· · — — —		7	— — · · ·
3	· · · — —		8	— — — · ·
4	· · · · —		9	— — — — ·
5	· · · · ·		0	— — — — —

3. Satzeichen:

(.) Punkt · · · · · ·
(,) Komma · — · — · —
(?) Fragezeichen · · — — · ·

Um die Morsezeichen rasch zu lernen, merkt man sich zunächst die beiden Buchstabengruppen, die nur Striche und nur Punkte enthalten, also: e · i · · ſ · · · h · · · · (eiſh) sowie

---

[1]) Winkervorschrift für Pfadfinder und Wehrkraftvereine sowie andere Jugendvereinigungen. Nach der Winkervorschrift für die Armee vom 12. Dez. 1911 bearbeitet von Professor E. Wünsche. (Verlag von Otto Spamer, Leipzig.) Preis 10 Pfg.

t — m — — o — — — ch — — — — (tmoch!). Im übrigen ist Übung das beste Mittel, um auch in dieser Kunst zu einer gewissen Fertigkeit zu gelangen. Es ist somit sehr praktisch, wenn die jungen Pfadfinder untereinander schriftliche Mitteilungen in Morsezeichen wechseln; solche Briefe sind für Fremde und Nichttelegraphisten unverständlich.

Wenn man signalisieren will, gibt man zunächst das Anrufzeichen ·· — · — (st = ruft) so oft, bis die Gegenstelle — · — (k = komm) antwortet. Gibt die Gegenstelle bereits das Zeichen „Anruf", so gibt man „Kommen".

Hat man sich beim Geben geirrt, so signalisiert man 9 Punkte ....; will man das Geben unterbrechen, so wiederholt man dieses Irrungszeichen mit kleinen Pausen mehrmals hintereinander.

  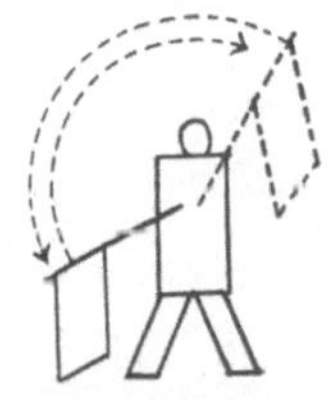

Winkerstellung.   Punkt.   Strich.

Die Zeichen mit der Winkerflagge werden aus der „Winkerstellung" gegeben; dabei steht der Flaggenstock schräg vor dem Körper, die Spitze etwa 30° nach der linken Schulter geneigt. Die rechte Hand faßt die Flagge, etwa handbreit unter dem Tuch, während die linke Faust mit dem Flaggenstock vor der Mitte der Brust steht.

Zum Punkt wird die Flaggenspitze kurz bis nach der rechten Schulter geführt, wobei die Flagge bei der Hin- und Herbewegung ein lateinisches S beschreibt, damit das Tuch sich nicht verfängt.

Zum Strich wird die Flagge aus der Winkerstellung nach rechts durchgeschlagen, bis sie fast den Erdboden berührt. Nach kurzer, aber bestimmter Pause kehrt die Flagge wieder zur Winkerstellung zurück.

Am Ende jedes Wortes wird die Flagge scharf nach unten geschlagen, worauf der Winker der Gegenstelle das Verstandenzeichen (t) „—" gibt.

Das Zeichen „· — · — ·" oder das Schlagen dreier großer Kreise vor dem Körper bedeutet: Schluß des Winkens.

9*

Zu einer Winkerstelle gehören gewöhnlich drei Winker, von denen der eine die Zeichen gibt, während der zweite die Winke der Gegenstelle (mit Fernglas) abliest und laut ansagt und der dritte die gegebenen Winkermeldungen aufschreibt.

Außer den Buchstaben des Morsealphabetes kann man sich noch bestimmte Zeichen verabreden, z. B.: Feind im Anmarsch; — wir werden angegriffen; — Vorsicht usw. Auch darf sich jede Gruppe ein besonderes geheimes Winker-Erkennungszeichen wählen.

Nachrichtendienst mit Telegraph, Telephon und Funkenapparaten.

Wer Morsezeichen kennt, kann leicht telegraphieren lernen. Gebrauchte Apparate älterer Art sind nicht teuer

Ein Feldtelephon.

und können meist von der Post oder von der Telegraphentruppe bezogen werden. Zur Verwendung im Feldgebrauch eignen sich natürlich nur isolierte (mit Gummistoff eingehüllte) Drähte, die so gespannt werden müssen, daß sie durch Vorübergehende nicht versehentlich zerrissen werden können. Wird der Draht über Straßen geführt, so ist er so hoch in die Baumäste zu legen, daß Wagen bequem darunter durchfahren können.

Das gleiche gilt für Drähte zur Telephonbenutzung.

Jeder Pfadfinder, der einen Telegraphen= oder einen Telephonapparat bedient, muß dessen Zusammensetzung genau kennen und imstande sein, ihn auszubessern.

Auch drahtlose Telegraphenstationen können die Pfad=finder anlegen, doch sind diese Stationen wesentlich kost=spieliger, und über ihre Anlagen gibt es mitunter ört=liche Polizeivorschriften, die vorher zu erfragen sind.

Pfeiffignale.

Jeder Feldmeister und jeder Kornett trägt eine Si=gnalpfeife an einer schwarzen Schnur.

Eine scharfe Abgrenzung der kurzen und langen Pfiffe, sowie die Innehaltung genauer Pausen innerhalb eines Pfeiffignals ist unbedingt erforderlich. Die mit einem kurzen Pfiff beginnenden Signale enthalten das Kom=mando zu einer Bewegung.

Die Pfeiffignale sind von den Feldmeistern auf Schrillpfeifen, von den Kornetts auf einfachen Signal=pfeifen zu geben.

Allgemeines: Langer Pfiff: —, kurzer Pfiff: ·

		Merkworte.	Bedeutung.
1)	—	(l)	Achtung.
2)	· — · ·	(l) (Jn. Linie)	Jn Linie angetreten.
3)	· ·	(i) (los, los !)	Marsch.
4)	· —	(a) (auseinander)	Schwärmen.
5)	— · —	(k) (Feldkornetts)	Kornetts
6)	· · — ·	(f) (Die Herrn Führer)	Feldmeister
7)	— —	(m) (Halt, Halt)	Halt.
8)	· — · — · —	(a) (Alarm, Alarm, Alarm)	Alarm.

(5 und 6 mit der Klammer „zur Be=sprechung")

Hornsignale dürfen nur von dem Leiter einer Übung angeordnet werden.

Es gelten die Hornsignale der Infanterie (vgl. Anhang des Liederbuches. Verlag von Otto Spamer, Leipzig. 75 Pf., gebdn. 1 M.).

Jedem Pfeif= und Hornsignal habt ihr sofort und so schnell wie möglich zu gehorchen. —

Hilferuf — Pfadfindergeheimzeichen — Bundesgruß.

Außer diesen vorgeschriebenen Signalen und Pfiffen kann jedes Pfadfinderkorps noch einige zum eigenen Gebrauch einführen, vor allem einen „Hilferuf" (für verirrte oder in Bedrängnis geratene Pfadfinder), und ein Signal „Wir kommen!" — Um Mißbrauch durch Unbefugte zu vermeiden, empfiehlt es sich, diese Signale geheimzuhalten.

Deutsche Pfadfinder, die sich begegnen, können sich das „Erkennungszeichen" geben. Dieses besteht in Heben der Hand bis zur Schulterhöhe, Handfläche nach vorn, Zeigefinger, Mittelfinger, Ringfinger aufwärts ausgestreckt aneinander geschlossen, Daumen und kleiner Finger nach innen gebogen (Daumen auf dem kleinen Finger liegend). Gibt ein Pfadfinder in Bedrängnis dieses Zeichen, so sind alle anderen Pfadfinder v e r p f l i c h t et ihm zu helfen. —

Das „Pfadfindersignal" gilt ebenfalls als Erkennungszeichen. Es lautet: . — . . . —, . — . . . —, . —. Merkwort: Die Pfad—fin—der sind da! Dieses Zeichen kann z. B. gegeben werden, wenn eine Pfadfinderabteilung durch den Ort eines anderen Pfadfinderkorps kommt, und diesem ihre Anwesenheit kund geben will; oder bei gemeinsamen Übungen mit anderen Jugendkorps, um ein Zeichen als nur für Pfadfinder kenntlich zu machen, z. B.: . — . . . —, . — . . . —, . — —, . — . . die Pfadfinder — in Linie antreten! Bei Zweiklangpfeifen oder Horn wird der letzte Ton jedes der 3 Teile des Pfadfindersignals eine Quart höher und gedehnt gegeben. (Der letzte Ton des ganzen Zeichens besonders lang gedehnt.)

Das Pfadfindersignal kann auch als Erkennungszeichen dienen. — Nehmen wir an, es fahren zwei sich fremde Jungen im selben Eisenbahnabteil; der eine klopft, wie in Gedanken, das Pfadfindersignal gegen die Scheibe. Der andere beobachtet es und gibt das Erkennungszeichen mit erhobener rechter Hand oder klopft auch das Pfadfindersignal nach: sie haben sich als Kameraden gefunden.

Als Bundesgruß gilt: Gut Pfad!

Feldmeister, Kornetts und Pfadfinder in Tracht grüßen, indem sie die rechte Hand leicht an den Hutrand legen und den Gegrüßten in die Augen sehen. Ruft man „Gut Pfad!" dabei, so hebt man nach dem Gruße die Hand bis über Schulterhöhe, bevor man sie wieder an die Seite nimmt.

Jeder, der gegrüßt wird, ist verpflichtet, den Gruß zu erwidern. Daß der Jüngere zuerst zu grüßen hat, ist ein selbstverständlicher Brauch der Höflichkeit, der in der ganzen Welt Geltung hat.

Geheimschriften.

Wenn man eine Meldung zu übersenden hat, die nur der Empfänger lesen kann, ist es gut, wenn man eine Geheimschrift mit ihm verabredet hat. Vielfach sind Geheimschriften so eingerichtet, daß man für einen bestimmten Buchstaben einen bestimmten anderen setzt. Solche Geheimschriften sind aber für dritte unschwer zu entziffern, weil man die Häufigkeit einzelner Buchstaben kennt und durch Abzählen nun leicht herausbringen kann, welche anderen Buchstaben dafür gesetzt worden sind. (e ist am häufigsten in der deutschen Sprache.) Deswegen sind Geheimchiffern der Armee und der Marine nach sehr verwickelten Systemen aufgebaut. Für gewöhnlich genügen einfache Geheimschriften, die leicht und schnell abzulesen sind, wie z. B. folgende: Die Buchstaben des Alphabets

a	b	c		d	e	f		g	h	i
j	k	l		m	n	o		p	q	r
s	t	u		v	w	x		y	z	e

werden hintereinander auf einen Bogen geschrieben und durch vier Striche in Kreuzform getrennt. Das e wird zweimal geschrieben, um die Entzifferung zu erschweren. Nun braucht man nur die Abteilung des Strichkreuzes anzugeben und dann die Stelle, wo der betreffende Buchstabe steht, durch einen Punkt anzudeuten. Wer diese

Geheimzeichen:

Lösung: P f a d f i n d e r

Geheimschrift nicht kennt, wird sie kaum entziffern, trotz

ihrer großen Einfachheit. Die Buchstaben ä, ö und ü lassen sich am besten durch Doppelpunkte ⸚ oder durch ⸜ wiedergeben. Durch andere Anordnung der Buchstaben und der Trennstriche kann man die Geheimschrift beliebig verändern.

Kommandos.

In den Leitsätzen des Deutschen Pfadfinderbundes heißt es: „Jeder Exerzierdrill ist verboten. Nur diejenigen militärischen Formen dürfen geübt werden, die zur Aufrechterhaltung der Ordnung unbedingt notwendig sind: Antreten, Marsch in Gruppen ohne Tritt, Halten usw." —

Die Erfahrung hat nun freilich gezeigt, daß es nicht zweckmäßig ist, jedem Feldmeister, jedem Kornett zu überlassen, wie er diese Vorschrift auslegen will, und ihm die Art des Kommandos anheimzugeben. Das wäre sehr unbequem für die Abteilungen, denn diese müssen bei jedem Führer „umlernen", bleiben daher unsicher. Auch über das Höchstmaß dessen, was man üben darf, ohne in Exerzierdrill zu verfallen, gehen die Ansichten sehr auseinander. Deshalb sind nachstehend die einzelnen Kommandos angeführt, soweit sie für Pfadfinder zulässig scheinen, sowie auch die Art der Ausführung, die, dem Wesen unserer Pfadfinderei entsprechend, von den bei der Armee üblichen mitunter sehr weit abweicht. Erwähnt sei noch, daß überlassen bleibt, von nachstehenden Kommandos einige zu streichen, während es unzulässig ist, deren Zahl zu vermehren. Unsere Liste stellt also das Höchstmaß dessen dar, was in geschlossener Ordnung von Pfadfindern verlangt werden darf.

Kommandos.

Allgemeines: Bei jedem Kommando tritt sofort Ruhe ein. Die Kommandos zerfallen zumeist in Ankündigungs- und Ausführungskommandos. Zwischen beiden Kommandos ist eine Pause zu lassen. Die Kommandos sind mit scharfer Betonung abzugeben, jedoch nicht lauter, als der Zweck erfordert.

1. Achtung! Auf „Achtung" in der geschlossenen Ordnung werden die Hacken zusammengenommen. Der Pfadfinder richtet sich auf, nimmt den Kopf hoch und die Schultern zurück. Die Arme hängen zwanglos herab. Er hat nach dem Befehlenden hinzusehen, und wenn nach „Achtung" eine Meldung erstattet wird, so sieht er nach demjenigen hin, dem die Meldung gemacht wird.

Das Kommando „Achtung" ist auch bei Bekanntmachung von Anordnungen außerhalb der geschlossenen oder geöffneten Ordnung zulässig. In diesem Falle bleibt jeder Pfadfinder in der

Lage und Stellung, in der er sich gerade befindet, schweigt und sieht nach dem Befehlenden hin.

2. Rühren! Der Pfadfinder darf sich rühren, aber nicht ohne Erlaubnis sprechen.

3. Wendungen! „Rechts (links) — um!" Das Kommando darf auf der Stelle und in der Bewegung gegeben werden.

Die Kehrtwendung wird auf das Kommando „Ganze Abteilung — kehrt!" ausgeführt. — Auf straffe Ausführung der Wendungen, am Ende gar mit Hackenschlagen, ist kein Wert zu legen.

4. Hinsetzen! Der Pfadfinder setzt sich mit Beibehaltung der Schulterstellung nach vorn. Der Stab wird schräg vorwärts an die Erde gesetzt und auf der Schulter gehalten.

5. Hinlegen! Der Pfadfinder kniet zunächst hin und legt sich dann vorwärts platt auf den Boden. Alle Bewegungen fließen rasch ineinander über.

Volle Deckung nehmen! Jeder Pfadfinder deckt sich im Liegen, so gut es das Gelände gestattet. Den Feind beobachten dabei nur diejenigen, die dazu besonders bestimmt sind.

Hinlegen bei zweigliedriger Aufstellung: Steht der Pfadfinder im vorderen Gliede, so muß er vor dem Hinlegen, steht er im hinteren Gliede, muß er nach dem Aufstehen einen großen Schritt vortreten.

Auf: Der Pfadfinder springt auf und nimmt Achtungsstellung ein.

6. Marsch! Kommando: „Abteilung — marsch!" Der Pfadfinder tritt an und bewegt sich mit ungezwungener Bewegung der Arme vorwärts. — Schlagen der Fußsohle auf die Erde (kindliche Nachahmung des militärischen Parademarsches) ist verboten.

Halt! Kommando: „Abteilung — halt!" Der Pfadfinder macht noch einen Schritt und zieht den hinteren Fuß heran.

7. Laufen! Kommando: „Marsch! Marsch!" Der Pfadfinder läuft so schnell, als er es unter Beibehaltung seines Platzes im Gliede ausführen kann. Der Übergang zum Halten oder zum Schritt erfolgt auf: „Abteilung — halt!" oder „Im — Schritt!"

8. Schwenkungen! Kommando: Rechts (links) schwenkt — marsch!" (Marsch! Marsch!") Auf Marsch wird angetreten, in der Bewegung mit der Schwenkung begonnen.

„Halt!" Jeder hält in Achtungsstellung.

„Gerade — aus!" Das Ankündigungskommando „Gerade" beendet die Schwenkung; auf „aus" wird weitermarschiert.

Kommando: „Mit Gruppen rechts (links) schwenkt — marsch!" — „Halt!" oder „Gerade — aus!"

Innerhalb jeder Gruppe wird eine Viertelschwenkung ausgeführt. Bei Schwenkungen einer Gruppenkolonne schwenkt nur die vorderste Gruppe, alle anderen Gruppen bleiben im Marsch und schwenken erst am Drehpunkt.

Kommando: „Vorderste Gruppe links (rechts) schwenkt — marsch! — Halt!" oder „Gerade — aus!"

9. Aufmarsch! Der Aufmarsch findet auf der Stelle und in der Bewegung statt.

Kommando: „In Linie links (rechts) marschiert auf — marsch!" („Marsch! Marsch!")

10. **Pfadfinderschritt.** Ankündigung: Pfadfinder=schritt. Ausführung: Etwa 50 Meter im Schritt, 50 Meter im Laufschritt; die beste Art, um weite Strecken in kurzer Frist zurückzulegen. Der Übergang in Schritt und in Laufschritt muß jedesmal (nach Ziffer 7) befohlen werden.

Der Pfadfinder kennt drei Aufstellungen:

1. Die Linie zu zwei Gliedern.
2. Die Gruppenkolonne.
3. Die Schwarmlinie.

Zu 1. **Bildung der Linie.**

Kommando: „In Linie — angetreten!"

Der Feldmeister stellt sich in Achtungsstellung auf und hebt bei Abgabe des Kommandos den rechten Arm hoch. Der Flügel=kornett stellt sich auf sechs Schritt ihm gegenüber auf. Die Pfad=finder treten in zwei Gliedern neben ihn an und richten sich nach ihm aus. Lose Tuchfühlung. Das hintere Glied steht gleich=laufend mit dem vorderen. Der Abstand ist so groß, daß der ausgestreckte Arm den Rücken des Vordermanns berührt. Der Feldmeister tritt vor die Zugmitte, sobald die Linie hergestellt ist.

In der Feldkompagnie: Ausführung dieselbe. Platz der Zugführer drei Schritt vor ihrem Flügelkornett mit der Front nach vorn. Der Hilfsfeldmeister steht links neben dem Feld=meister.

Zu 2. **Bildung der Gruppenkolonne.**

Kommando: „In Gruppenkolonne — angetreten!"

Der Feldmeister stellt sich in Achtungsstellung auf und hebt bei Abgabe des Kommandos den rechten Arm hoch. Der Flügel=kornett stellt sich auf sechs Schritt ihm gegenüber auf. Die anderen Kornetts decken sich auf den Flügelkornett und Feld=meister mit vier Schritt Abstand ein. Die Pfadfinder treten zu zwei Gliedern an und richten sich nach ihrem Kornett aus. So=bald die Gruppenkolonne gebildet ist, tritt der Feldmeister an be=liebigen Platz vor= oder seitwärts.

In der Feldkompagnie: Ausführung dieselbe. Platz der Zugführer rechts neben dem Flügelkornett. Bei Märschen auf der Straße können die Feldmeister vor und hinter der Kompagnie gehen, jedoch muß mindestens ein Feldmeister sich am Ende der Kompagnie befinden. Die Kornetts bleiben am rechten Flügel ihrer Gruppen.

Zu 3. **Bildung der Schwarmlinie.**

Kommando: „Pfadfinder (Kornett, Feldmeister) hat den Anschluß! Xter Zug (Gruppe) Richtung auf . . . (auf der Grundlinie) mit x Schritt Zwischenraum — schwär=men!"

Ausführung: Auf „Schwärmen" springen die Gruppenführer schnell 10 Schritt vor und bilden das Gerippe der Schwarm=linie. Der Anschluß=Pfadfinder (Kornett, Feldmeister) geht, den Schritt anfangs verkürzend, in der angegebenen Richtung vor. Alles nimmt den befohlenen Zwischenraum ein. Bei dem Kom=mando: „Auf der Grundlinie — schwärmen" bleibt jeder stehen, sobald er seinen Platz erreicht hat.

In der Feldkompagnie: Platz der Feldmeister 20 Schritt vor ihren Zügen, begleitet von den Schätzern, Hornisten (Winkern).

Platz des Oberfeldmeisters beliebig.

Vorgehen in der Schwarmlinie.

Kommandos: „Marsch!" „Marsch! Marsch!"

Weitere Kommandos in der Schwarmlinie: „Hinlegen!" „Volle Deckung!" „Sprung — auf Marsch! Marsch!" oder „Auf!"

„Sammeln!" Das Sammeln geschieht in Linie bei dem Zugführer. Bleibt der Zugführer halten, so sammelt sich der Zug im Halten. Geht der Zugführer vor (zurück), so sammelt sich der Zug im Vor= und Zurückgehen.

Die drei Aufstellungen.

Erläuterung:

Oberfeldmeister.

Feldmeister (Hilfsfeldmeister).

Kornett.

Hilfskornett.

Pfadfinder.

A. Die Linie.

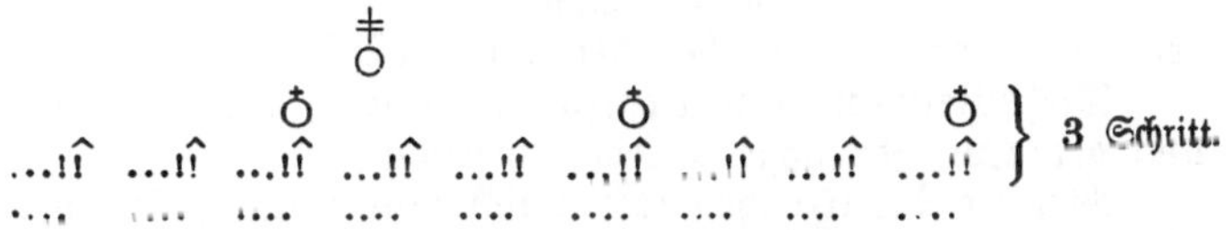

} 3 Schritt.

B. Die Gruppenkolonne.

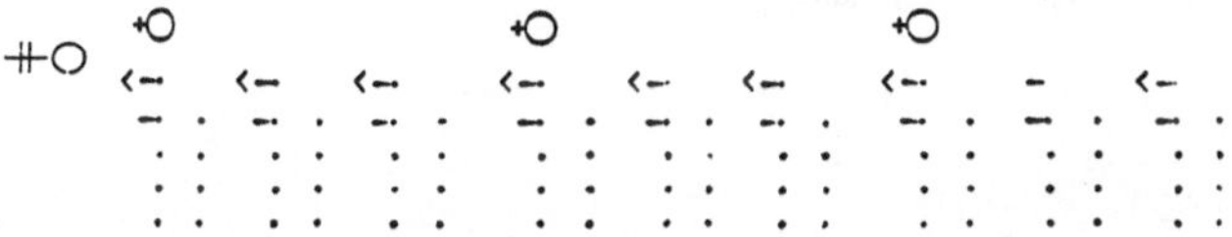

C. Die Schwarmlinie.

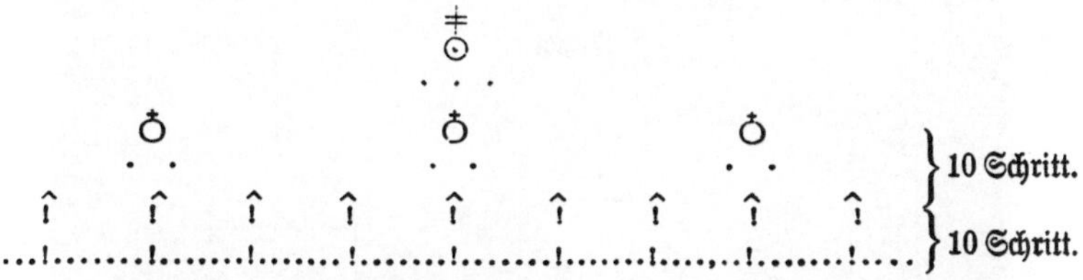

} 10 Schritt.

} 10 Schritt.

Hornisten und Winker stehen, wie jeder Pfadfinder, beliebig in der Linie; nicht dahinter.

Bei C gehören zwei Pfadfinder zu jedem Feldmeister, zur Unterstützung bei der Beobachtung und beim Weitergeben der Befehle. Der Oberfeldmeister hat drei Pfadfinder zur Verfügung, von jedem Zug einen.

Winkbefehle.

Vor jedem Winkzeichen kommt die Ankündigung: Achtung!

Achtung (Ankündigung): Der Führer nimmt den Arm hoch.

Zum Vorgehen zeigt der Führer in die Richtung, wohin marschiert werden soll.

Zum Vorgehen im Marsch! Marsch!: stoßweises Heben und Senken des Armes.

Zum Halten wird der hochgehobene Arm gesenkt.

Zum Schwärmen werden beide Arme in Schulter=höhe seitwärts ausgestreckt.

Angabe der Marschrichtung: Zeigen, wohin mar=schiert werden soll.

Zum Hinlegen wird der Arm nach dem Boden zu gesenkt, wobei sich der Oberkörper des Führers tief beugt.

Zum Aufstehen wird bei gesenktem Oberkörper der gesenkte Arm, unter gleichzeitigem Aufrichten des Ober=körpers, gehoben.

Zum Antreten in Linie (Sammeln) wird mit dem Arm ein Kreis über den Kopf geschlagen.

Diese Zeichen können entsprechend auch mit dem Stabe und der Kornettflagge gegeben werden. —

Weitere Winkzeichen lassen sich von Fall zu Fall ver=abreden, z. B. „Der Feind kommt": Querhalten des Stabes über den Kopf.

Ein Zeltlager der Pfadfinder.

Sechstes Kapitel

Gesundheitslehre.

Wie erwirbt der Pfadfinder Willensstärke und Kraft?

———

Abschnitt 1.
Lebenskunst.

Von Oberstabsarzt Dr. Lion.

Notwendigkeit der Gesundheitslehre.

Die Erfahrungen der letzten Jahrzehnte zeigen, daß trotz aller hygienischen Verbesserungen die Volksgesundheit nicht in dem erwünschten Maße vorwärts geschritten ist.

Bei den Aushebungsgeschäften müssen wir die traurige Tatsache erkennen, daß nur die Hälfte der zur Stellung gelangenden jungen Leute den Anforderungen des militärischen Dienstes genügen, und daß gerade in den Großstädten die Zahl der wegen allgemeiner Schwächlichkeit Untauglichen eine erschreckend hohe ist.

Schon bei den Schulkindern sehen wir Kurzsichtige, Kinder mit schlechten Gebissen, mit Hühnerbrust, Plattfüßen, Rückgratsverkrümmungen in bedauerlich großer Zahl.

Und dies sollen einmal die Verteidiger des Landes, Väter und Mütter werden!

Die so segensreichen hygienischen Einrichtungen in den Großstädten haben infolge des vielfach herrschenden sozialen Elends noch nicht allen die Himmelsgabe von Licht und Luft schenken können. Auf dem Lande sind diese überreich vorhanden, darum sind die Leute vom

Lande auch wehrtüchtiger als die in der Stadt. Der Städter hält sich den größten Teil des Tages in geschlossenen Räumen, seien es Fabriken, Schreib= oder Schulstuben auf und verrichtet hier seine Arbeit. Der Landmann ist gezwungen, von früher Jugend an tagsüber im Freien körperlich zu arbeiten, seine Gesamtmuskulatur wird dadurch dauernd in Tätigkeit gehalten,. er wird somit kräftiger und wehrtüchtiger. Das Land stellt daher 10 bis 15 Proz. Taugliche mehr als die Stadt zum Heeresdienst; es würde noch mehr stellen, wenn nicht wiederum mangelnde Hygiene, vor allem geringes Verständnis für Reinlichkeit, unzweckmäßige Ernährung von Kindheit auf, viel von diesem Vorzuge zunichte machen würde. Es sterben auf dem Lande mehr Leute an ansteckenden Krankheiten als in der Stadt[1]).

Und doch sind alle diese Übel vermeidbar.

Einen großen Teil der Schuld daran, daß wir überall so viele schwächliche und ungesunde Menschen sehen, sowie daß die Widerstandsfähigkeit gegen Krankheiten vielfach so gering ist, tragen Ausschweifungen aller Art und der Alkohol, sowie mangelnde Körperpflege.

Eure Ehrenpflicht ist es, mitzuhelfen, diese unheilvollen Einflüsse zu beseitigen.

Schon in früher Jugend müßt ihr daher die Grundzüge und die Wichtigkeit einer geregelten Körperpflege, der persönlichen Hygiene, genau erfassen. Es ist hinlänglich bewiesen, daß die Engländer im Burenkriege, ebenso wohl auch die Deutschen im südwestafrikanischen Aufstand, die Hälfte ihrer Verluste an Krankheiten hätten vermeiden können, wenn Offiziere und Mannschaften mehr Kenntnis von der Lehre der persönlichen Gesundheitspflege gehabt hätten!

Daher wissen auch die neuen deutschen militärischen Vorschriften die Rolle der Gesundheitspflege wohl zu würdigen. Es gilt nicht als unmännlich, vielmehr als Pflicht des Soldaten, für seine Gesundheit zu sorgen.

Aber auch in Friedenszeiten werden in allen Berufen große Mengen von Leuten durch Krankheiten arbeitsunfähig, die sie hätten vermeiden können, wenn sie gelernt hätten, richtig für ihre Gesundheit zu sorgen und vernünftige Vorsichtsmaßregeln zu treffen. Leider ver-

---

[1]) Vgl. v. Vogl, Turnen und Jugendspiele in der körperlichen Erziehung der schulentlassenen Jugend (J. F. Lehmann, München).

stehen sich bis jetzt in Deutschland nur die wenigsten darauf; etwa vier Fünftel unserer Jugend im Alter von
14 bis 18 Jahren wächst ohne jede Leibesübung heran!

Und so viele Fälle körperlicher Hinfälligkeit hätten
durch geregelte Körperpflege verhütet werden können. Daher soll der Pfadfinder hier Gelegenheit erhalten, an
einem wahrhaft nationalen Werke mitzuarbeiten, ein
geistes- und charakterstarkes, dabei körperlich gesundes und
leistungsfähiges Geschlecht heranzuziehen.

Das vorliegende Kapitel soll euch nun Anleitung
dazu geben, wie ihr euch Kraft, Gesundheit und gesunde
Umgebung selbst zu schaffen vermögt. Ihr sollt sehen,
daß ihr persönlich dafür die Verantwortung tragt, denn
der Erfolg ist allein von eurem Willen und eurer Cha-
rakterstärke abhängig.

Gebt euren Altersgenossen darin ein Vorbild, und sie
werden euch folgen, wenn sie euch gesund, leistungsfähig,
ausdauernd und willensstark an Leib und Seele sehen
werden.

Nehmt den heimgegangenen greisen Regenten Bayerns
zum Vorbild, der in gottgesegnetem Alter auf steilen
Gebirgspfaden dem Weidwerk oblag, der bis wenige Jahre
vor seinem Tode in den herrlichen Gebirgsseen mit kräftigen Armen die Wogen zerteilte. Weiter habt ihr auch
so schöne Vorbilder in den großen Friedenspfadfindern,
die auf ihren Forschungszügen auf ungebahnten Pfaden
in wilden Gegenden nur dadurch ihre bewundernswerten
Erfolge erringen konnten, daß sie genau wußten, wie sie
sich und die ihren gesund zu erhalten hatten.

In erster Linie halte man sich durch geregelte, vernünftige Lebensführung selbst gesund. Dann erst ist man
befähigt und berechtigt, anderen zu zeigen, wie sie es zu
machen haben. Wer z. B. selbst den Mantelkragen stets
hochgeschlagen trägt und sich tagsüber in rauchigem Zimmer bei geschlossenem Fenster aufhält, aber anderen Leuten die Notwendigkeit der Abhärtung und den Segen
der frischen Luft predigen will, wird als Ratgeber höchstens ausgelacht. Die Regeln, die zu einer gedeihlichen,
gesundheitlichen Lebensführung erforderlich sind, lehrt uns
die Wissenschaft, die die Gesunderhaltung und Kräftigung
der Menschheit, sowie die Verhütung von Krankheiten zum
Ziele hat, die Hygiene. Diese leitet ihren Namen her
von der griechischen Göttin Hygieia, der Tochter des Heil-
gottes Äskulap. Schon die alten Griechen verehrten diese

Gottheiten. Ihnen zu Ehren veranstalteten sie Leibes=
übungen und athletische Wettkämpfe, die in den olympi=
schen Spielen ihren Höhepunkt fanden. Die jungen Grie=
chen setzten ihren Stolz darein, edel und schön zu werden
an Körperbau und Kraft. Die Statuen geben uns von
ihrer edlen Körperbildung noch heute Zeugnis. Die
Übungsstätten der Griechen waren die Gymnasien, die

Samariterdienst.

mit unseren heutigen Turnhallen zu vergleichen sind.
Viele Jahrhunderte hindurch waren der deutschen Jugend
diese Freuden vorenthalten; seit den Zeiten von Guts
Muths und Jahn aber hat jeder deutsche Junge Ge=
legenheit, durch körperliche Übungen und Turnspiele den
Körper zu stählen.

Aber diese Leibesübungen haben nur dann einen
Wert, wenn alle schädlichen Angewohnheiten vermieden,
alle gesundheitlichen Maßregeln genau befolgt werden.

Die Behandlung der Krankheiten überlasse man
dagegen den berufenen Ärzten, die in die Natur des ge=
sunden wie kranken Körpers Einblick zu gewinnen gelernt
haben. Jeder Pfadfinder muß aber die Maßregeln be=

herrschen, die notwendig sind, um bis zur Ankunft des
Arztes lebensgefährliche Zustände zu beseitigen. Wie viele
Menschen hätten gerettet werden können, wenn sie oder
ihre Umgebung bei plötzlich eingetretenen Unfällen Rat
gewußt hätten. Die erste Hilfe in Unglücksfällen gehört somit zu den Aufgaben der Pfadfindertruppe; sie
wird euch in einem anderen Kapitel näher gezeigt werden.

Wert der Willenskraft zur Erlangung der Gesundheit.

„Ein Pfadfinder lag an der tückischen Cholera schwer
krank in Indien im Spital. Er hörte, halb benommen,
wie der Arzt den eingeborenen Krankenwärter belehrte,
daß die einzige Möglichkeit, das Leben des Kranken zu
retten, darin bestände, durch fortgesetztes Reiben das Blut
im Körper in Bewegung zu halten. Kaum hatte aber der
Arzt den Rücken gekehrt, als der Eingeborene auch schon
mit dem Reiben aufhörte, sich niederhockte und behaglich
seinen Tabak schmauchte. Das Verhalten des eingeboren-
en Wärters versetzte den Kranken in eine derartige Wut,
daß er den festen Entschluß faßte, auf alle Fälle gesund
zu werden, nur um dem Kerl die ihm gebührende Lektion
zu erteilen. Nur durch den Willen, gesund zu werden, wurde er gesund.“

Nur wirkliche Pfadfinder mit ganz außerordentlicher
Ausdauer können die Strapazen ertragen, die auf den
Eisfeldern der Polarzonen oder auf den glühenden Steppen
Afrikas zu überwinden sind. Lest die Berichte unserer
kühnen Reisenden, unserer Krieger in Südwestafrika und
in den übrigen Kolonien! Wie oft hing ihr Leben an
einem Haar, und wie oft hat sie nur ihre unverzagte zähe
Beharrlichkeit, ihre Geistesgegenwart, die nur in einem
gesunden, nervenstarken Körper wohnen können, aus der
Patsche gezogen. Und dabei sind es nicht immer Leute,
die von Geburt an kräftig und stark waren. So war
Roosevelt, der große Oberst der Rauhreiter, ein schwäch-
liches Kind, hinfällig, dauernd Lungenkrankheiten unter-
worfen. Aber er wollte nicht unterliegen. Turnen, Reiten, Schwimmen, Rudern, Nichtrauchen, Wenigtrinken
machten ihn zum gesunden Manne, der alle Strapazen
des kubanischen Feldzuges, die beschwerlichsten Märsche
im innersten Afrika glücklich überstand. Ein Leitspruch
für die Erziehung zur Willensstärke seien euch die Goethe-
schen Worte:

Feiger Gedanken	Allen Gewalten
bängliches Schwanken,	zum Trutz sich erhalten,
weibisches Zagen,	nimmer sich beugen,
ängstliches Klagen	kräftig sich zeigen,
wendet kein Elend,	rufet die Arme
macht dich nicht frei.	der Götter herbei.

Krankheitskeime und ihre Bekämpfung.

Viele Krankheiten werden durch winzige, nur mit dem Mikroskop sichtbare Lebewesen (Bakterien [Pilze] und tierische Parasiten) hervorgerufen. Sie halten sich überall gerne auf, wo Schmutz ist, besonders in Aborten, Misthaufen, Abfallstätten. Von dort aus können sie in das Wasser, in den Staub und mit diesem, oft auch durch Vermittlung der Fliegen, in die Nahrung gelangen. Man verschluckt dann mit dieser oder mit dem Wasser die Krankheitskeime, oder atmet sie mit dem Staube ein. Bei manchen Krankheiten werden auch durch Insektenstiche Parasiten eingeimpft. Diese gehen dann in das Blut über und machen den Menschen krank. Das gesunde Blut enthält ebenso wie der Verdauungssaft des gesunden Magens Schutzstoffe, die die kleinen Lebewesen und ihre Gifte abtöten. Gesunden Magen und gesundes Blut erhält man sich durch vernünftige Lebensweise.

Außerdem muß man aber die krankheitserregenden Bakterien an ihren Brutplätzen vernichten, d. h. überall, wo Schmutz ist. Die Reinlichkeit ist die größte Feindin aller Krankheitskeime. Sonnenlicht tötet am besten alle Krankheitserreger und erzeugt auch frisches, neues Blut. Ihr seht dies an den gebräunten Gesichtern aller derer, die sich im Freien aufhalten.

Sonne, Licht und Luft töten auch am sichersten die Erreger der Tuberkulose, der furchtbaren Volkskrankheit, der jährlich über 100000 Menschen im Deutschen Reiche erliegen. Sie entsteht dadurch, daß durch den Staub der ausgehustete Auswurf Kranker von solchen Leuten eingeatmet wird, die an und für sich schwächlich sind oder die durch unvernünftige Lebensweise, schlechte Ernährung, Alkohol weniger widerstandsfähig geworden sind. Denn wenn jeder Tuberkelbazillus krank machen würde, gäbe es überhaupt keinen Menschen mehr auf der Welt. Besonders gefährdet sind kleine Kinder, die auf dem schmutzigen Boden herumkriechen. Haltet sie davon ab!

Eure Lungen aber macht ihr am besten durch stete Zufuhr reiner Luft gesund und widerstandsfähig. Gewöhnt euch allmählich daran, wenn irgend möglich, bei offenem Fenster, im Winter gehörig geschützt (nur Oberfenster), zu arbeiten und zu schlafen. Benützet überhaupt jede Gelegenheit, euch, natürlich in entsprechender Kleidung, im Freien aufzuhalten. Ihr werdet bald abgehärtet und wetterfest bei Regen, Schnee und Wind werden.

Halte deinen Körper sauber.

Lungen, Nieren und Darm scheiden die verbrauchten Stoffe aus dem Körper aus. Die gleiche Aufgabe erfüllt auch die Haut. Die vielen Millionen Poren der Haut schaffen mit der Hautausdünstung, die bei stärkeren Anstrengungen in den Schweiß übergeht, die Abfallstoffe, die Schlacken der Körpermaschine heraus. Diese würden giftig werden, wenn sie nicht durch die Hautatmung entfernt würden. Die Wichtigkeit der Haut ist überhaupt noch viel zu wenig bekannt. Würde man die Körperhaut mit einem luftabschließenden Firnis überziehen, so daß alle Poren verstopft sind, oder werden drei Fünftel der ganzen Haut von Brandwunden ergriffen, so geht der Mensch an Blutvergiftung zugrunde. So ist es wohl begreiflich, wie schädlich es wirken muß, wenn durch eingetrockneten Schweiß oder gar durch Schmutz die verbrauchten Stoffe zum Teil wieder in den Körper, in den Blutkreislauf zurückgetrieben werden. Mancher Kopfschmerz, manche Mattigkeit ist darauf zurückzuführen. Ein gutes und billiges Heilmittel steht hier für jeden, ob reich, ob arm, zur Verfügung: Wasser und Seife. Schon der große Chemiker Liebig sagte, der Verbrauch an Seife verrate am besten den Kulturzustand eines Volkes wie den des einzelnen Menschen.

Wenn man seine Haut reinigt, reinigt man auch sein Blut. Darum fühlt man sich nach einem Bade, einer Waschung, wie neu belebt. Die Waschungen nimmt man am besten morgens mit kaltem Wasser und Seife vor. Wenn man dann im Zimmer bei offenem Fenster oder im Garten 10 bis 15 Minuten turnt oder gleich nach eingenommenem Frühstück in die Schule oder in seine Arbeitsstätte geht, wird man eine angenehme Wärme empfinden. Kräftigere Naturen können morgens nach vorheriger Einseifung ein kurzes, kaltes Bad nehmen, während sich schwächere am besten abends waschen, kurz turnen und die Erwärmung dann im Bett finden.

Die Hände muß man sich tagsüber öfters waschen, besonders aber vor Mahlzeiten, sowie stets nach Benützung des Klosetts. Überlege dir stets, was du tagsüber alles anfassen mußt und was für Hände bereits damit zu tun gehabt haben. Sauber muß auch Kleidung und Wäsche des Pfadfinders sein.

So oft Gelegenheit dazu ist, reichlicher Gebrauch von Schwimmbädern: aber nie zu lange im Wasser bleiben, mit nassem Körper nicht fröstelnd umherstehen, sondern sich in die Sonne legen oder schnell anziehen und sich Bewegung machen, bis der Körper wieder warm ist. Niemals mit vollem Magen baden, vor allem nicht schwimmen.

Jeder Pfadfinder hat aber die Pflicht, wenn er nicht baden kann, sich den ganzen Körper, vom Kopf bis zu den Füßen, täglich zu waschen. Er braucht im Notfall nur mit einem nassen Handtuch darüberzufahren. Wenn er sich auf dem Marsch nicht hat gründlich waschen können, so holt er es bei der nächsten Gelegenheit nach.

Es ist, außer dem gesundheitlichen Vorteil, ein Gebot der Selbstachtung für jeden Menschen, den Leib, den ihm Gott vor allen Geschöpfen als vollkommensten geschenkt, auch würdig und rein zu bewahren. Wer von anderen Leuten Achtung verlangt, muß in erster Linie sich selbst achten können. Ebenso soll der Pfadfinder stets auf Sauberkeit der Kleidung und der Wäsche achten.

Es gibt nichts, was mehr den Snob verrät, als unter eleganter Kleidung ein schmutziges Hemd zu tragen. Der Pfadfinder klopft auch täglich nach dem Marsche den Staub mit einem Stocke aus den Kleidern heraus. Er nimmt stets zwei Wäscheausstattungen auf dem Marsche mit, eine am Leibe, die andere im Rucksack. Mindestens aber muß er ein Reservehemd und ein Paar Reservestrümpfe mit sich führen.

Ernährung.

Viele Krankheiten entstehen durch unmäßiges Essen oder ungeeignete Nahrung.

Der Pfadfinder muß sich derartig mit dem Essen einrichten, daß er nie seinen Magen überladet und jederzeit unbehindert eine anstrengende Aufgabe auf sich nehmen kann.

Wenn er sich richtig und vernünftig ernährt, und dabei die Muskeln erst einmal in einen durchgearbeiteten, leistungsfähigen Zustand gebracht sind, wird er gesund und kräftig bleiben.

In Feldzügen kann man so recht den Unterschied zwischen den Leuten, die nur Wohlleben und üppige Mahlzeiten gewohnt waren, und denen erkennen, die stets Mäßigkeit in Speise und Trank gepflegt hatten.

In Südwestafrika mußten unsere Reiter mit einer Tagesportion oft genug fünf bis sechs Tage auskommen, dabei unverdrossen die anstrengendsten Märsche bewältigen und trotz Hunger und Erschöpfung mit dem behenden Gegner schwer kämpfen. Da hätten Schlemmer, die gewohnt sind, ihren Bauch vollzustopfen und nachher, von dieser Anstrengung ermüdet, mehrere Stunden auszuschlafen, eine jämmerliche Rolle gespielt.

Im allgemeinen wird in Deutschland viel zu viel Fleisch gegessen, wenn auch nicht ganz soviel wie in England. Geht nur in ein Restaurant und laßt euch die Speisekarte geben. Immer stehen Fleischgänge obenan. Wenn ihr überhaupt Gemüse als Beilage erhaltet, so sind es meist nur ganz winzige Portionen. Und doch kann man ganz ohne Fleisch auskommen und dabei gesund und kräftig bleiben. Die Japaner sind gewiß mindestens gerade so kräftig und leistungsfähig wie die Deutschen und leben dabei hauptsächlich von Reis und Gemüse. In der Tat wirkt die Gemüseernährung, die man bekanntlich als „vegetarische" bezeichnet, sehr wohltätig. Im Fleisch, besonders in den Fleischkonserven, befinden sich immer gewisse Giftstoffe. Sie sind zwar gewöhnlich nicht so gefährlich, daß sie den Menschen krank machen, doch bewirken sie immerhin eine gewisse Ermüdung und Erschlaffung. Darum sind die meisten Menschen nach dem Genuß größerer Fleischmengen vielfach schläfrig und nicht imstande, gleich danach körperliche oder geistige Leistungen auszuführen. Die nahrhaftesten Speisen, die noch dazu den Vorzug der Billigkeit haben, sind die kalkreichen Linsen und Erbsen, die nur 40 bis 50 Pfennig das Kilogramm kosten, Grünkern oder Hafermehl zu 80 Pfennig, Kartoffeln zu 6 Pfennig, Käse zu 80 Pfennig für das gleiche Gewicht. Andere gute Nährmittel sind Früchte, die auch gleichzeitig den Durst löschen, ferner Gemüse, besonders Spinat, Rosenkohl, Edelkastanien, Eier, sowie Milch, am besten mit Reis (kg = 68 Pfg.) oder mit Kartoffelbrei zusammen gekocht. Als erstes Frühstück dient dem Pfadfinder an Stelle des saft= und kraftlosen Kaffees oder Tees ein kräftiger Brei von Roggenschrot oder von Haferflocken. Besonders die Seeleute bei ihrer anstrengenden Arbeit wissen diese Morgenkost zu schätzen. Auch Kakao und Milch bilden einen guten Morgentrunk, zumal wenn man neben dem Weiß= brot ein Stück gutes, kerniges Schwarzbrot dazu verzehrt. Leider wird das Schwarzbrot in den letzten Jahrzehnten mehr und mehr gegenüber dem Weißbrot zurückgesetzt oder so „verfeinert", d. h. so weiß gebacken, daß es gar kein Schwarzbrot mehr ist. Dies ist ein Fehler; das Roggen= mehl, das zum Backen kommt, soll alle Bestandteile des Getreidekorns, so auch die Hülsen mitenthalten. Diese werden gewöhnlich als Kleie dem Vieh vorgeworfen, das der Kleie seine Kraft verdankt. Auch das kraftstrotzende Pferd wird nicht mit Hafermehl, sondern mit den Hafer= körnern samt der Schale genährt, mit Hafermehl allein würden wir kraftlose Klepper bekommen. Nur der Mensch ist so unvernünftig und wirft die Schalen der Getreide= körner wie die des Reises sinnlos weg. Warum? Weil er seinem durch unvernünftige Ernährung geschwächten Magen nur leichtverdauliche Speisen zu bieten wagt. Aber der Pfadfinder hält Magen und Darm gesund und kann auch gutes Vollkornbrot vertragen, in dem auch die Hülsen mitverarbeitet sind. Denn die Hülsen enthalten wichtige Nährsalze, vor allem Phosphorsäure und Kalk, die dem jugendlichen Körper, seinen Knochen und seiner Nerven= substanz vor allem nötig sind[1]). Von Früchten sind Nüsse, Orangen und Bananen besonders nahrhaft.

Es gibt eine große Anzahl guter alkoholfreier Ge= tränke, die nahrhaft und durststillend sind. Wir heben besonders „Fluade" hervor, das von den Chemischen Werken Wüstenbrandt in Chemnitz angefertigt wird. In ein Glas Wasser mischt man einen Löffel Fluade, und der Labetrank ist fertig, der außerordentlich erfrischend wie frische Schoko= lade schmeckt.

Die Kulturvölker essen viel zu viel. Dies hat man schon vor vielen Hunderten von Jahren gewußt. Ein venezianischer Edelmann, mit Namen Andrea Cornaro, der im 16. Jahrhundert lebte, war gewohnt, täglich nur etwa 400 Gramm feste Nahrung und knapp einen halben

---

[1]) Vgl. die Schrift von Zahnarzt Dr. Alfred Kunert, Breslau: „Unsere heutige falsche Ernährung als Ursache des Rückganges unserer Volkskraft."

Liter Flüssigkeit zu sich zu nehmen. Er wurde dabei über 100 Jahre alt. Im Alter von etwa 90 Jahren verfaßte er mehrere Schriften, in denen er die mäßige Lebensweise dringend empfahl.

Natürlich will ich niemandem im Entwicklungsalter den Rat geben, geradezu Hunger zu leiden. Man muß das Gefühl der Sättigung haben, bevor man aufhört. Aber die meisten Leute essen noch weiter, wenn sie auch vollkommen satt sind. Das ist Schlemmerei, die nicht gesund ist.

Eine Hauptbedingung zur guten Verarbeitung der Nahrung, ohne die die kräftigste Kost nicht anschlägt, sind gesunde

Zähne.

Tatsächlich mußten viele Soldaten aus dem südwestafrikanischen Krieg nur aus dem Grunde zurückgesandt werden, weil ihre Zähne so schlecht geworden waren, daß

Feldzahnbürste.

sie nicht mehr den harten Zwieback und das zähe Ziegen und Konservenfleisch genießen konnten, worauf sie monatelang angewiesen waren.

Ein Pfadfinder, der schlechte Zähne hat, ist daher für sein Geschäft nicht zu gebrauchen. Viele Verdauungsbeschwerden, viele Magenleiden sind auf schlechte Zähne zurückzuführen. Denn wird die Nahrung nicht ordentlich gekaut, so wird sie auch nicht ordentlich verdaut. Gestoßener Zucker löst sich auch leichter im Wasser als solcher in Stücken. Pflege deine Zähne mit Sorgfalt, bürste sie morgens und abends, am besten auch nach Tisch mit Bürste, Zahnpulver, Zahnpasta, und zwar von oben nach unten, damit die Borsten besser in die Zwischenräume gelangen können. Zurückgebliebene Speisereste gehen in Fäulnis über und machen den Zahn faul. Vermeide zu heiße und zu kalte Speisen und Getränke (auch zu kaltes Wasser), denn sie schädigen den Schmelz der Zähne. Gehe mindestens einmal im Jahre zum Zahnarzt. Rechtzeitige Behandlung (Zahnfüllen) schützt vor andern Schmerzen und unersetzbaren Zahnverlusten. Das Kauen kräftigen Vollbrotes ist ein wichtiges Mittel zur Erhaltung gesunder Zähne.

Die Zahnbürsten nach dem Gebrauch auswaschen und in der Luft trocknen lassen!

Im Busch und in der Steppe gehen Zahnbürsten leicht verloren. Erfahrene Pfadfinder stellen sich daher selbst Behelfszahnbürsten aus trockenen Baumzweigen her, die sie an dem einen Ende ausfransen.

Kleidung.

Die Kleidung des Pfadfinders soll, soweit als möglich, aus Flanell, Wolle oder Baumwolle bestehen, weil diese Stoffe leicht trocknen und die Feuchtigkeit verdunsten lassen. Leinene Hemden sind für einen Pfadfinder überhaupt nicht zu gebrauchen. Sie werden schnell vom Schweiß durchnäßt, können diesen aber weder ordentlich aufsaugen noch verdunsten lassen, sondern bleiben wie ein nasser Umschlag am Leibe kleben. Solange man in Bewegung ist, hat man nur dieses naßkalte, unangenehme Gefühl darin, sobald man sich aber irgendwo lagert oder ausruhen will, hat man schnell eine böse Erkältung weg.

Gute und gewissenhafte Fußpflege muß eine Hauptsorge eines jeden Pfadfinders sein. Soll er doch jederzeit in der Lage sein, große und beschwerliche Märsche auszuführen. Und da gibt es nichts Jämmerlicheres als einen kräftigen und gesunden Burschen, der sich mit wehmütigem Gesicht mühsam mitschleppt oder ganz zurückbleiben muß, weil er sich die Füße wund gelaufen hat. Solche Jungen sind als Pfadfinder natürlich nicht zu brauchen.

Darum müßt ihr für feste, gut passende und bequeme Stiefel sorgen. Sie müssen möglichst der Form des Fußes entsprechen und nicht so spitz zulaufen, wie man sie auf dem „Bummel" sieht. Pfadfinder haben keine Zeit zum „Bummel" und können solche Stiefel für ihr Geschäft nicht brauchen. Es ist natürlich nicht nötig, daß die Stiefel deshalb plump und häßlich sind. Ein schmucker Pfadfinder trägt gefällig aussehende und doch dauerhafte Stiefel.

Man muß die Füße möglichst trocken halten. Sobald sie naß werden, wird die Haut weich, reibt sich beim geringsten Stiefeldruck auf und wird wund.

Wer empfindliche Füße hat, kann sie nach gründlicher Wäsche mit Salbe leicht einfetten, ebenso wie die Innenseite der Strümpfe.

Das Stiefelleder muß jeder Pfadfinder durch Einfetten mit Schuhfett stets geschmeidig erhalten, besonders wenn die Stiefel vom Regen oder sonstwie naß geworden sind, sonst wird das Leder hart und reibt dann sogar gesunde Füße auf.

Früh aufstehen, lachen und vergnügt sein.

Wenn die Sonne ins Fenster scheint, dann ist es Zeit, aufzustehen. Die Morgenstunden sind die schönsten des Tages. Im Frühjahr und im Sommer wird der Pfadfinder vor Beginn seiner Tagesarbeit hinauseilen in Wald und Flur. Er wird aber morgens nur frisch und munter sein können, wenn er früh zu Bett geht und seinen Schlaf weder durch abendliche Arbeit noch durch sogenannte Vergnügungen gekürzt hat. Ein guter, reichlicher Schlaf ist die Hauptbedingung für die Kräftigung des Körpers und der Nerven.

Wer durch redliche Tagesarbeit müde geworden ist, schläft auf hartem Lager besser als in weichen Federbetten. Federbetten sind ungesund und schädlich, sie verweichlichen den Körper.

Die frohe Laune, die heitere Miene, mit der der Pfadfinder nach gutem Schlafe erwacht, behält er dann den ganzen Tag. Auch ein häßliches Antlitz wird verschönt durch ein sonniges Lachen. Es muß das aus dem Innern herauskommen und nicht nur äußerlich angelernt sein. Sonst bewirkt es das Gegenteil. Also lache und sei vergnügt. Es ist dies gesund für Leib und Seele und wird dir über viele Widerwärtigkeiten des Lebens hinweghelfen. Ärger macht krank, schädigt Nerven und Magen. Einem verärgerten Menschen sieht man seine Leidenschaften meist an seinen hageren, eingefallenen Wangen an. Laß dich nie vom Zorn überwältigen, dadurch kannst du nie etwas besser, sondern nur schlechter machen. Bleibe stets gleichmäßig heiter und freundlich, du wirst dich beliebt bei Gott und den Menschen machen, da du ihnen die Freude am irdischen Dasein niemals vergällen wirst. Bischof von Keppler hat ein Buch geschrieben: „Mehr Freude", worin er diesen Grundsatz vertritt und auch eine ganze Reihe fröhlicher Menschen anführt, die in der Freude das höchste Glück ihres Lebens sehen.

In glücklichen Stunden zu lächeln und vergnügt zu sein, ist keine Kunst. Aber gerade wenn dir etwas Unangenehmes passiert, du einen Mißerfolg erlebst, so gebe dich nicht irgendwie verbissenem Ärger hin. Du machst

Der Kronprinz läßt sich durch den Reichsfeldmeister die Pfadfinderausrüstung erklären.

die Sache dadurch nicht besser, und wenn du Gegner oder Nebenbuhler hast, haben sie die größte Freude daran. Nein, überwinde deine Mißstimmung, überlege, was du falsch gemacht hast, nimm dir vor, diesen Fehler abzustellen — und lächle wieder. Wer sich mit Stolz einen Pfadfinder nennt, der wird bei allen Mühen lächeln, ein Liedchen pfeifen und frisch ans Ziel kommen.

Pflege der Sinne.

„O, eine edle Himmelsgabe ist das Licht der Augen!" sagt Melchthal in Schillers „Tell". Ist es aber nicht furchtbar, daß von 50000 untauglichen Einjährigberechtigten im Deutschen Reiche 17600 oder 33,5 Proz. kurzsichtig sind. Und es ist festgestellt, daß, je höher die Klassen der höheren Schulen sind, auch desto mehr Kurzsichtige vorhanden sind. Es wird also ein großer Teil erst während des Schulbesuches kurzsichtig.

Besonders der Pfadfinder braucht gute Augen. Alles muß er schnell mit einem Blicke erfassen können, sowohl in der Nähe als auch ganz besonders in der Ferne.

So viele aber könnten sich leicht vor der Gefahr schützen, kurzsichtig zu werden. Man vermeide auf alle Fälle das Lesen bei Zwielicht und ungenügender Beleuchtung. Stets muß man bedacht sein, daß beim Lesen oder Schreiben das Licht niemals in die Augen fällt, sondern von hinten, oder noch besser, von der Seite auf das Papier. Wer viel am Schreibtisch oder bei seiner Handarbeit zu verbringen hat, bemühe sich bei seinen Spaziergängen möglichst in die Ferne, am besten ins Grüne zu blicken. Bei unseren Pfadfinderspielen habt ihr genügend Gelegenheit dazu, auf diese Weise eure Augen zu kräftigen.

Die Ohren werden gesund bleiben, wenn man die Ohrmuschel täglich mit Wasser und Seife reinigt. Das Herumbohren mit Ohrlöffeln oder gar Haarnadeln ist unbedingt zu vermeiden. Auch durch Pflege der Rachen-Organe und der Nase (besondere Vorsicht bei Schnupfen!) wird man vor Ohrenkrankheiten behütet bleiben, denn Rachen und Ohr hängen durch einen inneren Kanal zusammen. Darum ist die Mundpflege so wichtig.

Ein Pfadfinder atmet durch die Nase und nicht durch den Mund. Dann gelangt die Atemluft „filtriert" und vorgewärmt in die Halsorgane und in die Lungen. So wird mancher Katarrh, manche Erkältung vermieden werden.

Der Geruchsinn wird gleichfalls durch die Nasenatmung gekräftigt. Leider lassen die meisten Menschen ihren Geruchsinn verkümmern. Es ist dies schade, denn auch dieser Sinn kann von größter Wichtigkeit werden. Durch rechtzeitiges Riechen einer Ausströmung von giftigen Gasen kann manches Menschenleben gerettet werden. Durch Übung läßt sich aber auch der Geruchsinn weiter entwickeln. Wir brauchen nicht an den Polizeihund zu denken, der allein durch seinen Geruchsinn den flüchtigen Täter findet, auch so mancher geübte Arzt erkennt gewisse Krankheiten schon allein durch den Geruchsinn, bevor er den Kranken untersucht hat.

Eine gute Übung zur Förderung des Geruchsinns ist folgende: Man füllt eine Anzahl von Papiertüten mit verschiedenen Gewürzarten, wie Zimt, Muskatnuß, Nelken, Zwiebel, Orange=, Zitronen= und Apfelschalen usw.

Die Tüten werden in eine Reihe nebeneinander gelegt, je einen halben Meter voneinander entfernt. Jeder Pfadfinder geht die Reihe entlang, riecht 5 Sekunden an jeder Tüte und schreibt dann am Schluß die verschiedenen Geruchseindrücke nach dem Gedächtnis nieder.

Genußgifte.

Meide den Volksfeind Alkohol.

„Eine Frage, die mir sehr auf dem Herzen liegt für meine Nation, ist die Frage des Alkohols und Trinkens. Ich weiß, daß die Lust zum Trinken ein altes Erbstück der Germanen ist. Wir müssen uns in jeder Beziehung durch Selbstzucht von diesem Übel befreien. In meiner 22jährigen Regierung habe ich die Erfahrung gemacht, daß die größte Menge der Verbrechen, die mir zur Aburteilung vorgelegt wurden, zu $^9/_{10}$ auf die Folgen des Alkohols zurückzuführen sind. In früherer Zeit galt es für außerordentlich schneidig und forsch, in der Jugend ein großes Quantum zu sich zu nehmen und vertragen zu können. Das sind Anschauungen, die für den Dreißigjährigen Krieg passen, aber jetzt nicht mehr. Im Frieden und erst recht im modernen Krieg heißt es: Starke Nerven und kühlen Kopf! Die Nervenkraft aber wird durch Alkohol gefährdet und untergraben. Diejenige Nation, die das geringste Quantum von Alkohol zu sich nimmt, die gewinnt. Und das sollen Sie sein! Und durch Sie soll den Mannschaften ein Beispiel gegeben werden; das wirkt am meisten bei den Menschen.... Es ist eine große Frage der Zukunft für unsere Marine und unser Volk, eine Arbeit, an der sich zu beteiligen ich Sie bitten möchte.“

Diese Worte, die der Deutsche Kaiser am 21. November 1910 in Mürwick an die Seekadetten richtete, sie gelten auch für euch, wenn ihr die Pfadfinderei nur ernst nehmt und wirklich Vorbilder für eure Mitmenschen, wahre Pfadfinder eures Volkes werden wollt.

Ein Bergsteiger wird niemals vor seinem Aufstieg Alkohol trinken, ebensowenig ein Radfahrer, Ruderer oder Sportsmann überhaupt. Der Alkohol wird ihn nur ermüden und weniger leistungsfähig machen. Jeder Sportsmann, wie auch jeder, der geistig zu arbeiten hat, weiß dies ganz genau.

„Starke Getränke schaffen schwache Männer", lautet ein altes englisches Sprich= und Mahnwort.

Zwei Milliarden und achthundert Millionen Mark, in Zahlen: 2800000000 Mark, werden in Deutschland jährlich für alkoholhaltige Getränke ausgegeben. Jede Familie im Lande hätte — auf zwei Köpfe im Alter über 15 Jahre berechnet — über 300 Mark gespart, wenn sie Wasser getrunken hätte.

Die Summe, die jährlich das deutsche Volk durch die Gurgel jagt, beträgt dreimal soviel, als die Ausgaben für Heer und Flotte zusammen, und siebenmal soviel, als die Aufwendungen für die öffentlichen Volksschulen.

Und was wird für diese kolossalen Summen eingetauscht? Für einige vergnügte Stunden vielleicht Krankheit, Gefängnis, Armen= oder Irrenhaus. Die Bierbrauer, besonders in München bei dem kräftigen, würzigen Bier, sie sterben meist in den besten Jahren an Herz=, Nieren= oder Leberleiden. Besonders gefährdet ist aber der Trinker bei allen übrigen Krankheiten, weil das Gift des Alkohols seine Widerstandsfähigkeit allmählich geschwächt hat. Ein Trinker erliegt auch viel schneller einer schweren Erkrankung, z. B. einer Lungenentzündung, als der Mäßige, weil eben sein Herz auch schon durch den Alkohol geschwächt ist. Dies wird besonders der Fall sein, wenn der Trinker noch dazu stark raucht.

Dr. Popert, der Verfasser des herrlichen Buches „Helmut Harringa", das jeden Pfadfinder begeistern muß, führt fünfzig Prozent aller Fälle von Armut in Hamburg auf den Trunk zurück. Das gleiche Verhältnis besteht in Berlin. Die Armenverwaltung in Genf nimmt sogar neunzig vom Hundert an. Solche Zahlen sprechen eine deutliche Sprache!

Ein berühmter Irrenarzt hat festgestellt, daß in Deutschland jährlich 30000 Menschen irrsinnig werden.

Warum trinken denn so viele Menschen im Wirtshaus ein Glas Bier nach dem anderen? Haben sie wirklich so viel Durst, daß sie, um ihn zu stillen, sechs, ja acht, selbst zehn Glas Bier brauchen? Nun, wenn sie Wasser trinken würden, so würden sie vielleicht schon nach dem ersten Glas aufhören, weil dann ihr Durst gestillt ist. Bier stillt eben nicht den Durst, sondern regt ihn immer wieder an, bis dann der Trinker, kommt er schließlich nach Hause, doch zur Wasserflasche greift, um seinen Durst wirklich zu löschen. Also, warum trinkt denn der Mensch so viel, läßt so viel Geld durch seine Kehle rinnen? Er trinkt aus Gewohnheit, weil die anderen es auch tun, ihn dazu ermuntern. Er kommt schließlich in eine heitere Stimmung, die aber schnell genug einem Katzenjammer Platz macht. Müde und zerschlagen sind Trinker am anderen Tage, nicht fähig, ihre Pflicht zu tun.

Es ist für einen Menschen, der trinkt, einfach un= möglich, ein richtiger Pfadfinder zu sein oder zu werden. Enthalte dich daher von Anfang an berauschender Ge= tränke und bleibe trotz allem Spotte unvernünftiger Leute diesem Grundsatze treu. Wenn du einmal studierst, so trete niemals einer Studentenverbindung bei, die von dir verlangt, auf Kommando zu trinken. Verbringe deine kost= bare, freie Zeit statt in rauchigen Kneipen lieber in Gottes schöner Natur auf Spaziergängen, bei Spiel oder Sport.

Der Trinkzwang, auch in den Gasthäusern, ist eine häßliche, leider deutsche Unsitte, gegen die jeder schon im Namen seiner persönlichen Freiheit ankämpfen sollte. In England und in den Vereinigten Staaten von Nord= amerika reicht kein Kellner dem Gaste die Weinkarte, wenn er sie nicht selbst verlangt. In Deutschland wird einem schon die Weinkarte in die Hand gedrückt oder das Bier gebracht, bevor man das Essen bestellt hat.

Überhaupt soll der richtige Pfadfinder sich darin üben, mit so wenig Flüssigkeit auszukommen wie möglich. Denn auch gewöhnliches Wasser füllt, in Übermaß genossen, den Magen unnötig an, verdünnt den Magensaft und stört so die Verdauung. Auch das Herz hat dann er= schwerte Arbeit, die Flüssigkeitsmengen durch den Körper zu treiben. Ferner schwitzt er bei Anstrengungen viel stärker; das durch den Schweiß ausgeschiedene Wasser wird dem Wanderer oder Sportsmann außerordentlich lästig. Auch ist jeder durchschwitzte Körper, wenn er nicht trocken abgerieben und mit trockener Wäsche bekleidet wird, gegen Erkältungen doppelt empfindlich.

Das viele Trinken ist überhaupt vielfach nur Sache der Gewöhnung und der Gewohnheit. Das Bedürfnis steigt, je mehr man ihm nachgibt. Es ist z. B. höchst ver=

kehrt, wenn man beim Essen fortwährend die Speisen
durch Wasser hinunterspült. Sie sollen vielmehr im
Munde ordentlich zerkaut werden. Durch das unsinnige
Trinken aber kommen die Speisen oft ungekaut in den
Magen, dessen Verdauungssäfte dann gleichfalls geschwächt
sind. Kein Wunder, wenn auch die kräftigste Kost nicht
anschlägt.

„Gut gekaut, ist halb verdaut!" sagt ein treffliches
deutsches Sprichwort.

Wenn der gut trainierte Mensch erst einmal gelernt
hat, dem Durst zu widerstehen, dann wird er auch davon
nur noch wenig geplagt werden. Auf dem Marsche nimmt
man am besten Wasser mit Zitronensaft, Zuckerwasser,
Tee oder Kaffee mit. Die Hauptsache ist, dem ersten
Durstgefühle nicht gleich nachzugeben. Um den Durst zu
bekämpfen, ist es viel richtiger, die Schleimhäute des Mun=
des anzufeuchten als den Magen zu füllen.

Manchmal fällt es tatsächlich schwer, einem guten
Freunde, der uns in bester Absicht zu einem Glas Bier
oder Wein einladet, den Wunsch abzuschlagen. Wenn er
dein Freund sein will, wird er sich auch damit zufrieden
geben müssen, wenn du Limonade, Tee, Fluade oder einen
alkoholfreien Weinmost mit ihm trinkst. Er will doch deine
Gesellschaft und nicht die des Bierkruges. Zieht er diese
vor, nun so kann er ja allein mit diesem Freunde bleiben.

Es ist eine ganz blödsinnige Mode, wenn jemand dir
seine Freundschaft dadurch zu beweisen sucht, daß er mit
dir trinkt. Glücklicherweise stirbt diese Angewohnheit mehr
und mehr aus. Gerade die besten Männer sträuben sich
dagegen, weil sie wissen, daß es eine üble und schädliche
Sitte ist. Auch Vater Jahn erlaubte nur Wassertrinken
auf den Turnplätzen. Zuwiderhandelnde wurden ausge=
schlossen. Für fast ebenso schlimm galt das Tabakrauchen,
der übliche Bundesgenosse des Trinkens[1]).

Rauche nicht!

Der richtige Pfadfinder raucht nicht. Jeder Bub kann
rauchen, das ist gar keine so große Kunst. Aber ein Pfad=

---

[1]) Die meisten der statistischen Angaben verdanken wir der
Liebenswürdigkeit des „Deutschen Vereins gegen den Mißbrauch
geistiger Getränke", Berlin W. 15. Wir empfehlen dringend die
Förderung aller Vereine gegen den Alkohol, ganz besonders auch
des Guttemplerordens. Gerade den Beitritt zu diesem Orden hat
unser Kaiser den Seekadetten in Mürwick (S. 156) dringend ans
Herz gelegt.

finder raucht nicht, weil er eben nicht so töricht ist. Er weiß, daß wenn ein Junge raucht, bevor er ausgewachsen ist, dies unfehlbar sein Herz schwächt. Und das Herz ist das wichtigste Organ im jugendlichen Körper. Es pumpt das Blut durch ihn hindurch und führt Muskeln, Knochen und Nerven Kraft zu. Wenn das Herz nicht richtig seine Arbeit verrichtet, so kann der im Wachsen begriffene Körper sich auch nicht gesund entwickeln. Jeder

Ein Junge, der im Rauchen einen Erwachsenen nachäfft, wird es nie zu etwas bringen.

Ein Junge, der durch Sport stark und gesund geworden ist.

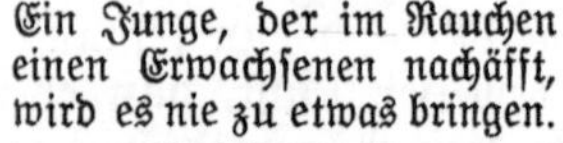

(Originalzeichnungen von General Baden-Powell.)

alte Pfadfinder weiß genau, daß das Rauchen seine Seh= schärfe beeinträchtigt und seinen Geruchsinn abstumpft.

Die bedeutendsten Gelehrten der medizinischen Wissen= schaft haben vor den Schädigungen der Gesundheit durch Tabak gewarnt. Besonders schädlich wirkt der darin ent= haltene Giftstoff, das Nikotin, auf die Gesundheit von heranwachsenden Jungen ein. Zahlreiche berühmte Sports= leute, Jäger, Gelehrte, Soldaten haben den Tabakgenuß aufgegeben, weil sie herausfanden, daß sie ohne Tabak gesünder und frischer für ihren Beruf waren.

Generalfeldmarschall Graf Haeseler, Vizeadmiral v. Müller, Chef des Marinekabinetts, weiter viele deutsche Offiziere in China und Südwestafrika, wie Oberst von Estorff, der Reichsfeldmeister, Oberstabsarzt Kuhn, der

Verteidiger von Omaruru, rauchen gar nicht oder nur sehr wenig. Und wer nicht raucht, trinkt auch nicht viel.

Die Bahn- und Postbehörden der Vereinigten Staaten stellen keinen Jungen, der raucht, in ihren Betrieben an.

Verschiedene Geschäftsinhaber entlassen jeden Jungen unter 18 Jahren, der raucht. Leider wird es ja meistens den Lehrern als Barbarei ausgelegt, wenn sie den schädlichen Unfug bei ihren Schülern nicht dulden wollen. Und wie viel Geld wird durch Rauchen unnötig in die Luft verpafft! Tatsächlich wurden im Jahre 1905 in Deutschland über $\frac{1}{2}$ Milliarde Mark für den Rauchgenuß ausgegeben.

In Japan und in England ist das Rauchen bis zum 18. und 20. Jahre gesetzlich verboten. Die Eltern werden bei Übertretungen dafür haftbar gemacht und müssen Strafe zahlen.

Kein Junge fing mit dem Rauchen an, weil es ihm schmeckte, sondern nur, weil er fürchtete, von gleich unvernünftigen Kameraden als unmännlich geneckt zu werden. Was für eine Heldentat doch das Rauchen ist!

Mancher Gernegroß glaubt auch wirklich, mit einer Zigarre oder Zigarette im Mund verteufelt fesch und schneidig wie ein großer Herr auszusehen — und sieht dabei nur aus wie ein kleiner Esel.

Daher laß das Rauchen sein, lieber junger Pfadfinder, wenigstens solange du nicht erwachsen bist. Wenn dich jemand dazu verleiten will und dich vielleicht verspottet, weil du fest bleibst, dann frage ihn doch, was denn so männlich beim Rauchen und Trinken sei. Er wird es dann nicht wissen oder Ausflüchte machen. Dann sage du ihm, was männlich ist: einen starken, gesunden Körper zu haben, der allen Anstrengungen und Gefahren gewachsen ist, jederzeit bereit, seinem Mitmenschen zu helfen.

Abschnitt 2.

Sport, Spiele im Lager, Hausgymnastik.

Von Hauptmann Otto Koch.

Wer von euch möchte nicht gern ein rechter Sportmann sein, ihr Jungen? Schlank und geschmeidig, sehnig und muskelstark, mit straffem, elastischem Gang und gebräuntem Antlitz, voll Entschlossenheit und Willenskraft! Das soll euch neben den andern Pfadfinderübungen der

Sport geben, der als „Leibesübungen" schon von Vater Jahn vor hundert Jahren, seinem deutschen Volke ans Herz gelegt, jetzt erst wieder vom Auslande kommen mußte, um in mächtiger Bewegung alle Völker anzueifern und auch uns Deutschen zur gesundmachenden Arbeit in freier Natur zu begeistern.

Laufen, Springen, Kugel- und Steinstoßen sowie Speerwerfen sind die hauptsächlichsten Sportarten, die ohne viel Geräte und ohne Turnhalle in jedem leichten Anzuge geübt werden können. Wir bezeichnen diese Übungen als „leichtathletische". Wie ihr wissen werdet, werden alle vier Jahre die olympischen Spiele abgehalten. Die besten Sportsleute aller Völker finden sich hier zusammen, um gerade in diesen leichtathletischen Sportarten zu wetteifern, außerdem aber auch noch im Schwimmen, Tennisspiel und Reiten ihre Meisterschaft zu beweisen. Die nächsten olympischen Spiele finden im Jahre 1916 in Berlin im neuerbauten Stadion statt. Wir hoffen sicher, unter den Siegern auch manchen unserer Pfadfinder zu sehen.

Ein Erfordernis ist beim Sport von größter Bedeutung. Der Wetteifer des einzelnen gegen die andern, oder einer Partei gegen die andere; mehr oder mindestens gerade so viel zu leisten, nicht zurückbleiben, muß das Streben sein, Mattheit durch frischen Willen, Ermüdung durch hartnäckige Ausdauer zu überwinden. Und diese Stählung von Geist und Körper soll euch zugleich vorbereiten für den späteren Lebensgang, daß ihr lernt, wieviel man leisten kann bei ernstem Willen!

Ich gebe euch bei den einzelnen Sportübungen an, wie groß die bis jetzt erreichte Höchstleistung ist, damit ihr seht, was die Besten leisten, und was eine gute Leistung ist für einen geübten kräftigen Jungen von 15—16 Jahren.

Ihr müßt das nicht mit übertriebener Anstrengung schnell erreichen wollen. Jedes Zuviel schadet! Die regelmäßige Übung, so oft Gelegenheit ist, bringt den Erfolg.

Mit jeder Anstrengung muß sofort aufgehört werden, wenn starkes Herzklopfen oder Seitenstechen sich einstellt, denn das sind Warnungen der Natur, daß man zuviel von seinem Körper verlangt: ein noch mehr könnte ernsten Schaden bringen.

Ihr müßt im Sport, wie in vielem anderen, überhaupt mit Kleinem beginnen, aber jedesmal eine bestimmte Leistung euch vornehmen, die allmählich gesteigert wird.

Das Laufen.

Man unterscheidet im Laufen die kurzen Strecken, bei denen die Schnelligkeit entscheidet, 100, 200, 400 m; die mittleren 800, 1200, 1500 m und die langen Strecken 20 km und 42 km, bei denen die Ausdauer den Aus=schlag gibt. Die 42 km Strecke wird Marathonlauf ge=nannt, nach jenem Läufer, der die Nachricht vom Siege bei Marathon in einem gewaltigen Laufe nach Athen brachte und am Ziele mit dem Rufe *νίκη* (Nike), das ist Sieg, tot zusammenbrach). Die Leistungen moderner Läu=fer haben gezeigt, daß dies nicht, wie man glauben könnte, eine Fabel ist: man kann diese Strecke in einem Laufe zurücklegen.

Bei den kurzen Strecken kommt sehr viel auf den Ablauf, den Start, an, damit der Läufer gleich einen Vor=sprung vor den anderen hat. Man beugt dazu den Körper und die Knie so weit, daß die mäßig gestreckten Arme mit den Fingern den Boden erreichen, die Füße stehen mehrere Fußlängen hintereinander, das Gewicht liegt ganz nach vorn. So kann sich der Läufer auf das Kommando „Los" gleich mit aller Kraft nach vorn werfen und ist jedem Mitläufer voraus, der diesen Start nicht beherrscht. Ihr müßt deshalb diesen Ablauf ganz für sich üben, immer nur eine kurze Strecke weit, vielleicht 20—30 m.

Danach übt ihr 50, später 60, 80 und 100 m in vollster Schnelligkeit zu durchlaufen.

Bei keinem Üben oder Training darf man jeden Tag sein Allerhöchstes von sich verlangen, sonst macht man keine Fortschritte; dies darf höchstens zwei= bis dreimal in der Woche geschehen.

Beherziget diese Mahnung wohl, sie ist sehr wichtig!

So geht ihr ganz allmählich bis zu 200 m hinauf.

Bei der 400 und 800 m Strecke gilt es, zu Anfang nicht mit voller Schnelligkeit zu laufen, weil man in der Mitte der Strecke von selbst schneller wird; man hat sonst für den Endkampf, der das Äußerste verlangt, keine Kraft und keinen Atem mehr.

Beim Schnellauf muß der Oberkörper gut vorgebeugt sein, die Arme sind scharf abgewinkelt und unterstützen mit voller Kraft die Bewegung nach vorn. Wer sich aufrichten muß, weil ihn die Kraft verläßt, fällt sofort gegen die Mitkämpfer zurück und wird überholt. Man muß auf dem Ballen des Fußes allein, nicht auf der ganzen Sohle, und mit schnellen, nicht zu großen Schritten laufen.

Bei schlechtem Boden — Regenwetter — kann man zur Übung auch im Zimmer auf der Stelle laufen, am besten nach der Uhr: 2, 5, 10 Minuten, je nach der Schnelligkeit. Dann kann man seine Freunde recht überraschen, indem man gar nicht aus der Übung ist, sich vielmehr trotz einer anscheinenden Pause noch verbessert hat. Diese Übung darf man aber nur bei offenem Fenster machen und sie muß lautlos in leichten Schuhen geschehen; sonst wird man den Mitbewohnern lästig.

Die besten Zeiten — Rekordzeiten — sind bis jetzt: 50 m in 5,6 Sekunden, 100 m in 10,4 Sekunden, 200 m in 21,6 Sekunden, 400 m in 48,2 Sekunden, 800 m in 1 Min. 52 Sekunden, 1000 m in 2 Min. 32 Sekunden, 1500 m in 3 Min. 56,8 Sekunden.

Wenn die Geübten unter euch folgende Zeiten erreichen, so ist das sehr gut:

$$50 \text{ m in } 7\text{—}8 \text{ Sekunden}$$
$$100 \text{ m in } 14\text{—}16 \quad ''$$
$$200 \text{ m in } 35\text{—}40 \quad ''$$
$$400 \text{ m in } 1^1/_2\text{—}2 \text{ Minuten}$$
$$800 \text{ m in } 4 \quad ''$$

Ihr müßt nämlich wissen, daß die obengenannten Bestzeiten auf einer tadellosen Laufbahn — Aschenbahn — in leichtestem Anzuge mit besonderen Laufschuhen von vollkommen trainierten erwachsenen Läufern erreicht wurden. Auf anderem Boden und mit gewöhnlichen Schuhen könnt ihr nicht dasselbe leisten. Also hütet euch wohl vor Überanstrengung: Ihr könntet euer Herz krank machen, und dann ist es für immer vorbei mit dem schönen Sport. Wer etwas Herzklopfen bekommt beim Laufen, muß den Arzt befragen, ob er überhaupt den Schnellauf üben darf.

Den Langstreckenlauf sollt ihr jetzt noch nicht üben, weil der junge Körper wohl sehr gut für Schnellauf, nicht aber für große Daueranstrengungen geeignet ist. Das hebt euch für spätere Jahre auf. Ihr werdet dann sehen, welche gute Grundlage für den Erfolg in öffentlichen Wettkämpfen ihr in der Jugend erworben habt.

Das Springen.

Man unterscheidet Hochsprung und Weitsprung, mit Anlauf und ohne Anlauf. Der Sportmann springt stets ohne Sprungbrett; die Absprungstelle ist beim Weitsprung natürlich durch eine Linie bezeichnet.

Zum Hochsprung braucht man 2 leichte Pfosten mit Löchern darin, um Holzzapfen hineinzustecken, über die man eine Schnur (mit Sandsäckchen an den Enden, keine Steine!) oder noch besser eine ganz leichte dünne Holzplatte legt. Es genügt für unseren Zweck, wenn die Löcher 50 cm über dem Boden beginnen und je 5 cm Abstand haben.

Zum Sprung geht man mit kurzem (5—6 Schritte), etwas schrägem Anlauf an die Latte bis etwa einen halben Meter heran, sagen wir z. B. von links her. Man tritt mit dem rechten Fuße fest nach vor — also hier fast gleichlaufend bis zur Latte — wirft unter kräftigem Abstoßen mit dem rechten Bein das linke hoch über die Latte und schwingt das rechte Bein, am besten mit einer Körperdrehung nach links nach. Mit dieser Sprungtechnik werden die höchsten Sprünge erzielt: so sprang z. B. ein amerikanischer Student, Horine, 2,1 m hoch, und bei der großen Olympiade in Stockholm 1912, an der alle Völker sich beteiligten, wurde eine Höhe von 1,92 m erreicht.

Für euch ist es schon eine sehr gute Leistung, wenn ihr, ohne besondere Springschuhe, aber mit leichtem Turnschuh, 1 m oder 1,20 m erreicht. Übt nur einmal ordentlich ein, mit welcher Art: von rechts oder links ihr am besten springt. Der Boden zum Niedersprung muß weich — Sand oder Lohe — sein.

Auch diese Sportübung kann man bei schlechtem Wetter durch üben am Fleck — im Zimmer oder Hof — durch Kniebeugen und Hüpfen über ein in beiden Händen geschwungenes Sprungseil vorbereiten und erhalten.

Der Hochsprung ohne Anlauf wird in gleicher Weise gemacht, es ist aber auch eine nützliche Übung, ihn öfters mit gleichen Füßen zu machen. Natürlich erreicht man damit eine geringere Höhe.

Der Weitsprung beruht zum allergrößten Teil in einem möglichst heftigen Anlauf. Dieser darf deshalb viel länger sein als beim Hochsprung. Zuerst probiert ihr aus, mit 10 oder 12 Schritt Anlauf stets recht nahe an der Absprunglinie abzuspringen, ohne aber darüber zu treten, weil sonst der Sprung ungültig ist. Dann springt ihr nach recht heftigem Anlauf mit aller Kraft ab, mit einem Beine, wohlverstanden!, zieht die Knie hoch herauf und den ganzen Körper klein zusammen und stößt am Ende des Sprunges die Fäuste nach vorne.

Dies letztere verhindert ein Zurückfallen nach rückwärts, was den Sprung ungültig machen würde. Über dem Bemühen weit zu springen, darf man nicht vergessen, sich ordentlich hochzuschnellen, weil man ohne Höhe auch keine Weite erreichen kann.

Die Länge des Sprunges wird — von der Absprunglinie bis zu den eingedrückten Absätzen des Springers — mit einer Schnur gemessen. Zurückfallen macht den Sprung ungültig.

Die Bestleistung ist bis jetzt etwas über $7^1/_2$ m; eine gute Leistung für junge Sportleute ist schon $4^1/_2$—5 m.

Auch hier soll der Aufsprung weich sein, um Beschädigungen der Fußgelenke zu verhüten.

Benützt auch als richtige Pfadfinder die Gelegenheit, im Gelände draußen einmal einen Bach zu überspringen, auch wenn er nicht gerade schmal ist: das macht entschlossen und mutig, gibt euch Vertrauen zur eigenen Kraft!

Das Steinstoßen wird von erwachsenen Sportleuten mit einem Stein von $^1/_3$ Zentner Gewicht geübt. Ihr nehmt dazu einen etwa kopfgroßen Stein, rund oder von Eiform oder auch einen Pflasterstein. Gerade diese sind sehr geeignet.

Der Werfer steht an einer Abwurflinie, die vor und nach dem Wurf nicht überschritten werden darf.

Den Stein auf der rechten Hand, gut auf die Schulter aufgelegt hinter dem Ohr, rechter Fuß und rechte Schulter zurück. Man dreht auf leicht gebeugten, wiegenden Knien ein paarmal hin und her und stößt dann den Stein kräftig nach vorwärts weg. Der Stoß darf nicht mit dem Arm allein gemacht werden: die größte Kraft muß vom Körper kommen, der sich auf den rechten Fuß nach vorwärts wirft und mit der Schulter den Hauptstoß gibt, zu dem der Arm noch seine Stoßkraft hinzufügt.

Es kann auch mit Anlauf gestoßen werden; auch dann darf die Standlinie nicht überschritten werden.

Sehr häufig muß auch das Stoßen links geübt werden, wie überhaupt die linke Seite nicht zurückbleiben soll, vielmehr der Kräftigung noch mehr bedarf als die rechte.

Bei allen diesen Übungen vergesset nicht das tiefe Atmen und steht, wenn ihr erhitzt seid, nicht still da, sondern geht umher und zieht bei kühlem Wetter etwas über.

Das Schwimmen, diese schöne männliche Kunst, ist

dem Pfadfinder besonders not, damit er als Retter ein=
greifen kann, wenn jemand in Gefahr ist, zu ertrinken.
Wie dies zu machen ist, findet ihr im Abschnitt „Lebens=
rettung".

Damit ihr aber tüchtige Schwimmer werdet, müßt
ihr im Sommer an jedem Badetag eine bestimmte Strecke
schwimmen, die ihr am Ufer euch einteilt und die von
Woche zu Woche verlängert wird. Diese Strecke könnt ihr
gut in ruhigem Wasser allmählich auf 500—600 m brin=
gen, wobei ihr ständig das Brustschwimmen anwendet.
Man muß nur bei längerem Schwimmen ein ruhiges und
gleichmäßiges Tempo mit regelmäßigem Atmen festhalten.

Auch das Rückenschwimmen, wobei nur die Beine ge=
braucht werden, müßt ihr tüchtig üben, weil man es
zur Rettungsarbeit (vgl. Bild auf S. 186) braucht. Mit
dem Handüberhandschwimmen (Kriech= oder Crawl=
schwimmen) können die größten Schnelligkeiten erzielt wer=
den. Diese Art kommt daher besonders für Wettschwimmen
in Betracht.

Auch die Wintersporte: Schlittschuh= und Schneeschuh=
laufen, Rodeln sind äußerst gesunde Leibesübungen, die
aber, wie auch der alpine Sport, das Bergsteigen, in der
Hauptsache nur denen vergönnt sind, die in der Nähe von
Gebirgen wohnen. Es braucht aber gar nicht das Hoch=
gebirge zu sein, unsere deutschen Mittelgebirge, der Harz,
die Thüringer Berge, das Fichtel= und Riesengebirge ha=
ben überall Wintersportplätze geschaffen, wo inmitten herr=
licher Schneefelder jung und alt sich dem Herz und Gemüt
stärkenden Wintersport ergibt. Auf sausendem Rodel zu
Tal zu fahren, auf flinkem Ski die steilsten Hänge hinab=
zusausen, aus schnellster Fahrt mit kühnem Bogenschwunge
zu halten und zu wenden, das sind Freuden, die Mut,
Gewandtheit, Abhärtung und Gesundheit schaffen. Das
„Wagnersche Spielbuch für Knaben" (Otto Spamer, Leip=
zig) gibt neben eingehender Schilderung sämtlicher leicht=
athletischer Übungen auch über die Anfangsgründe des
Wintersportes hinreichenden Aufschluß.

Spiele im Lager.

Bei längerer Rast im Lager wird die Lebenslust fri=
scher Jungen bald nach Tätigkeit, Spiel und Wettkampf
verlangen. Ich gebe deshalb hier einige dieser aneifernden
und zeitvertreibenden Beschäftigungen an.

Bei körperlichen Wettkämpfen stelle man möglichst

gleichstarke Kämpfer gegeneinander, zum Schluß die beiden stärksten. Heftigkeit und Roheiten dürfen nicht geduldet werden, wer sich hierin verfehlt, scheidet aus.

1. Der Kampf Brust an Brust. Zwei Kämpfer verschränken ihre Hände ineinander und lehnen sich mit gebeugten Armen Brust an Brust gegeneinander. Hinter jedem auf 4—5 Schritte ist eine Grenze gezogen; wer den andern über diese zurückdrängt, ist Sieger.

Auch ein Flieger!
(Aus unserer Bundeszeitschrift „Der Pfadfinder". Verlag von Otto Spamer, Leipzig.)

2. Armkampf. Zwei Kämpfer stehen schräg — rechte Schulter vor — gegeneinander. Beine leicht gespreizt, ziemlich gestreckt. Die rechten Arme, steif schräg abwärts gehalten, liegen bei geballter Faust mit den Pulsen aneinander. Der Angreifer sucht den andern auf dem Platze herumzudrehen. Gelingt dies, so wechseln die Rollen. — Das Spiel muß auch links geübt werden. Ruhige, stetige Anstrengung ohne Heftigkeit ist Bedingung. Vorsicht vor Überanstrengung.

3. Kampfwerfen. Zwei Kämpfer stehen jeder mit 12 eigroßen Steinen bewaffnet mit 2 bis 3 Schritt Zwischenraum nebeneinander, gegenüber auf 10 bis 12 Schritt

steht vor jedem ein Ziegelstein oder eine Flasche senkrecht. Wer sein Ziel zuerst umwirft, hat den andern außer Gefecht gesetzt und erhält einen neuen Gegner, bis auch er besiegt ist.

4. Rücken steif! Ein gestreckt am Boden liegender Pfadfinder wird von einem andern mit den Händen am Hinterkopfe gefaßt und zum Stand aufgerichtet, wobei er steif wie ein Brett bleiben muß. Eine gute Übung für Kreuz und Rücken. Solche und ähnliche Spiele regen an, nach Kraft und Gewandtheit zu streben.

5. Wer muß weichen? 2 Kämpfer stehen sich gegenüber in großer Schrittstellung, die rechten Füße weit vorgesetzt, nahe beieinander. Sie reichen sich die rechte Hand und versuchen nun, einer den andern durch Zug und Druck dazu zu zwingen, vom Platze zu weichen. Wer seine Stellung verlassen muß, ist besiegt.

6. Bockspringen. Die Teilnehmer stellen sich in einer Reihe hintereinander mit 3—4 Schritt Abstand auf. Der letzte springt nun über seine ganzen Vorleute, die den Oberkörper und besonders den Kopf beugen, mit Grätsche hinweg, wobei er sich auf den Schultern abdrückt. Dann stellt sich der Springer vorn an, und der nächste springt die Reihe durch.

Auch Weitsprung und Steinstoßen wird sich oft im Lager üben lassen.

7. Dritten abschlagen. In einem großen Kreise stehen mit 3—4 Schritt Zwischenraum die Teilnehmer, paarweise hintereinander, mit dem Rücken nach außen. Ein Paar wird bestimmt zu beginnen. Einer davon läuft voraus, der andere soll ihn fangen. Wenn nun der erste sich vorn vor ein Paar hinstellt, so wird der dritte, der nun hinten steht, vom Fänger geschlagen. Er muß also rasch fortlaufen, ehe der Fänger herankommt. Wer geschlagen wird, wird Fänger, bis er einen im Laufe oder einen dritten geschlagen hat. Weiter vom Kreise wegzulaufen gilt nicht. Das Spiel soll rechts- und linksrum gespielt werden.

8. Der Fuchs geht rum. Die Spieler stehen gebückt mit den Köpfen nach innen im kleinen Kreise, so daß keiner nach hinten umsehen kann. Die Hände werden offen hinten auf den Rücken gelegt. Außen herum geht einer als Fuchs, der ein geknotetes Taschentuch zum Schlagen trägt und sagt: „Schaut euch nicht um, der Fuchs geht rum." Wenn der Fuchs den Schlägel einem in die Hand gelegt

hat, was möglichst unbemerkt, nach öfteren Finten, ge=
schehen muß, so geht er noch eine Strecke weiter und ruft
dann: „los!" Darauf schlägt nun der mit dem Knoten=
tuch sofort auf seinen rechten Nachbarn los, der nach
rechts um den Kreis herumläuft, bis er wieder an seinen
Platz kommt. Dorthin ist auch schon der erste Fuchs
gelaufen, sodaß nun wieder nur einer als Fuchs außen
bleibt. Hier heißt es tüchtig aufmerken und stets lauf=
bereit sein, damit man möglichst wenig Schläge bekommt.

9. Barlaufen. Es wird ein viereckiges Spielfeld,
länger als breit, abgegrenzt; 3 Schritt vor jeder der
schmäleren Seiten befindet sich auf der rechten Seite der
Partei das Gefangenenmal, das durch einen Strich be=
zeichnet wird.

Zu jeder Partei kommt die gleiche Anzahl Spieler,
wobei besonders gute Läufer gleichmäßig verteilt werden
müssen. Nun lockt ein Spieler durch Vorlaufen die Gegen=
partei, von der ihn jeder schlagen kann, der später als
er das Mal verlassen hat. Wer überhaupt später als sein
Gegner sein Mal verläßt, kann den andern schlagen.
Ist ein Spieler geschlagen worden, so wird er als Ge=
fangener ans Mal gestellt und muß von seiner eigenen
Partei durch Schlagen mit der Hand befreit werden. Wer
ungeschlagen ins feindliche Mal laufen kann oder wer
einen Freund befreit hat, kann in sein Mal zurückgehen
und darf dabei nicht geschlagen werden, darf aber auch
nicht schlagen. Wenn eine Partei 3 Gefangene zugleich
hat, hat sie das Spiel gewonnen.

Jedesmal wenn ein Gefangener gemacht wird, muß
der Schläger oder ein Unparteiischer „Halt" rufen, damit
kein Zweifel oder Wirrwarr entsteht.

Wer seitwärts über die Spielplatzgrenze hinausläuft,
etwa um nicht geschlagen zu werden, gilt als Gefangener.

Weitere Spiele in „Wagners Spielbuch für Knaben" (geb.
Mk. 4.50), sowie in „Jungdeutschlands Pfadfinderspiele" (60 Pfg.,
geb. Mk. 1.—), beide im Verlag von Otto Spamer, Leipzig.

Hausgymnastik.

Durch Spiele, Wandern, Laufen und Springen kräf=
tigt ihr eure Lungen und Beine. Wer nun noch seine
Armkräfte steigern will — und stramme Muskeln will wohl
jeder richtige Junge haben —, der bitte seine Eltern, daß
sie ihm ein paar leichte Hanteln, jede etwa 3 Pfund,
höchstens 5 Pfund schwer, kaufen. Diese kosten 1,20 bis
2 Mk. das Paar.

Mit diesen Hanteln machst du jeden Morgen regel=
mäßig die 3 nachstehenden Übungen mit unverbrüchlicher
Gewissenhaftigkeit durch und du wirst über den Erfolg er=
staunt sein:

1. Armbeugen aus dem Hang. Arme hängen seit=
wärts, innere Handfläche nach vorn. Linken Unterarm
aufwärts heben, bis die Hantel vor der Schulter steht.
Während der linke Arm gesenkt wird, den rechten Arm
heben usf. Einatmen beim Linksheben, ausatmen beim
Rechtsheben.

Dieselbe Übung obere Handfläche nach vorne.

Wie man eine Wand erklettert.

2. Armbeugen mit seitwärts gestreckten Ar=
men. Arme gestreckt seitwärts gehalten in Schulterhöhe,
innere Handfläche (Puls) nach oben. Linken Arm beugen,
daß die Hantel über der Schulter steht, dabei einatmen.
Linken Arm strecken und gleichzeitig den rechten beugen.
Dabei ausatmen.

3. Gleichzeitiges Hochstrecken von der Schul=
ter. Einatmen beim Hochstrecken, Ausatmen beim Beugen
der Arme.

Dann setzest du dich auf den Boden, die Füße unter
einen Schrank oder eine Komode gesteckt, die Knie leicht
gebeugt. Die Hände am Hinterkopf, oder noch besser die
Arme hoch rückwärts gestreckt. Rumpfsenken langsam!
Bis zum Boden und wieder langsam heben. Vorsichtig

wegen der Leisten! Nicht übertreiben! Einige Male. Ein=
atmen beim Aufrichten.

Diese Übung ist sehr stärkend für die Bauchmuskeln und
regelt auch den Stuhlgang, den, nebenbei gesagt, ein ordent=
licher Pfadfinder regelmäßig morgens besorgt.

Weitere Turnübungen finden sich in dem vorzüglichen Buch
des Turnlehrers Silberhorn (Otto Gmelin, München), und in
dem Buche des Majors v. Heygendorff, „Übungen zur Förderung
der Körperentwicklung" (0,35); vom Bunde zu beziehen.

Wegen des Interesses, das überall durch die nächste Olym=
piade in Berlin 1916 erweckt wird, seien hier noch drei beliebte
Sportarten, das Diskuswerfen, das Kugelstoßen und das Speer=
werfen nach den Bestimmungen des deutschen Reichsausschusses
für olympische Spiele angeführt:

1. Diskuswerfen: Der Diskus soll 2 kg wiegen und
22 cm Durchmesser haben. Er besteht aus Holz mit einem
glatten Eisenrande und ist auf beiden Seiten mit glatten
Metallplatten beschlagen. Er muß am Rande mindestens einen
Zentimeter schwächer sein, als in der Mitte. Es wird aus einem
Kreise von 2,50 m Durchmesser geworfen. Der Werfende muß
gänzlich innerhalb des Kreises bleiben, bis der Diskus auf den
Boden schlägt, sonst ist der Wurf ungültig. Gemessen wird auf
einer Linie, die vom Mittelpunkt des Kreises nach der Auffall=
stelle führt, von der letzteren bis zur Grenze des Kreises. Zur Er=
langung des Olympiaabzeichens wird eine Wurfweite von 25 m
verlangt. Weltrekord 47,56 m.

2. Kugelstoßen: Beim Kugelstoßen darf die Kugel zum
Zwecke des Schwungholens nicht weiter als bis zur Schulter
zurückgeführt werden; es wird frei mit der Hand gestoßen. Das
Stoßen geschieht aus einem Kreise von 2,13 m Durchmesser.
Die Kugel ist 7$^1/_2$ kg schwer. Gemessen wird wie beim Diskus=
werfen. Für das Olympiaabzeichen werden 8 m verlangt. Welt=
rekord 15,35 m.

3. Speerwerfen: Der Speer ist aus Holz, wiegt 800 g
und hat eine Länge von 2,60 m. Am vorderen Ende ist er mit
einer scharfen Spitze versehen. Am Schwerpunkt ist durch Um=
winden mit einer knotenlosen Schnur eine sichere Griffstelle ge=
bildet. Ein Schwungriemen darf nicht benutzt werden, und der
Schaft muß ohne Einschnitt und am unteren Ende ohne Kerbe
sein, zu einem gültigen Wurf gehört, daß das Gerät mit seinem
eisenbeschlagenen Ende zuerst den Boden bzw. das Ziel be=
rührt. Anlauf ist gestattet. Gemessen wird vom Bodeneindruck
in senkrechter Richtung zur Abwurflinie. Der Speer muß in der
Mitte an der Griffstelle gehalten werden; eine andere Art des
Haltens ist unzulässig. Zur Erlangung des Olympiaabzeichens
ist eine Wurfweite von mindestens 30 m erforderlich. Welt=
rekord 61 m.

Siebentes Kapitel

Stets hilfbereit!
Von Oberstabsarzt Dr. Lion.

———

Abschnitt 1.
Lebensrettung.

Jeder Forschungsreisende, Ingenieur, Missionar, wie überhaupt jeder Pfadfinder, der in noch nicht der Kultur erschlossenen Weltteilen tätig ist, muß wissen, was er bei Krankheiten oder Unglücksfällen zu tun hat. Es kann ihm ja selbst dabei jeden Augenblick etwas zustoßen, oder einer seiner Begleiter oder Untergebenen vertraut auf seine Hilfe, wenn auf Hunderte von Kilometern ein Arzt nicht erreichbar ist.

Solcher Pflicht war sich z. B. ein echter Pfadfinder deutscher Wissenschaft Albert von Lecoq bewußt. Auf einer Forschungsreise durch Turkestan in den Jahren 1904 bis 1907 begriffen, brachte er mit Gefahr seines Lebens einen schwer erkrankten englischen Offizier über die unwirtlichen Wege des Himalajagebirges, pflegte und behütete ihn, bis er ihn nach Wochen schwerster Strapazen glücklich in einen kultivierten Ort gebracht hatte. Der König von England verlieh ihm die Rettungsmedaille.

Welche Schande wäre es aber für einen Pfadfinder, wenn vor seinen Augen ein armer Mensch hilflos umkommen müßte, nur weil er selbst so gewissenlos war, die richtige Hilfeleistung nicht zu lernen.

Wir alle achten jeden Menschen besonders hoch, der unter Einsatz seines eigenen Lebens ein fremdes vom Tode errettet.

Er ist ein Held. Besonders Knaben staunen einen solchen mit stummer Ehrfurcht an und halten ihn für ein ganz absonderliches Wesen, das weit über ihnen steht. So liegt die Sache nun doch nicht. Jeder Junge hat vielleicht früher oder später die Gelegenheit und das Glück, selbst einmal ein Lebensretter zu werden. Aber er muß auf diese Aufgabe gründlich vorbereitet sein, wenn sie an ihn herantritt.

Es kann fast mit Sicherheit behauptet werden, daß beinahe jeder von euch Pfadfindern einmal bei einem Unglücksfall zugegen sein wird. Da kommt es dann darauf an, schnell die günstige Gelegenheit zu erfassen und ohne Zaudern das zu tun, was getan werden muß. Jede Sekunde ist hier kostbar.

Freilich ist ein großer Unterschied zwischen mutiger Entschlossenheit und Tollkühnheit, die meist mehr schadet als nützt.

Sehr wichtig ist es, daß jeder Pfadfinder überall, wo er sich gerade befindet, darüber nachdenkt: „Was für ein Unfall kann sich hier möglicherweise ereignen?" Im gleichen Augenblicke muß er sich aber fragen: „Was habe ich zu tun, wenn er eintritt? Wie erfülle ich da meine Pflicht?" Dann ist er auch bereit, wenn wirklich ein Unfall, mit dem er gerechnet hat, sich ereignet, richtig und kaltblütig einzugreifen.

Ferner macht euch klar, daß ihr als wohlgeübte Pfadfinder vor allen anderen die nächste Anwartschaft darauf habt, bei dem Unfall einzugreifen. Laßt keinen, der nicht zu euch gehört, vielleicht aus falscher Bescheidenheit, euch zuvorkommen. Ist aber schon ein anderer der erste gewesen, so dürft ihr ihn nicht in seiner Arbeit stören, müßt ihm vielmehr dabei behilflich sein. Ein Pfadfinder kennt keinen Neid.

Denke dich z. B. in folgende Lage hinein:

Du stehst auf einem Bahnsteig, der von einer dichtgedrängten Menschenmenge besetzt ist und wartest auf den Zug. Nun kommt dir der Gedanke: „Wenn jetzt der Zug hereinbraust und jemand durch den Ansturm der vielen ungeduldigen Menschen vom Bahnsteig herunter, gerade vor die Lokomotive geworfen wird. Was muß ich tun?"

Du besichtigst mit einem Blick die Lage der Gleise, den Bahnsteig, den jenseits der Schienen belegenen Raum und sagst dir dann:

„Ich muß sofort zuspringen und ihn aus den Schienen herausreißen. Wenn ich noch Zeit habe, werfe ich den wahrscheinlich vor Schreck ganz kopflosen Menschen auf den Bahnsteig zurück, sonst aber auf die andere Seite des Gleises."

Wenn dann nun wirklich die Lage, die du eben über=
dacht hast, eintritt, dann bist du schon mit dem Ret=
tungswerk zu Ende, während die andern Leute noch
schreiend und aufgeregt herumlaufen, ohne zu einem Ent=
schluß zu kommen.

Tritt irgendwo im Theater, auf einem Schiff, bei
einem Volksfeste oder bei irgendeiner sonstigen Gelegen=
heit eine „Panik" ein, so läßt sich ein richtiger Pfadfinder
dadurch nicht seine Kaltblütigkeit rauben, er sucht mit
einem Blick die oft nichtige Ursache der Panik zu er=
gründen. Er weiß dann, was er zu tun hat und tut es
unverzüglich.

Unter Panik versteht man den jähen Massenschreck, bei
dem die Rettung des von außen bedrohten Lebens über
alles geht[1]).

Im April 1910 in Tilsit fiel ein sechsjähriges Kind
in den Hafen. Zahlreiche Erwachsene standen untätig am
Ufer, ohne etwas für die Rettung zu tun. Da eilte der
zwölfjährige Fritz Deblitz herbei, sprang in voller Klei=
dung ins Wasser und brachte mit eigener Lebensgefahr
den mit den Wellen kämpfenden Jungen glücklich ins
Trockene. Im Hinblick darauf, daß Fritz so viele Er=
wachsene beschämt hatte, verlieh ihm der Deutsche Kaiser
die Erinnerungsmedaille für Rettung aus Gefahr, die ihm
feierlich vor versammelten Mitschülern überreicht wurde.
Bei Vollendung des 18. Lebensjahres wird die Rettungs=
medaille am Bande nachfolgen.

Auch ich erinnere mich einer gleichen Szene im Haag.
Dort war ein 13jähriger Knabe beim Spielen in einen
Schiffahrtskanal gefallen, eine große Menschenmenge stand
schreiend und gestikulierend am Ufer, während das Kind
immer mehr der Mitte zutrieb. Mein Bruder und ich,
damals 15 und 17 Jahre alt, sahen den Auflauf von
ferne, liefen hinzu, sprangen in das Wasser und holten
das Kind heraus; wir erhielten damals beide die nieder=
ländische Rettungsmedaille.

Richtet euch nicht nach anderen Leuten. Laßt euch
nie von ihrer Angst anstecken. Greift unerschrocken zu,
denn „dem Tapferen hilft das Glück".

Deutsche Knaben und Mädchen haben schon staunens=
werte Taten vollbracht. In Berlin gibt es einen „Verein

---

[1]) Vgl. das lehrreiche Buch „Die Panik im Kriege" von
Oberst Pfülf (Verlag von Otto Gmelin, München).

für Lebensretter", der es sich zur Aufgabe gemacht hat, alle Rettungswerke aufzuzeichnen und dafür Sorge zu tragen, daß die Retter ihre verdiente Anerkennung erhalten, sowie daß für sie und ihre Angehörigen, auch mit Hilfe der Carnegiestiftung, gesorgt wird, wenn sie dabei selber Schaden erleiden[1]).

Durch diesen Verein erfuhr ich dann auch viele der hier folgenden Taten:

Der 15jährige Gymnasiast Günter Diers zu Gr.-Lichterfelde fuhr am 9. Juli 1907 mit seiner 12jährigen Schwester Käthe auf dem Thiewer-See in Mecklenburg in einem Boot. Mitten im See angelangt, sprang der Junge ins Wasser, um so den schönsten, reinen Genuß des Schwimmens, fern von dem Schlamm und Schilf des Ufers, zu haben. Auch seine Schwester folgte ihm ins Wasser, da sie aber erst kurz zuvor das Schwimmen erlernt hatte, hielt sie sich zur Sicherheit am Boot fest. Da wurde durch einen heftigen Windstoß das Boot plötzlich weggetrieben, das Mädchen verlor den Mut und rief um Hilfe. Günter Diers schwamm eiligst heran, rief ihr zu, sich an seiner Schulter festzuhalten. In ihrer Todesangst krallte sie sich jedoch fest an seinen Kopf, so daß beide in die Tiefe gezogen wurden, und Günter mit seiner Schwester verzweifelt um das Leben kämpfen mußte. Glücklicherweise wurde sie zuerst bewußtlos, die schlaffen Arme ließen den Jungen fahren, der sie nunmehr an ihren langen Haaren faßte und sie schwimmend daran über Wasser halten konnte. Zweimal entglitt ihm die kostbare Last, immer von neuem griff jedoch der wackere Junge zu, und obgleich er selbst völlig erschöpft war und Krämpfe in den Beinen fühlte, gelang es ihm mit Anspannung aller Kräfte, die Ohnmächtige an den Haaren nach sich ziehend, endlich schwimmend das sichere Land zu erreichen.

Hier ging er gleich daran, seine Schwester zum Leben zurückzuerwecken. Er hatte in der Turnstunde die nötigen Maßregeln für die erste Hilfeleistung erlernt, und nach einer halbstündigen, unverdrossenen Arbeit sah er seine Mühe belohnt: seine Schwester atmete wieder und war gerettet.

Günter Diers erzählte, daß er keinen Augenblick seine Geistesgegenwart verloren hätte. Sein einziger Gedanke war nicht seine eigene Rettung, sondern: „Du mußt deine Schwester retten oder selbst mit ihr zugrunde gehen." Dabei war seine Schwester größer und kräftiger als er selber.

Der 16jährige Sohn des Gendarmeriewachtmeisters Jänicke in Priebus (Schlesien) berichtete schlicht und bündig dem „Verein der Lebensretter" eine hervorragende Rettungstat.

Als ich am 23. Juni 1909 an der Lausitzer Neisse entlang ging, sah ich vier Knaben darin baden. Sie gingen weiter in den

---

[1]) Erster Vorsitzender ist nach dem Tode des verdienten Hauptmanns Herter Herr kgl. Lehrer Erfurth, Plötzensee bei Berlin, dem ich an dieser Stelle herzlich für seine wertvolle Unterstützung danken möchte.

Der Kronprinz bei den Pfadfindern.

Strom und verschwanden in den Fluten. Als sie wieder hervor-
kamen, merkte ich, daß sie der Hilfe bedurften. Ich sprang in den
Fluß, um sie zu retten. Die Verunglückten klammerten sich fest
an mich an, daß ich in Gefahr kam, mit zu ertrinken. Ich
befreite mich von ihnen und schwamm mit einem an das Ufer.
Jetzt sprang ich nochmals in den Fluß und rettete zwei. Als ich
die zwei Knaben gerettet hatte, sprang ich nochmals in den Fluß
und rettete den letzten. Als Belohnung dafür bekam ich die preußische Rettungsmedaille am Bande.

In seiner Bescheidenheit verschweigt Walter Jänicke einen Hauptpunkt, nämlich daß er selber einarmig
ist. Darum erhielt er auch schon im Alter von 16 Jahren
die Rettungsmedaille, die bestimmungsgemäß sonst erst
im Alter von 18 Jahren verliehen wird.

Wir haben aber auch Heldenmädchen genug. Eure
Schwestern haben Gelegenheit, im Pfadfinderbuch für
junge Mädchen leuchtende Beispiele dafür zu finden.

Wir hoffen, in unserer Bundeszeitung „Der Pfadfinder" noch über recht viele derartige Taten von Jungen und Mädchen berichten zu können. Diesmal nur
zwei Fälle von unserer Ehrentafel:

Der 16jährige Pfadfinder Hans Cramer des Pfadfinderkorps Jung=Mannheim hatte mit einem Freunde
im Neckarauer Wald gemalt und war auf dem Heim-
weg begriffen, als er eine Anzahl von Leuten hilflos am
Ufer stehen sah. Mit schnellem Blick erkannte er, was sich
ereignet hatte. Zwei Arbeiter im Alter von 18—20 Jahren
hatten einen im Rhein verankerten Kahn gelöst und waren
damit auf und ab gefahren. Dabei wurden sie in den
offenen Rhein getrieben und konnten wegen der starken
Strömung den Nachen nicht mehr leiten. Sie hatten
vollkommen den Kopf verloren, und der eine fiel bei
den krampfhaften Versuchen, des Bootes Herr zu werden,
in den Rhein. Cramer warf, ohne zu zaudern, seine
Malutensilien weg, entledigte sich seines Rockes und der
Schuhe und sprang in den Rhein, ehe sich die anderen
besonnen hatten. Die Rettungsarbeit war für einen Sechs-
zehnjährigen ziemlich schwierig, da der mit den Wellen
ringende Arbeiter ihn an Größe bedeutend überragte.
Aber unser wackerer Pfadfinder vollbrachte mit Mut und
Ausdauer sein Rettungswerk, es gelang ihm, seinen Schütz-
ling, wenn auch bewußtlos, so doch lebend ans Ufer zu
bringen. Er beteiligte sich noch an den Wiederbelebungs-
versuchen, und erst als er sah, daß der Arbeiter wieder
atmete, stapfte er langsam, ohne Aufsehen zu erregen,

in seinen pudelnassen Kleidern, offenen Schuhen und einem Strumpf — den anderen hatte er im Rhein verloren — nach Hause.

Ferner rettete im Juni 1913 der 12jährige Pfad=finder des Magdeburger Korps, Willi Heinemann, Sohn eines Eisenbahnschaffners, einen gleichaltrigen Kameraden aus der Elbe vom Tode des Ertrinkens und brachte ihn dann durch geschickt ausgeführte Wieder=belebungsversuche, wie er sie im Pfadfinderunterricht ge=lernt hatte, ins Leben zurück.

Dies sind nur einige Rettungstaten, die Jungen voll=brachten. Ich glaube, daß, wenn wir alle erfahren und aufführen könnten, ein großes, eigenes Buch dafür nötig wäre.

Und nun noch ein schönes Beispiel von Lebensrettung, die dem deutschen Namen im Auslande zur Ehre gereicht[1]):

In Konstantinopel wird der Verkehr zwischen dem euro=päischen und asiatischen Ufer des in reißender Strömung dahin=fließenden Bosporus durch zahlreiche Dampfer bewirkt.

Während der Abfahrt am 19. August 1909 betrat der in türkischen Militärdiensten stehende deutsche Major Veit das Ober=deck eines Dampfers, als er plötzlich gellende Hilferufe hörte. Er blickte über die Bordwand und sah die drei Insassen eines umge=schlagenen Bootes inmitten des Strudels der Schiffsschraube mit den Wellen kämpfen. Doch nirgends nahte Hilfe! Obwohl Major Veit sich in voller deutscher Offiziersuniform und hohen Reiter=stiefeln befand, warf er kurz entschlossen nur Helm und Säbel ab und sprang sechs Meter tief in die Fluten.

Einer der Bootsinsassen hatte inzwischen den Rand des um=gestürzten Kahns erreicht und klammerte sich daran fest. Major Veit erreichte zunächst schwimmend eine Frau, die von ihren voll=gesogenen Kleidern kaum noch getragen wurde, und schleppte sie bis an ein herankommendes Ruderboot. Dann tauchte er nach dem schon untergehenden Fährmann, holte ihn aus der Tiefe und brachte ihn bis zu dem umgeschlagenen Boot. Während er den bewußtlosen Mann mit der linken Hand gepackt hielt, hielt er sich mit der rechten an dem umgeschlagenen Boot fest, obwohl dieses, von den Wellen hin und her geworfen, ihn mehrmals gegen die Dampferwand preßte und ihm drei Rippen eindrückte.

Als endlich ein Rettungsboot den türkischen Fährmann auf=nehmen konnte, wurde der Lebensretter unter dem Jubel mehrerer hundert Passagiere aller Nationen an Bord des Dampfers gezogen.

Die Stelle, an der sich der Unfall zutrug, ist eine der ge=

---

[1]) Wir entnehmen diese Berichte der ersten Nummer des „Pfadfinder", der Jugendzeitschrift des deutschen Pfadfinder=bundes. — Diese Zeitschrift erscheint allmonatlich und kostet 1.20 Mk. im Jahr. Mit der Beilage „Der Feldmeister" kostet sie 2.70 Mk. im Jahr. Bestellungen sind zu richten an: die Schrift=leitung des „Pfadfinder", Charlottenburg, Joachimsthalerstr. 5. Auch jede Buchhandlung nimmt Bestellungen entgegen.

fährlichsten, die sich denken läßt; denn die dicht gedrängt anliegen=
den Dampfer erzeugen durch ihre Räder Unterströmungen, die
jeden Taucher mit sich reißen.

Am 3. Juni 1912 gelang es Major Veit wiederum, eine
türkische Dame, die· vom Dampferkai aus ins Wasser gefallen
und zwischen zwei Pontons geraten war, den Fluten des
Bosporus inmitten gefährlichsten Strudels zu entreißen. Major
Veit hatte hier gegen den starken Strom, eine Verzweifelte und
Rasende am Halse, anzukämpfen.

Die erste Rettungstat, die Major — jetzt k. preußischer Oberst=
leutnant u. Regimentskommandeur — Veit vollzog, trug sich in
seiner Garnison Lyck zu. Dort ging ein Dragoner in dem an der
Stadt gelegenen tiefen See unter — es folgte wie gewöhnlich allge=
meines Geschrei und zweckloses Hin und Her. Da bemerkt jemand
zum Glück den in der Nähe dienstlich beschäftigten damaligen Ritt=
meister Veit, dessen Entschlossenheit, Kraft und Gewandtheit allge=
mein bekannt waren, und rief ihn heran. Ohne Besinnen stürzte
sich Veit angekleidet an der ihm bezeichneten Stelle in den See.
Dem vorzüglichen Schwimmer gelang es, den Verunglückten auf=
zufinden, obwohl dieser bereits bewußtlos platt auf dem Grunde
lag. Er packte ihn an den Schultern, hob ihn bis zum Wasser=
spiegel empor und brachte ihn glücklich ans Ufer. Durch richtige
Hilfeleistung erweckte er den Halbertrunkenen wieder zum Leben.

„Hoch klingt das Lied vom braven Mann . . .“

Was für den Soldaten das Eiserne Kreuz und die
Schwerterorden am Kriegsbande, das ist für den Pfad=
finder die Rettungsmedaille. Sie wird nur in Ausnahme=
fällen und nur für ganz hervorragende Taten verliehen,
wenn der Retter tatsächlich seine ganze Person opfermutig
eingesetzt hat und dadurch selbst in Lebensgefahr gekommen
ist, der Verunglückte aber wirklich gerettet und dem Leben
erhalten wird. Erinnert euch daran, daß auch Fürst Bis=
marck, der Schmied des Deutschen Reiches, sich schon als
junger Mann diese Auszeichnung erworben hatte. Er
rettete damals seinen Reitknecht vom Tode des Ertrinkens.
Und vor all den anderen vielen hohen Auszeichnungen,
die später seine Brust schmückten, blieb ihm die Rettungs=
medaille die liebste, auf die er am meisten stolz war.

Jeder Pfadfinder soll das Bestreben haben, sich diese
schöne Auszeichnung zu erwerben. An jeden tritt vielleicht
einmal die Gelegenheit heran. Sorgt dafür, daß ihr in
diesem oft nur kurzen Augenblick bereit seid, bereit der
Körper und bereit der Wille. Aber die Rettungsmedaille
darf euch nie das Höchste sein, so schön sie auch ist. Und
wenn sie allein euch erst den Ansporn zu edler Tat geben
muß, so hat diese Tat dadurch an Wert eingebüßt.

Das Bewußtsein, seine Ritterpflicht gegen seine Mit=
menschen erfüllt zu haben, muß stets die höchste Be=
lohnung sein.

Abschnitt 2.

Verhalten bei Unglücksfällen.

Paniken.

Eine Panik entsteht meistens aus ganz nichtigen Ur=
sachen, aus Angst vor eingebildeten Gefahren. — Viele
Paniken sind bekanntlich auch bei Volksfesten sowie in
Kirchen und Theatern entstanden. Im Ringtheater=Brand
in Wien im Jahre 1881 und im Basarbrand in Paris
1897 kamen mehr Leute durch das Gedränge um, da
jeder die gleiche Ausgangstür zu gewinnen suchte, als
durch das Feuer. In Paris zeigte sich leider die wider=
wärtige Erscheinung, daß gerade die Männer, statt ihrer
Pflicht gemäß Frauen und Kinder zu retten, nur auf
ihre eigene Rettung bedacht waren und alles erbarmungs=
los niedertraten. Und es waren dies Männer aus den
angesehensten Gesellschaftsklassen, die die Panik zu wil=
den Tieren gemacht hatte. Bei Paniken sieht man aber
besonders Kinder wie Schafe hilflos, blindlings in das
Verderben hineinlaufen. Ein solcher Fall ereignete sich
gelegentlich einer Kindervorstellung in einem vollbesetzten
Kinematographentheater. Nach Schluß der Vorstellung
drängte alles, wie man es so oft sieht, nach der gleichen
Tür, nur weil die anderen auch durch diese hinausgingen.
Der richtige Pfadfinder wird das ja niemals tun; wenn
der ins Theater geht, so sieht er sich genau alle Ausgänge
an und weiß dann, welchen er im Falle eines Gedränges
zu benutzen hat. Hier aber drängte, wie gesagt, alles
durch den einen Ausgang. Dadurch wurden die Kinder
zusammengedrückt, sie fingen an zu schreien, eine Panik
entstand, heftiger und heftiger preßten die anderen nach,
so daß acht Kinder zu Tode gequetscht wurden. Diese
Panik hätte noch mehr Opfer gefordert, wenn nicht zwei
Männer kühles Blut behalten und das Richtige im rich=
tigen Augenblick getan hätten. Der eine war der Saal=
diener, der ruhig und freundlich auf die Kinder einsprach,
die anderen Ausgänge zu benutzen. Der andere war der
Besitzer des Kinematographen, der schnell wieder einige
Bilder auf die Wand warf. Die Kinder, die noch im
Theatersaal waren, wurden dadurch in ihrer Aufmerk=
samkeit abgelenkt, sie sahen unwillkürlich nach den Bildern
und nicht mehr nach den Ausgängen. So wurden sie
nicht in die Panik hineingerissen. Und die Hauptsache,

eine Panik zu bekämpfen, ist ja, daß im kritischen Augen=
blick — es handelt sich dabei oft nur um Sekunden — unter
Hunderten nur ein oder zwei Personen ihre Ruhe und
Kaltblütigkeit nicht verlieren. Wie die Panik ansteckend
wirkt, so überträgt sich auch diese Ruhe wohltätig auf die
Menge, sie besinnt sich auf sich selbst — und die Gefahr ist
vorüber. Bei dem Brande des Hoftheaters in Detmold
am 5. Februar 1912 ertönten wilde Schreckensrufe in=
mitten der entsetzten Zuschauer, sie strömten bereits den
Ausgängen zu, eine fürchterliche Panik mit verhängnis=
vollem Ausgang drohte. Die wackeren Schauspieler aber
behielten ihr kaltes Blut, sie spielten ruhig weiter. Das
Publikum kam dadurch zur Besinnung und verließ lang=
sam, in voller Ordnung das Theater. Die Schauspieler
harrten aus, bis das Theater geleert war. Als sie dann die
Bühne räumten, stand das ganze Gebäude in Flammen.

Auch in vielen anderen Fällen wurde eine Panik nur
dadurch verhindert, daß im Theater die Schauspieler trotz
des Feuerlärms ruhig weiterspielten, daß auf einem ge=
fährdeten Schiffe der Kapitän in aller Seelenruhe sich
seine Pfeife anzündete, daß der Prediger in der Kirche
ruhig weitersprach.

Gewöhne dich daran, unter allen Umständen ruhiges
Blut zu behalten und den Kopf nicht zu verlieren. Hier
macht Selbsterziehung alles. Zwinge dich bereits bei klei=
nen Anlässen, z. B. wenn ein Glas oder ein Topf krachend
vom Tisch fällt, dazu, den unwillkürlichen Schrecken zu
überwinden. Denke stets darüber nach, was du im Moment
der Gefahr zu tun hast und führe dies dann ohne Zaudern
durch.

Rettung aus Feuersgefahr.

Beim Ausbruch eines Brandes müßt ihr vor allem
die Hausbewohner alarmieren. Gleichzeitig eilt, wenn mög=
lich, ein Kamerad zum nächsten Feuermelder, den ihr na=
türlich wissen müßt, oder er telephoniert die Brandwache
an. Bis zur Ankunft der Feuerwehr hilft der Pfadfinder
Leitern, Matratzen und Teppiche herbeischaffen, um im Not=
falle aus den Fenstern springende Leute aufzufangen. Er
wird darauf bedacht sein, Kinder und in zweiter Linie auch
wertvolle Gegenstände aus den Häusern herauszuschaffen
und sie während des Brandes unter seine Obhut zu
nehmen. Er wird ferner daran denken, auch die Tiere
aus den Ställen herauszuholen.

Beim Eindringen in ein brennendes Haus drohen dem Retter meist weniger Gefahren durch die Flammen selbst als durch den Rauch oder im späteren Verlaufe durch einstürzendes Gebälk. Muß man durch die Flammen hindurch, so umhüllt man sich mit einer nassen Decke. In diese schneidet man ein Loch, durch das man den Kopf durchstecken kann. Mit diesem Feuerschutzmantel kann man einige Zeit den Flammen widerstehen. In einem raucherfüllten Zimmer bewegt man sich kriechend vor, den Kopf tief gesenkt, immer möglichst nahe dem Boden. Der Rauch steigt seiner Leichtigkeit wegen schnell nach oben. Der Fußboden ist daher verhältnismäßig am freiesten von Verbrennungsgasen. Zweckmäßig bindet man sich dabei ein mit Essig getränktes Tuch oder einen Schwamm vor Nase und Mund. Der Gerettete wird dann in der unten beschriebenen Weise angeseilt und aus dem Zimmer herausgezogen.

Steht ein Mensch in Flammen, was z. B. bei dem trotz aller Warnungen nicht auszurottenden Unfug des Feueranzündens mit Petroleum immer noch oft vorkommt, so wirft man ihn flach auf den Boden und schlägt irgendeine Decke, einen Mantel, einen Teppich um ihn herum. Durch diesen Luftabschluß — daher auch durch Bewerfen mit Erde — kann man das Feuer schneller dämpfen als mit Wasser. Wenn es sich um mit Petroleum getränkte Kleider handelt, kann das Wasser die Flamme sogar noch anfachen und verbreiten.

Will man einen Bewußtlosen aus einem raucherfüllten Raum herausbringen, so seilt man ihn auf folgende Weise an:

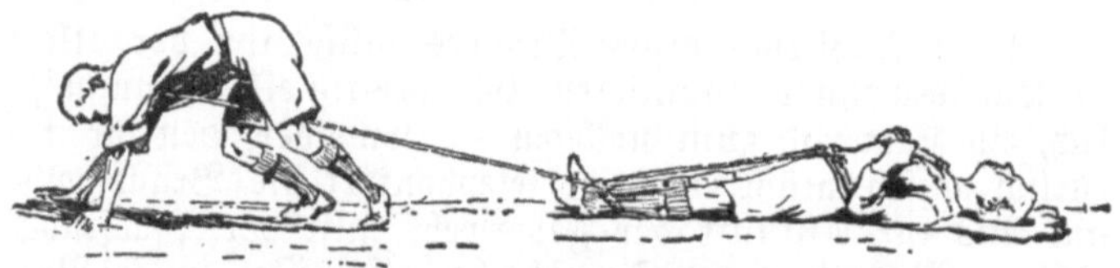

Findet der Pfadfinder eine bewußtlose, durch den Rauch betäubte Person, so kann er diese auf seiner Schulter aus dem Zimmer tragen, wie euch im Samariterunterricht näher gezeigt werden wird.

Rettung bei Gasvergiftungen.

Auch die Einatmung schädlicher, giftiger Luftarten in geschlossenen Räumen führt zu schwerer Erstickungsgefahr. Diese giftigen Luftarten, Gase, wie man sie nennt, sind um so gefährlicher, als man sie nicht durch die Rauchentwicklung so schnell bemerken kann, wie dies bei Bränden der Fall ist. Im Gegenteil, diese Gase sind unsichtbar und dabei oft sogar fast geruchlos und können doch einen Menschen vergiften und ersticken.

Solche Gase entstehen z. B. durch Kohlendunst (Kohlenoxyd), durch schlechte Öfen, ja sogar schon bei länger dauerndem Arbeiten mit dem Kohlenbügeleisen, ferner durch Kohlensäure in Gärkellern. Zu den schädlichsten Luftarten gehört auch das Grubengas in schlecht gelüfteten Bergwerken und Schächten. Äußerst gefährlich sind bekanntlich auch Ausströmungen von Leuchtgas. Dieses ist besonders tückisch, denn nicht allein durch leichtsinniges Offenlassen der Gashähne oder durch Lockerung irgendeines Schraubengewindes innerhalb der Wohnung kann das Gas schnell die Zimmer erfüllen, sondern es kann auch durch Bruch eines unterirdischen Straßen-Gasrohres in die Wohnungen strömen. Dies wird in erster Linie im Winter möglich sein, aber nur dann, wenn die Zimmer geheizt sind, die Luft daher leichter ist und vom Gas verdrängt werden kann. Mancher wurde auf diese Weise morgens tot in seinem warmen Schlafzimmer gefunden, ohne daß man zuerst die Todesursache auch nur ahnen konnte. Ein weiterer Grund, auch im Winter bei geöffnetem Fenster zu schlafen!

Will der Pfadfinder einen Bewußtlosen aus einem gaserfüllten Raum retten, so muß er diesen zuerst möglichst mit frischer Luft durchströmen lassen. Er öffnet deshalb die Türen, durch oftmaliges Auf- und Zuschlagen sucht er kräftigen Durchzug der Luft zu erzeugen. Zu diesem Zwecke schlägt er auch die Fensterscheiben ein. Würde der Retter durch das Zimmer hindurch an diese heranzukommen suchen, so würde er oft, vor Erreichung seines Zweckes, betäubt zusammenstürzen. Er sucht daher die Fenster von außen her durch Steinwürfe oder durch Stangen (nicht mit der bloßen Hand) einzustoßen. Dann bindet sich der Pfadfinder ein mit Wasser, besser noch mit Kalkwasser oder Essig getränktes Tuch vor das Gesicht und kann nun ins Zimmer dringen.

Rettung eines Erstickten aus einer Grube. — Lüftungsschirm nach unten; der Schirm wird vor dem Einsteigen mehrmals auf und ab gezogen, um die schädlichen Gase zu entfernen

Bei Herabsteigen in Schächte muß er sich ein Rettungsseil um die Brust schlingen und eine Signalleine in die rechte Hand nehmen. Solange er diese straff anspannt, ist dies ein Zeichen für seine Kameraden, daß er noch bei Bewußtsein ist. Wird die Leine aber schlaff, so muß er sofort in die Höhe gezogen werden. Der Retter nimmt am besten ein drittes starkes Seil mit Haken mit in die Grube, um damit den am Boden liegenden Verunglückten an den Kleidern anhaken zu können.

In gaserfüllte Räume gehe man niemals mit offenem Licht, das Gas würde schnell explodieren. Jeder Pfadfinder soll sich daher mit einer kleinen elektrischen Taschenlaterne versehen, die er auch für seine anderen Aufgaben vorzüglich brauchen kann.

Sobald der Gerettete in die frische Luft geschafft ist, muß die künstliche Atmung vorgenommen werden, von der weiter unten die Rede sein wird.

Rettung Ertrinkender.

Viele Menschen gehen, besonders im Sommer, beim Baden im Freien zugrunde. Die Verunglückten haben entweder nicht schwimmen gelernt oder sie haben ihre Kräfte überschätzt. Jeder Pfadfinder muß schwimmen lernen, es sei denn, daß der Arzt es ihm ausdrücklich verbietet. Er wird dann von Anfang an sein Augenmerk darauf richten, alles zu lernen, wodurch er seine Mitmenschen vom Wassertode erretten kann.

Zuerst lernt er einen Rettungsring möglichst weit einem „Ertrinkenden" zuzuwerfen, später aber auch, solchen Ring sich selber im Wasser anzulegen.

Fällt man selber bei einer Wasserfahrt ins Wasser, so sucht man sich möglichst am Boot, an einem Ruder oder an einer Planke zu halten und nur mit den Beinen zu schwimmen, bis Hilfe kommt.

Will man einen Schwimmenden in sein Boot aufnehmen, so ziehe man ihn stets über die Rückwand des Bootes, den „Stern", in das Boot hinein, niemals von der Seite, da das Boot sonst umschlagen würde.

Beim Retten Ertrinkender muß der Retter seine volle Aufmerksamkeit darauf richten, daß er dem Ertrinkenden niemals nur einen Augenblick gestattet, Halt an seiner Person oder an seinen Kleidern zu gewinnen. Sonst besteht die große Gefahr, daß sich der Ertrinkende in seiner

Todesangst fest an seinen Retter anklammert, ihn dadurch wehrlos macht und ihn mit in die Tiefe hinabzieht.

Der Kernpunkt alles Erfolges ist daher, daß der Retter jederzeit den Ertrinkenden in seiner Gewalt hat, niemals aber umgekehrt. Der Pfadfinder hält sich also stets hinter dem Ertrinkenden, ruft ihm beruhigend zu, unbesorgt zu sein, er würde sicher gerettet werden, müsse aber allen ihm gegebenen Weisungen unbedingt gehorchen.

Verhält sich der Verunglückte vernünftig, so dreht der Retter ihn auf den Rücken und legt ihm die Hände flach von beiden Seiten an den Kopf. Dann wirft er sich selber auf den Rücken und schwimmt mit ruhigen

(Vom Samariter-Kurs **Dr. Marcus**-Frankfurt a. M.)

Beinstößen dem Ufer zu. Unbedingt ist darauf zu achten, daß das Gesicht des zu Rettenden stets über dem Wasser gehalten wird, der Kopf liegt auf der Brust des Retters.

Verlassen jemanden, der sonst schwimmen kann, die Kräfte, vielleicht durch einen Krampf, so fordert man ihn auf, seine Arme um den Hals des Retters zu legen, so daß er, selbst auf dem Rücken liegend, sich am Retter hält. Der Retter hat Arme und Beine frei und kann, auf der Brust liegend, unbehindert schwimmen.

Wehrt sich der Verunglückte, schlägt er in der Todesangst um sich, und glaubt sich der Retter seiner Sache noch nicht sicher, so wartet er lieber ab, bis der Verunglückte matt zu werden beginnt.

Ein guter Schwimmer wirft ihn am besten auf den Rücken, packt ihn an den Armen über den Ellbogen und zieht ihm die Arme rechtwinklig vom Körper ab und transportiert ihn so selber auf dem Rücken schwimmend. Der Verunglückte kann sich dann nicht mehr umdrehen oder seinen Retter fassen, seine ausgestreckten Arme dehnen dabei die Brust weit aus, die Lungen werden mit Luft gefüllt und so die Schwimmfähigkeit des Körpers erhöht.

Ebenso macht der „Marinegriff" jeden Widerstand unmöglich. Der Hilfsbedürftige wird am rechten Oberarm erfaßt und mit halber Wendung auf den Rücken geworfen. Dann schiebt der Retter von vorn seinen linken Arm so unter die linke Achselhöhle des Ertrinkenden über den Rücken hinweg, bis er von hinten her dessen rechten Arm mit der linken Hand ergreifen kann. Mit dem eigenen linken Unterarm hält man also beide Arme des Ertrinkenden in der Gewalt, zum Rückenschwimmen hat man dann seine eigene Hand frei.

Erfaßt der Ertrinkende das Handgelenk seines Retters, so kann dieser sich schnell von der Umklammerung durch einen vorzüglichen Handgriff befreien. Ist der Retter mit Untergriff erfaßt, so senkt er schnell seinen Arm etwas und reißt ihn dann mit plötzlichem Ruck nach oben gegen den umklammernden Daumen. Im Augenblick bekommt er wieder seine Hand frei. Umgekehrt verfährt er, wenn er mit Obergriff gepackt ist. Er hebt seinen bedrohten Arm nach oben und reißt ihn dann mit aller Macht wieder nach unten. Dieser aus Japan stammende Handgriff sollte auf dem Trockenen wie im Wasser gründlich geübt werden. Selbst ein schwacher Knabe kann sich damit aus dem Griffe auch eines starken Mannes befreien, da dessen Daumen nicht imstande ist, dem Drucke des ganzen Handgelenks zu widerstehen und daher stets nachgeben muß.

Am gefährlichsten ist es natürlich, wenn der Retter vom Ertrinkenden am Halse erfaßt worden ist. Hier hilft ein Kunstgriff des Meisterschwimmers Holbein. Man zieht den Ertrinkenden fest an sich heran, schiebt die freie Hand durch die Arme des zu Rettenden hindurch so unter sein Kinn, daß die Handfläche fest am Kinn aufliegt und die Fingerspitzen gleichzeitig die Nase fest zusammenpressen. Dann stößt man kräftig das Kinn nach aufwärts. Der Kopf wird dabei rückwärts gedrückt, der Ertrinkende verliert einen Moment den Atem, er läßt seinen Retter sofort los.

Überschätze niemals deine Kräfte! Schwimme nie gegen die Strömung, sondern stets mit ihr. Im Flusse nie dem Ertrinkenden nachschwimmen, sondern am Flusse vorauslaufen und ihm den Weg abschneiden! übe dich, auch in Kleidern und in Stiefeln zu schwimmen. Wo

Rettung vom Boot aus oder mit Rettungsring möglich ist, niemals aus Prahlsucht unnötig ins Wasser springen!

Einbrechen auf dem Eise.

Ist jemand auf dem Eise eingebrochen, so wird beim Versuche, herauszuklettern, das Eis immer wieder am Rande abbrechen.

Man wirft dem Verunglückten einen Strick mit Querholz zu und ruft ihm beruhigend zu, daß Hilfe nahe. Würde der Retter auf dem morschen Eis herangehen, so würde er sich unnötig in Gefahr bringen. Er darf sich daher nur mit einer Leiter oder Stange nähern. So

behält er selbst eine breite Stütze und der Eingebrochene hat eine lange Handhabe, an der er sich herausarbeiten kann.

Unter Umständen können zwei Helfer, glatt hintereinander auf dem Eise liegend, den Eingebrochenen erreichen. Die Beine des Vordermanns dienen dabei als Handhabe für den Hintermann.

Auf diese Weise retteten am 31. Januar 1912 die Realschüler Georg Bauer und Rudolf Hornauer in Bamberg ein im Eis eingebrochenes sechsjähriges Kind. Sie hatten bei mir Pfadfinderunterricht erhalten. Die Ehrentafel des „Pfadfinder" meldet noch folgende schöne Tat:

Der zwölfjährige Pfadfinder Artur Husse ging in der Michaelsstraße zu Breslau spazieren, als er durch Hilferufe auf einen neunjährigen Jungen aufmerksam wurde, der auf dem Eise des Teiches an der Pestalozzischule eingebrochen war und sich vergeblich bemühte, an dem immer wieder abbröckelnden Eise sich festzuklammern. Der Pfadfinder eilte sofort zu Hilfe und schob sich, wie er es bei den Übungen gelernt hatte, liegend auf dem Eise bis an die Einbruchstelle heran, wo es ihm gelang, den Knaben mit eigener Lebensgefahr herauszuziehen.

Unfälle durch elektrischen Starkstrom.

Um einen Menschen aus den Drähten einer Starkstromleitung zu befreien, darf man die Drähte nie ohne besondere Vorsichtsmaßregeln berühren. Kann der Strom von der Zentralstelle nicht sofort abgestellt werden, so muß der Retter seine Hände mit Gummihandschuhen versehen oder sie mit einem Gummistoff, im Notfall auch mit dicken, absolut trockenen Tüchern, also mit Nicht-Elektrizitätsleitern zu umwickeln suchen. Die Füße sollen gleichfalls mit Gummischuhen bekleidet sein, sonst muß man sich auf eine Glasplatte oder auf trockenes Holz stellen.

Nach vollzogener Rettung: Künstliche Atmung.

Wie man durchgehende Pferde aufhält.

Durchgehende Pferde verursachen bekanntlich viele schwere Straßenunfälle und gefährden besonders Kinder in hohem Maße. Jeder Pfadfinder muß daher wissen, wie er durchgehende Pferde aufzuhalten hat. Er kann dann manchen Menschen vor dem Tode oder vor schweren Beschädigungen retten.

Eine solche Rettungstat vollbrachte im Sommer 1906 der 17 jährige Kaufmannslehrling Franz Rithack aus Berlin in Ost-Dievenow, wo er sich zum Sommeraufenthalt befand. Er rettete durch sein schnelles Eingreifen eine Kinderschar vor der Gefahr, von einem Arbeitsfuhrwerk überrannt zu werden. Er wurde selbst mitgeschleift und verletzt, die Kinder aber waren unversehrt geblieben. Der junge Retter war so bescheiden, daß er gar kein Rühmens von seiner Tat machte. Erst durch den Vorstand des Vereins der Lebensretter wurde sie den Behörden bekanntgegeben. Der Deutsche Kaiser verlieh ihm auf diesen Bericht dann auch die Rettungsmedaille.

Es ist durchaus fehlerhaft, bei durchgehenden Pferden sich vor diese zu stellen und mit den Armen nach allen Richtungen hin und her zu fuchteln, wie es die meisten Leute gewöhnlich tun. Man muß vielmehr versuchen, nebenher zu laufen und mit der einen Hand die Wagengabel — oder bei Zweispännern eine Zugleine — zu ergreifen, um sich vor dem Fallen zu schützen, mit der anderen die Zügel. Dann sucht man den Pferdekopf allmählich nach der Seite zu drehen.

Für einen jungen Menschen ist dies natürlich äußerst schwierig, da ziemlich viel Körperkraft dazu erforderlich ist, ebenso ein gewisses Körpergewicht, das sich fest in die Zügel hängen kann und durch seine Schwere die Pferde aufhält. Die Aufgabe des jungen Pfadfinders in solchen Fällen wird sich wohl vielfach darauf beschränken müssen, Kinder vor dem heranrasenden Gespann in Sicherheit zu bringen, wie der 12jährige Günther Kübler in Schöneberg am 5. Juni 1909 ein 4jähriges Mädchen unter den Pferden eines schwer beladenen Steinwagens hinwegriß. Eine weitere Pflicht wäre dann, sich etwaiger Verletzter anzunehmen.

Abschnitt 3.
Erste Hilfeleistung bei Unglücksfällen.

Ist eine Pfadfindergruppe unterwegs, und es ereignet sich ein Unfall, oder man findet einen Verletzten oder Kranken, so schickt der Gruppenführer einen seiner Leute zum nächsten Arzt sowie zur nächsten Rettungsstation, um eine Fahrbahre herbeizuholen. Häufig wird er dies am besten telephonisch bewirken können. Der Kornett bleibt mit einem anderen Pfadfinder bei dem Kranken und leistet ihm die am dringendsten erforderliche Hilfe. Die anderen verwendet er zum Herbeischaffen von Wasser oder von Decken oder auch zum Herrichten einer Nottragbahre.

Man soll sich zum Grundsatz machen, einen Verletzten möglichst in Ruhe zu lassen und ihn nicht mehr zu bewegen oder zu berühren als unumgänglich notwendig ist. Vielgeschäftigkeit kann besonders hier oft mehr schaden als nützen. Vor allem belästige man ihn nicht mit unnötigen Fragen, besonders, bevor er sich nicht einigermaßen erholt hat. Sehr wichtig ist das schonende Entkleiden Verletzter. Es muß zuerst immer das gesunde Glied entblößt werden. Beim Ankleiden wird umgekehrt das verletzte und verbundene Glied zuerst bekleidet. Bei schweren Verletzungen schneidet man lieber Stiefel und Kleider in der Naht herunter, ehe man dem Kranken unnötige Schmerzen verursacht.

Ohnmachten.

Ursache: Erschöpfung infolge großer körperlicher Anstrengungen, besonders bei Hunger, geringem Schlaf, nach Blutverlusten. Bei schwachnervigen Leuten auch Angst, Schmerz oder Schreck.

Kennzeichen: Hautfarbe leichenblaß. Ganzer Körper kalt. Vollkommene oder teilweise Bewußtlosigkeit. Puls schwach.

Behandlung: Frische Luft, Öffnung aller beengenden Kleidungsstücke. Kopf tief lagern, damit Blut wieder einströmen kann. Bei Blutverlusten außerdem Beine erhöht lagern. Riechmittel (Salmiakgeist).

Beachte: Bei Ohnmacht nach Sturz, Fall oder Schlag Kopf nicht tief lagern. Keine Riechmittel. Kopf leicht erhöht, kalte Umschläge. Absolute Ruhe.

Ohnmachtsanfall.

Bei Hitzschlag. Kopf rot, ganzer Körper heiß, starke Atemnot, zuweilen Krämpfe. Entsteht bei großer Hitze oder Schwüle nach körperlichen Anstrengungen. Besonders nach Alkoholgenuß!

Behandlung. An schattigem Ort lagern, Hochlegen des Kopfes, kalte Umschläge auf Kopf und Brust. Reichlich kaltes Wasser trinken lassen.

Künstliche Atmung.

Oft lebensrettend zur Erweckung Ertrunkener, Erstickter oder durch Blitz- und elektrische Schläge Betäubter aus ihrer oft todesähnlichen Ohnmacht.

Verfahren bei Bewußtlosen, die vom Wassertode errettet wurden. Reinigung von Mund, Nase und Rachen von eingedrungenem Schlamm und Wasser mit umwickelten Fingern. Herausdrücken des Wassers aus Magen und Luftwegen in Bauchlage des Verunglück= ten — Unterleib durch unterschobene Kleidungsstücke oder Decken erhöht — durch Druck auf den Rücken. Kinder am besten über Knie legen, Wasser unter Druck auf den Rücken herausfließen lassen.

Atmet der Verunglückte von selbst: Einhüllen in Decken, Reiben mit Bürsten zur Beförderung des Blut= kreislaufes und zur Erwärmung. Warmer Tee, Kaffee.

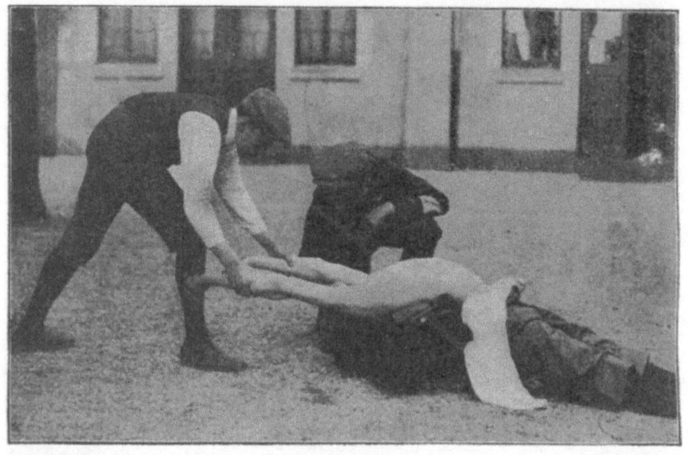

Einatmung.

Bei Ausbleiben der Atmung: Künstliche Atmung. Rückenlage, Kreuz erhöht, Brustkorb gut vorgewölbt.

Zunge vorziehen. Festhalten mit Tuch durch Ge= hilfen oder Festbinden, damit sie nicht zurückfällt und die Atmungswege versperrt. Retter zu Häupten des Verun= glückten, ergreift beide Arme in der Gegend der Ellen= bogen, führt sie langsam und ausgestreckt nach hinten und oben zurück, bis sie zu beiden Seiten des Kopfes liegen. Dadurch Erweiterung des Brustkorbes, Einströmen von Luft. Einatmung.

In dieser Stellung kurze Pause (Zählen 1—2—3), dann Arm im Bogen zum Brustkorb zurück, von beiden Seiten zugleich herabgedrückt. Verengerung des Brust= raumes, Vertreibung der vorher eingeströmten Luft. Aus= atmung.

Arme in dieser Stellung etwa zwei Sekunden, dann wieder zur Einatmungsstelle zurück. Fortsetzung, bis natürliche Atmung eintritt. Tempo: etwa 18 mal in der Minute.

Behandlung Erfrorener.

Vorsicht beim Aufheben, Glieder oft spröde wie Eis, daher Gefahr des Abbrechens einzelner Teile, Kleider aufschneiden. Nicht gleich ins warme Zimmer bringen,

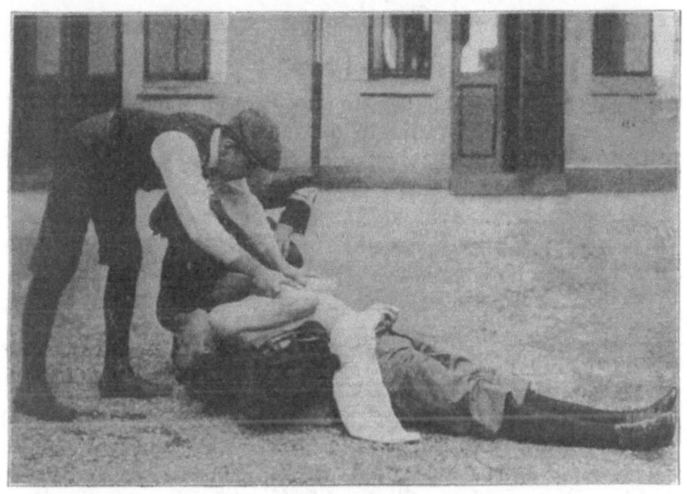

Ausatmen.

allmählicher Übergang. Erst kaltes Zimmer, Scheune, Stall. Mit Schnee abreiben, wenn vorhanden, sonst in nasse Tücher oder kaltes Bad. Vorsichtiges Reiben unter Wasser. Beim Nachlassen der Erstarrung Bett, Reiben mit wollenen Tüchern. Wenn nötig, vorsichtig künstliche Atmung. Lauwarmer Kaffee oder Tee, später auch Alkohol.

Verbrennungen.

Entstehung: Feuer, siedendes Wasser, ätzende Flüssigkeiten.

Behandlung: Entfernung der Kleider über den verbrannten Stellen mit großer Vorsicht, da sie leicht ankleben. Am besten mit der Schere herunterschneiden, vor allem Strümpfe und angeklebte Wäschestücke. Verband mit Borsalbe, Brandliniment (nur frisch aus Apotheken bezogen zu verwenden), Bestreuen mit Dermatol oder Bismut. Über den Verband möglichst dicke Lagen von keimfreier Watte, um die Luft abzuschließen, die auf offenen Brandflächen schmerzerregend wirkt. Hochlegen des verbrannten Körperteils.

Bei ausgedehnten Verbrennungen findet starker Flüssigkeits- und Wärmeverlust des Körpers statt, daher Darreichung warmer Getränke, wie Tee, Kaffee, Milch, Einläufe mit Kochsalzlösung (7 : 1000).

Ätzungen vgl. Vergiftungen.

Wunden.

„Jede Unreinigkeit, die in eine Wunde eindringt,“ sagt die deutsche Krankenträgerordnung, „kann dem Verwundeten das Leben kosten. Deshalb darf man die Wunde niemals mit den Fingern oder etwa gar mit dem Taschentuch, dem Hemd usw. berühren. Der Teil der Verbandmittel, der auf die Wunde kommen soll, darf niemals mit den Fingern berührt werden“.

Jeder Pfadfinder hat stets ein Verbandpäckchen bei sich, in dessen Verwendung er genau unterrichtet werden muß. Die Verbandstoffe im Verbandpäckchen sind mit einem „antiseptischen“ Stoffe, d. h. einem Mittel, das die Krankheitskeime tötet, getränkt. Man kann aber auch jeden Leinwandlappen, jedes Taschentuch keimfrei — „aseptisch“ — machen, wenn man es in siedendem Wasser auskocht. Nur saubere Verbandstoffe dürfen auf Wunden kommen. Schmutz in der Umgebung der Wunde darf nur mit abgekochtem (aseptischem) Wasser oder mit fäulniswidrigen (antiseptischen) Mitteln, wie Weingeist, Sublimat 1 : 1000, Kresolseifenlösung (Lysol) 2 : 100 u. a. abgespült werden, ohne daß dabei die Wunde berührt werden darf. Niemals Karbolumschläge auf Finger (Gefahr des Absterbens ganzer Glieder durch Brand). Jodtinktur auf verunreinigte Wunden sehr zu empfehlen! Auch zur schnellen Desinfektion der eigenen Hände! (Braunfärbung durch Salmiakgeist schnell zu entfernen.) Gute Händedesinfektion mit Seifenspiritus; da gut brennbar auch zum Ausglühen von Pinzetten, mit denen man die Verbandstoffe anfaßt, zu verwenden.

Heftpflaster oder Kollodium dürfen nie direkt auf die Wunde kommen, es muß immer eine aufsaugende Mullschicht dazwischen sein. Unter dieser Voraussetzung lassen sich mit Kautschukheftpflaster[1]) schnell vorzüglich haltbare Verbände herstellen. Größere Verbände werden entweder mit Binden (Mull= oder den festeren Kambrikbinden) oder mit den Verband= tüchern ausgeführt. Mit den drei= oder viereckigen Verband= tüchern kann man schnell besonders an Kopf= und Gliedma= ßen gute Verbände anlegen.

Blutungen.

Wenn Schlag= adern verletzt wer= den, entstehen le= bensgefährliche Blu= tungen. Man er=

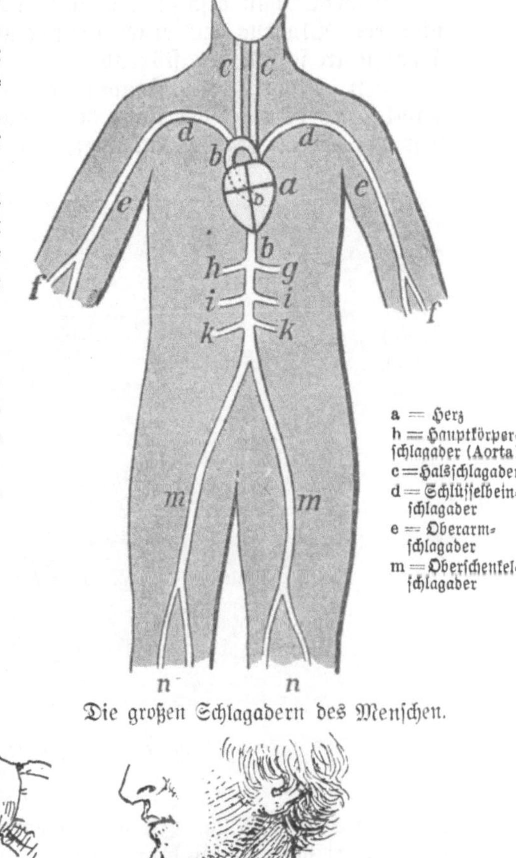

Die großen Schlagadern des Menschen.

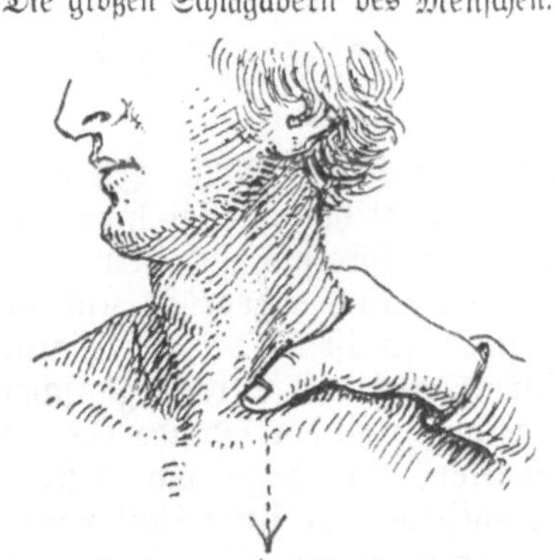

Druck auf die Schlüsselbein=Schlagader.   Druck auf die Arm=Schlagader.
(Aus Feßler, „Krankenpflege". Verlag von Otto Gmelin, München.)

---

[1]) Auf Spulen gewickelt in jeder Apotheke und Drogerie käuflich.

kennt diese Art von Blutungen daran, daß hellrotes Blut
stoßweise aus der Wunde spritzt.

Kommt man also zu einem Verletzten mit solch einer
schweren Blutung aus einer größeren Schlagader, so ent=
fernt man schnell alle störenden Kleidungsstücke und drückt
mit den Fingern den Stamm der Schlagader an einer
Stelle, wo er möglichst nahe der Haut verläuft, fest gegen
den darunterliegenden Knochen. Es ist geradeso wie bei

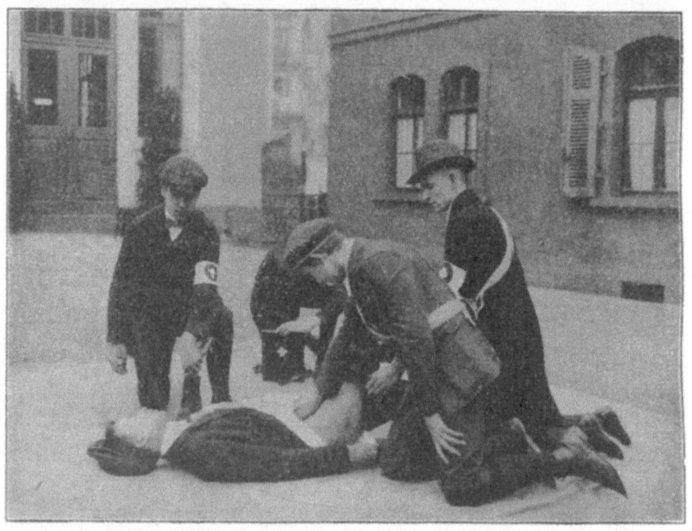

Druck auf die Oberschenkelader

einem Gartenschlauch. Ist an diesem ein Loch entstanden,
und spritzt das Wasser hier heraus, und du trittst zwischen
der Pumpstation und dem Riß auf den Schlauch, so wird
der Schlauch abgedrückt und das Spritzen hört sofort auf.
Genau so ist es bei der Schlagader. Auch hier muß der
Druck auf der Strecke zwischen dem Herzen (der Pump=
station) und der Wunde (dem Riß) ausgeübt werden. Die
Stellen, die dazu am besten geeignet sind, muß jeder
Pfadfinder im Unterricht genau kennen lernen.

Die Abbildung auf S. 195 zeigt euch den Verlauf der
Hauptschlagadern durch den Körper.

Überlegt euch danach selbst die Stellen, wo ihr den

Fingerdruck ausüben müßt und sucht sie am eignen Kör=
per auf.

Wie der Fingerdruck angewendet wird, geht aus den
beiden Bildern auf S. 195 hervor. Am Oberschenkel wird
der Druck in der Mitte der Schenkelbeuge ausgeübt, wo
die Oberschenkelschlagader aus der Bauchhöhle hinaus in
den Oberschenkel tritt (s. Abbildung S. 196).

Da die Ausübung des Fingerdruckes auf die Dauer
sehr ermüdend wäre, so ersetzt man ihn durch die Um=
schnürung des Gliedes. Während der zuerst hilfeleistende
Pfadfinder weiter auf die Schlagader drückt, muß ein
Kamerad einen Gummigurt oder Hosenträger dicht neben
dem drückenden Finger mehrmals fest um das Glied schnü=
ren. Erst dann darf der Finger den Druck aufgeben. Am
Hals oder in der Schlüsselbeingrube kann die Umschnürung
natürlich nicht angewendet werden.

Die Binde darf nie länger als zwei Stunden liegen
bleiben, da sonst die abgeschnürten Teile brandig werden
könnten. Bis dahin muß daher spätestens der Verletzte
in Händen eines Arztes sein. Bei Nasenbluten preßt man
die äußeren Nasenwände einige Minuten zusammen und
läßt dabei ruhig atmen.

Knochenbrüche.

Einen Knochenbruch des Armes oder Beines erkennt der
Pfadfinder in erster Linie daran, daß nach vorausgegan=
gener Verletzung, insbesondere nach einem Sturz, oder nach
einer Schußwunde, der Verletzte das betroffene Glied nicht
mehr gebrauchen kann.

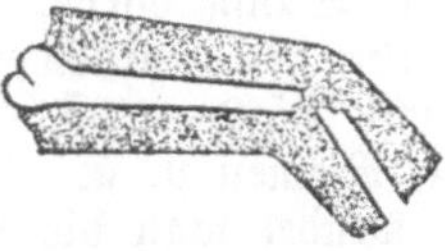 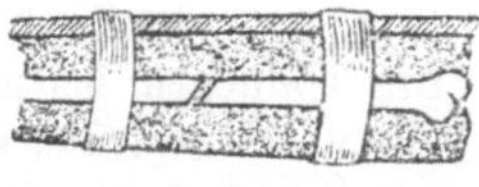

Mit gebrochenem Bein kann niemand mehr gehen, mit
gebrochenem Arm niemand einen schweren Gegenstand tra=
gen. Das Glied läuft nicht mehr in seiner alten, geraden
Richtung, sondern ist an der Bruchstelle abgeknickt, ein
Winkel oder eine Biegung springt dort vor. Die Aufgabe
der ersten Hilfeleistung besteht nur darin, das Glied leicht
erhöht ruhig zu lagern und die Schmerzen durch kalte
Umschläge zu lindern. Muß der Verletzte jedoch trans=

portiert werden, so muß zuvor dem gebrochenen Glied die fehlende Stütze wieder verliehen werden, da durch einen ungenügenden Transport infolge der Erschütterung die Bruchenden sich immer mehr verschieben, wodurch die Mus= keln, Blutgefäße und Nerven zerreißen könnten. Auch kann es dazu kommen, daß spitze Bruchstücke sich durch die Haut bohren, so daß aus dem einfachen Bruch der viel gefährlichere offene oder „komplizierte" Bruch ent= stehen kann. Diese bergen immer die Gefahr der Eiterung in sich und bedürfen zur Heilung meist der doppelten Zeit als die einfachen Brüche. Man muß also das ver= letzte Glied ruhig stellen. Dies geschieht durch Anlegung von Schienen, nachdem die Bruchenden wieder in die richtige Lage gebracht, „eingerichtet" worden sind. Dies müßt ihr selbstverständlich erst praktisch durch Übung er= lernt haben, sonst laßt es lieber sein.

Die Schienen müssen immer so lang sein, daß sie die zwei nächsten Gelenke mit fest stellen. Sonst finden sie nicht genügende Stützpunkte. Bei Bruch des Schienbeines z. B. müssen die Schienen sowohl über das Knie= wie über das Fußgelenk hinausreichen.

Der Pfadfinder lernt solche Behelfschienen aus Holz= stücken, Brettern, Zeitungs= und Strohrollen, gerollten Kleidungsstücken, Ästen und Zweigbündeln, Spazierstöcken und manch anderem Material selbst herstellen.

Sehr wichtig ist eine sorgfältige Polsterung der Schie= nen, da durch den Druck außer starken Schmerzen auch schwere brandige Druckschäden entstehen können. Als Pol= ster benutzt man am besten sog. Polsterwatte. Im Felde behilft man sich dafür mit Tüchern, Kleidungsstücken, Heu, Moos, Stroh, nachdem eine etwaige Wunde vorher sorg= sam mit dem Verbandpäckchen verbunden worden ist.

Die Schienen befestigt man mit Bändern, Tüchern, Bindfaden, Strohkränzen, Gürteln, Riemen u. a.

Bei Brüchen des Unterkiefers wendet man die Kopf= schleuder an. Man braucht dazu zwei dreieckige Tücher. Das eine, das vom Kinn zum Scheitel gebunden wird, hebt den gebrochenen Kiefer nach oben, das zweite, das von der Vorderfläche des Kinnes zum Hinterkopf führt, verhindert eine Verschiebung des Bruchstückes nach vorne.

Vergiftungen und Verätzungen.

Anzeichen: Leibschmerzen, Erbrechen, Schwindel, Ohnmacht, Krämpfe, je nach Art des Giftes.

Hauptaufgabe: Baldmöglichstes Herausschaffen des Giftes aus dem Magen bei betäubenden Giften (Morphium, Tollkirsche, Giftpilzen, Wurstgift, Blausäure usw.). Falls Erbrechen, dieses fördern durch Zufuhr von warmem Wasser mit Salz, Butter oder Öl; Senfmehl, Rizinusöl in Wasser. Dadurch wird auch Gift verdünnt und unschädlicher gemacht.

Falls kein Erbrechen, dieses außerdem durch Kitzeln des Rachens mit Federbart oder Finger hervorrufen.

Bei Vergiftungen mit Säuren oder Laugen (ätzenden Giften) oft Verätzung von Mund, Lippen und Rachen, Erbrechen nicht erregen. Darreichung von Gegengiften, die das Gift „neutralisieren‟, wirkungslos machen, benn Säuren und Laugen sind Gegengifte zueinander.

Bei Vergiftung mit ätzenden Säuren: Stark verdünnte Laugen! Doppeltkohlensaures Natron, gebrannte Magnesia, Kreide in Wasser verrührt, Kalkwasser, Sodawasser, Seifenwasser.

Bei Vergiftung mit Laugen: Verdünnte Säuren! Essigwasser, Zitronenlimonade, stark verdünnte Salzsäure.

Ähnlich verhalten sich die metallischen Gifte. Sublimat, Arsenik, Phosphor, Grünspan ꝛc. Erbrechen dabei günstig, außer bei Sublimatvergiftung. Eiweiß, Milch (niemals bei Phosphor), Zuckerwasser, Haferschleim sind bei allen Vergiftungen von Nutzen. Bei Schwefelsäure und Ätzkalkvergiftung keine Flüssigkeiten, da dadurch Hitze und Ätzwirkung gesteigert wird.

Bei Schwefelsäure — gepulverte Magnesia
Bei Ätzkalk   — gestoßener Zucker.

Bei Verätzungen der Haut die gleichen Gegenmittel äußerlich anwenden.

Bei allen Vergiftungen stets den Arzt rufen. Erbrochenes oder Gifttrank aufheben. Bei Bewußtlosigkeit künstliche Atmung. Kalte Umschläge und Abwaschungen.

Vergiftete Wunden, Schlangenbisse. Tolle Hunde.

Ursache von Wundvergiftungen: Eindringen von Krankheitserregern in eine Wunde durch schmutzige Nägel, Holzsplitter, Glasscherben, durch Gartenerde (Starrkrampf), durch Tierfelle und Hadern (Milzbrand), Schlangenbisse, Bisse wütender Hunde und Katzen, giftige Insekten, Skorpione.

Behandlung verdächtiger Wunden: Gut ausbluten lassen, da mit dem Blutstrom auch Krankheitserreger in großer Menge herausgespült werden. Niemals

ſog. engliſches Pflaſter benützen, das das Gegenteil be=
wirkt.

Bei Biſſen und Stichen verdächtiger Tiere:
Sofortige Abſchnürung des Gliedes mit Schlauch oder
Gurt, damit das Gift nicht in die Blutbahn gelangen
kann. Dann Zerſtören des Giftes in der Wunde. Aus=
ätzen mit den roten Kriſtallen von übermanganſaurem Kali
(bekannt durch ſeine Verwendung zum Mundſpülen), mit
ſtarker Karbolſäure, mit Jodtinktur. Über kleine Wunden
Kreuzſchnitt mit vorher ausgeglühtem Meſſer, um ſie
zum Bluten zu bringen. Reichlicher Genuß von Alkohol
(Kognak), um Herzkraft im kritiſchen Moment anzupeit=
ſchen, ſowie um etwa in den Kreislauf gedrungenes Gift
zu vernichten. Es iſt einer der wenigen Fälle, in denen
der Alkohol als Arznei dem Pfadfinder erlaubt iſt. Bei
einem bereits an Alkohol gewöhnten Menſchen aber wird
er ſich in Fällen der Gefahr viel weniger wirkſam er=
weiſen.

Inſekten= und Wespenſtiche: Salmiakgeiſt, Jod=
tinktur, Bleiwaſſerumſchläge, Jchthyol. Geht Schwellung
nicht bald zurück, ſo iſt anzunehmen, daß das Jnſekt Eiter=
keime eingeimpft hat. Baldige ärztliche Hilfe erforderlich.

Fremdkörper im Auge, Ohr und Schlund.

Bei Fremdkörpern im Auge (Staub, Kohlenteil=
chen, Jnſekten) niemals reiben!

Fremdkörper im unteren Lid: Ziehen nach unten
und vorn. Das Auge blickt dabei ſtark nach oben. Aus=
wiſchen des Fremdkörpers mit angefeuchtetem ſauberen
Taſchentuch nach dem äußeren Augenrand zu.

Fremdkörper im oberen Augenlid: Oberes Lid
mit zwei Fingern vorſichtig über das untere ziehen. Jn=
nenfläche des Oberlides wird dadurch vom Unterlide aus=
gewiſcht. Kalte Umſchläge.

Fremdkörper im Ohr: Nur durch vorſichtige Spü=
lungen mit warmem Waſſer, niemals durch Haarnadeln,
Zahnſtocher oder ähnliche Jnſtrumente zu entfernen.

Fremdkörper in den Luftwegen: Sehr gefährlich
durch Erſtickungsgefahr. Erheben der Arme nach rück=
wärts, Klopfen auf den Rücken. Sonſt: Tiefes Einführen
von zwei Fingern in den Schlund. Erfaſſen des Fremd=
körpers, wenn möglich, ſonſt herunterſtoßen in den Magen.

Das Heruntergleiten und die gefahrloſe Weiterbeför=
derung durch den Darmkanal iſt zu befördern durch Eſſen

von weichem Brot, Kartoffelbrei, Reisbrei. Diese um=
hüllen auch spitze Körper (Knochenstücke, Fischgräten) und
schützen die Schleimhäute dadurch vor Verletzung.

Wie man einen Verletzten trägt.

Ein ungeschickter Transport kann einen Verletzten,
z. B. bei einem Knochenbruche, schwer schädigen, vor allem
ihm auch heftige Schmerzen bereiten.

Transport eines Verletzten durch zwei Pfad=
finder. Ein Pfadfinder stellt sich an die rechte, der
andere an die linke
Seite des Verletzten.
Der erste stemmt
das linke, der zweite
das rechte Knie auf
den Erdboden. Beide
Helfer kreuzen ihre
Hände unter dem
Rücken oder den
Schenkeln des Ver=
letzten. Der Verletzte
selbst hält sich am
Rücken seiner Helfer
fest, soweit seine
Kräfte es gestatten.
Dann legen sie den

Verwundeten auf eine Trage. Bis eine solche herbeigeschafft
oder angefertigt wird, müssen die Pfadfinder den Verletz=
ten auf den Händen tragen.

Zu diesem Zweck legen die Pfadfinder ihre Hände in folgen=
der Art zusammen: jeder ergreift mit der rechten Hand sein
eigenes linkes Handgelenk, so daß der rechte Unterarm im rechten
Winkel zum linken steht. Jetzt faßt jeder Pfadfinder mit der linken
Hand das rechte Handgelenk seines Kameraden und zwar mit
Obergriff. So wird ein bequemer Sitz geschaffen, auf dem der
Kranke auch über weite Strecken hin transportiert werden kann.

Noch besser ist es, wenn ein aus Stroh geflochtener Kranz
schnell angefertigt wird. Dann fassen die beiden Pfadfinder diesen
Strohkranz mit je einer Hand an, während der Verletzte seine
Arme um die Schultern der Träger legen kann. Die Helfer haben
dann je eine Hand frei, mit der sie dem Verletzten die notwen=
digsten Handreichungen leisten können.

Die Anfertigung von Behelfstragen.

Als Behelfs= oder Nottragen kann man eine ganze
Menge von Gegenständen benutzen, wobei der Erfindungs=

gabe weiter Spielraum gelassen ist. Sehr einfach ist die Herstellung einer sogenannten „Kleidertrage".

Zwei Stangen, wozu auch die Pfadfinderstöcke verwendbar sind, werden durch die nach innen gestülpten Ärmel zweier Röcke oder Mäntel gesteckt und über diese die Brustteile zugeknöpft. Mit durchlöcherten Säcken kann man ähnlich verfahren.

Eine bequeme Trage läßt sich auch aus einer oder zwei zusammengeknöpften Zeltbahnen mit durchgesteckten

Tragbahre aus Pfadfinderstäben und Zeltbahnen.

Pfadfinderstäben herstellen. Die Pelerine oder der Rucksack dient als Kopfpolster.

Bei dem Transport eines Kranken auf einer Trage muß man darauf achten, daß die beiden Träger stets zu gleicher Zeit eintreten. Die Füße des Verletzten müssen auf ebener Straße immer vorausgehen, nur beim Steigen von Treppen oder überhaupt bergauf geht das Kopfende voraus.

Der am Fußende befindliche Träger (Fußnummer) tritt mit dem linken, der am Kopfe befindliche (Kopfnummer) mit dem rechten Fuße an. Sie gehen dann in der gleichen Weise, wie ein Pferd geht und vermeiden dadurch die Erschütterung und das Schwanken der Trage (Gebirgsschritt).

Auch mit Fahrrädern haben viele Pfadfinderkorps gute Transportmittel für Verletzte hergestellt.

Als Taschenapotheken sind zu empfehlen:
Dr. Dessauers Touring=Apotheke Mk. 4.—.
Dr. Otto Marcus' Pfadfinder=Notverbandtasche Mk. 3.—.
Dr. Otto Marcus' Pfadfinder=Nothilfkasten Mk. 7.50.
Letzterer für Wanderungen sehr zu empfehlen. Zu beziehen durch die Fabrik Degen, Nachf. Paul Wertmann, Frankfurt a. M.

Samaritertasche Phönix von Walther Deutrich, Chemnitz, von Mk. 2.50 an.

Für eingehendere Ausbildung zu empfehlen, Dr. L. Rothenaicher, Oberstabsarzt: Leitfaden für erste Hilfeleistung. München, Verlag der Ärztlichen Rundschau.

Tragbahre auf Zweirädern.

Achtes Kapitel

Unser Vaterland.

Von Major Maximilian Bayer.

———

Ihr habt in der Geschichtsstunde gelernt, welch schwere Zeiten unser Vaterland durchgemacht hat, und welcher Kämpfe es bedurfte, bis das jetzige machtvolle Deutsche Reich erstehen konnte. Ihr habt gesehen, wie zersplittert Deutschland in früheren Zeiten war, wie sich die einzelnen deutschen Staaten untereinander befehdeten und dadurch die Geschäfte der Feinde besorgten. Ihr habt begriffen, welchen Nachteil eine solche Uneinigkeit hat, und ihr wißt, daß heutzutage nur ein mächtiger, einiger, großer Staat seinen Platz in der Welt behaupten kann.

Als ihr geboren wurdet, war bereits das Deutsche Reich geschmiedet. Unsere Väter hatten alles schon für uns besorgt. Aber habt ihr auch bedacht, daß ihr euch dieser Erbschaft würdig erweisen müßt, daß ihr die Pflicht habt, dafür zu sorgen, daß euer Vaterland mächtig und groß bleibt? Das klingt so einfach und so leicht und ist doch so schwer! Denn in den anderen Staaten der Erde macht man die größten Anstrengungen, um uns einzuholen oder zu überflügeln. Es muß der innigste Wunsch jedes deutschen Bürgers sein, daß uns von anderen Ländern der Rang nicht abgelaufen werde. Nur mit Anspannung aller Kräfte werden wir unsern Platz behaupten können.

Seit dem letzten deutsch-französischen Kriege 1870/71 erfreuen wir uns des Friedens. Die Folgen dieser langen, glücklichen Friedenszeit war ein großer Aufschwung auf allen Gebieten. Wissenschaft und Technik schritten in Deutschland voran, wie nie zuvor. Vor allem aber nahm unser Reichtum zu, denn der deutsche Kaufmann eroberte sich beharrlich den Weltmarkt. Das Anwachsen unserer

Handelsflotte ist das sichtbarste Zeichen der steigenden Wohlfahrt unseres Vaterlandes.

Aber wo ein Erfolg ist, stellt sich auch der Neid ein. Jeder, der etwas leistet, muß mit diesem Neide rechnen. Es ist ganz selbstverständlich, daß sich die anderen Nationen nicht darüber freuen, wenn sie von Deutschland eingeholt oder gar übertroffen werden.

Wir wollen auch nicht daran denken, durch Gewalt

S. M. der Kaiser, J. M. die Kaiserin, die Herzogin von Braunschweig und Generaloberst von Plessen bei den Wiesbadener Pfadfindern.

unseren Platz zu erobern und die anderen Länder zu= rückdrücken zu wollen.

Aber wenn wir auch niemand leichtfertig angreifen wollen, so müssen wir doch dafür sorgen, daß wir nicht leichtfertig angegriffen werden.

Wir dürfen dabei nicht vergessen, daß unser Deut= sches Reich im Herzen Europas liegt, daß es an zwei Meere und acht Staaten grenzt. Seine immer größer werdende Machtstellung in allen Weltfragen kann den Ärger eines Nachbarn erregen; der Platz, den Deutsch= land auf dem Meere beansprucht, kann ihm von einem flottenstarken Lande streitig gemacht werden. Wenn es sich aber um Daseins= und Machtfragen der Völker han= delt oder wenn gar ein Staat die natürliche Entwicklung des anderen zu Lande oder zur See zu hemmen, zu unter= drücken sucht, so versagt gar leicht die friedenerhaltende

Kunst der Diplomaten, dann entscheidet das Schwert. Und wir werden dann kämpfen müssen für unsere Stellung auf der Erde, für die Freiheit unseres deutschen Volkes, für unsere Ehre.

Denn mag der Krieg auch eine furchtbare Geißel sein, so wird es ihn doch stets geben, solange die Menschen keine Engel geworden sind. Das müssen wir uns vor Augen halten und dafür „allzeit bereit" sein, damit uns die Stunde der Not nicht unvorbereitet treffe. Und das um so mehr, je weniger händelsüchtig wir sind. Denn das beste Mittel zur Erhaltung des Friedens ist die Bereitschaft zum Krieg. Mit einfacheren Worten: wenn wir so stark sind, daß uns niemand anzugreifen und zu beleidigen wagt, wenn es dagegen jeder für wichtig hält, mit uns in guter Freundschaft zu leben, so ist der Frieden gesichert.

Wir brauchen eine starke Armee und eine starke Flotte, um unserem Vaterlande den Frieden zu wahren. An euch an der Jugend liegt es, ob Deutschland seine schöne, geachtete Stellung in der Welt bewahren wird. Eure Pflicht ist es, als tüchtige, deutsche Jungen den Körper zu stählen, damit ihr einst Verteidiger des Vaterlandes werden könnt. Ihr sollt eure Kräfte und euren Willen festigen; erwerbt darum eine möglichst große Menge von theoretischem Wissen — ja! — aber vergeßt daneben nicht, daß ihr für das praktische Leben gewandt und entschlußbereit, umsichtig und willensstark sein müßt. Wer als Pfadfinder seine Schuldigkeit tut, wird sich diese Eigenschaften erwerben.

Doch auch im Frieden müssen wir Deutsche unsere Kräfte unausgesetzt mit der anderer Nationen messen. Im Handel suchen sich die Völker fortwährend zu überbieten; es ist ein schöner Ehrgeiz jedes tüchtigen Volkes, die besten Techniker und Gelehrten, die größten Künstler und Schriftsteller, kurzum in allem die klügsten Köpfe hervorzubringen. Es ist ein herrlicher Ruhm für ein Volk, geniale Erfinder, wie den Grafen Zeppelin, Dichter, wie Goethe, große Gelehrte, wie Humboldt, Künstler, wie Menzel, Strategen, wie den Feldmarschall Grafen Moltke, Staatsmänner, wie den Fürsten Bismarck, sein eigen zu nennen.

Das höchste Ziel und Streben jedes Deutschen muß sein, alles zu tun, um seinem Vaterlande zu dienen, und dafür zu sorgen, daß es groß und mächtig bleibe.

Jeder kann nach seinen Kräften dazu beitragen. Es ist

hierzu nicht erforderlich, daß man eine hervorragende Stelle einnehme, sondern nur, daß jeder an seinem Platze das Beste zu leisten versuche. Ein tüchtiger Handwerker, der gewissenhaft und fleißig seine Pflicht tut, dient dem Vaterlande ebensogut, wie ein gewandter Diplomat, der vielleicht mehr äußerlichen Ruhm ernten mag. Also nicht der Ruhm ist es, nach dem wir streben sollen, viel kostbarer ist das Bewußtsein, unsere Schuldigkeit wirklich so gut getan zu haben, wie wir nur irgend können, und die Stelle gut auszufüllen, an die uns das Schicksal gestellt hat. Das muß unser Ziel und Streben sein, und mehr ist nicht nötig.

Es gibt törichte Jungen, die in der Schule sich einbilden, sie lernen dem Lehrer zuliebe. Wenn ihr einmal später als Erwachsene den Kampf mit dem Leben aufnehmen müßt, dann werdet ihr sehen, daß ihr um so besser die Widrigkeiten besiegen werdet, je mehr Wissen und Können ihr euch angeeignet habt. Ihr arbeitet also schon von Jugend auf daran, euren künftigen Platz im Leben euch zu schaffen. Wer schon von Anfang an fleißig und strebsam ist, wird es weiter bringen als der Faule und Gleichgültige. Verzagt aber nicht etwa, wenn ihr durch Armut oder aus sonstigen Gründen glaubt, der Weg zu einer schönen Zukunft sei euch versperrt. Wollte man alle die Menschen aufzählen, die als arme Knaben, als hungernde und frierende Kinder ihr Leben begonnen haben, aber später angesehene, reiche, wohl gar weltberühmte Leute geworden sind, es würde einen stattlichen Band füllen. Gneisenau, der Held der Befreiungskriege, hat in seiner Jugend gehungert und Gänse gehütet — der Feldmarschall Derfflinger war der Sohn eines Dorfschneiders — Edison, der Erfinder des Glühlichts und des Phonographen, ist Zeitungsausträger gewesen — Cecil Rhodes, der als Pfadfinder Englands in Südafrika so Großes geleistet hat, hat arm und klein angefangen — Dreyse, der Schlossersohn, wurde Erfinder des Zündnadelgewehrs — Borsig, der Zimmermannssohn, Gründer einer der größten Lokomotivfabriken der Welt. Tausende solcher Beispiele ließen sich nennen. Jeder von euch, ganz einerlei von welcher Herkunft er ist, hat die Möglichkeit, seinen Weg zu machen, wenn er, neben den nötigen Gaben, die wichtigste Eigenschaft besitzt: die Energie, den festen Willen, das Beste zu leisten. Auch ohne hervorragende Klugheit, aber mit Fleiß und Beharrlichkeit kann

man Tüchtiges vor sich bringen, während Begabung und
Talente ohne Fleiß nichts wert sind.

Deutsche Pfadfinder im Auslande.

In früheren Zeiten wurde den Deutschen im Auslande oft vorgeworfen, daß sie zu wenig Heimatsgefühl
besäßen, dem fremden Einfluß an Sitte und Sprache
allzuleicht erlägen und daher allmählich aufhörten, im
Herzen Deutsche zu sein. Welche Schande, wenn dieser

Deutsche Pfadfinder vor dem Eingang der deutschen Gesandtschaft
in Mexiko.

Vorwurf heute noch gerechtfertigt wäre! Glücklicherweise
wächst, angesichts der Größe und Stärke unseres Kaiser-
reiches, der Nationalstolz bei unseren Volksbrüdern draußen in der Fremde. Daß deutsches Wesen und Rassen-
bewußtsein in unseren Kolonien aufrechterhalten werden,
ist selbstverständlich. Aber auch in fernen Ländern, unter
den Angehörigen fremder Völker, schließen sich die Deutschen immer mehr zusammen, um ihr Volkstum zu bewahren. Besonders in Nord- und Südamerika gibt es
ganze Landstriche, die fast nur von Deutschen bewohnt
werden, wobei unsere Landsleute treu und fest an ihren
Gewohnheiten und ihrer Muttersprache halten. In anderen Ländern Europas und auch in den übrigen Welt-

teilen ist es mitunter ähnlich, wenn auch nicht so aus=
geprägt, wie in den Auswanderungsländern westlich des
Atlantischen Ozeans.

Uns Pfadfindern erwächst die Aufgabe, der Jugend
jener Volksgenossen in der Fremde ihr Festhalten an
deutscher Art zu erleichtern, und sie im Kampfe gegen den
Einfluß einer Überzahl fremdländischer Bevölkerung zu
stärken. Deshalb müssen wir die deutsche Pfadfinder=
bewegung überall dorthin bringen, wo im Auslande
deutsche Volksgenossen sind. Mehrfach ist dies schon mit
Erfolg geschehen. In Rumänien, in der Türkei, in Mexiko,
in Argentinien, in Brasilien, wehen unsere Pfadfinder=
Kornettfähnlein in den Reihen frischer Jungen, die sich
um deutsche Feldmeister geschart haben. Ein erfreulicher
Anfang ist dies, aber doch eben nur ein Anfang. Viel
bleibt noch zu tun, denn Millionen von Deutschen leben
im Auslande. Zu helfen, daß auch die fern von der Hei=
mat heranwachsende Jugendschar deutsch bleibe, ist eine
unserer vornehmsten und wichtigsten Aufgaben, an der
jeder mitarbeiten soll, so weit es in seiner Kraft liegt.
Fast jeder hat einen Freund in der Ferne, dem er die
Anregung zur Bildung eines Pfadfinderkorps bringen
kann. Jedes deutsche Pfadfinderkorps der Heimat sollte
ein eben solches im Auslande gründen und in enger Be=
ziehung mit ihm bleiben. Dann wird sich dereinst, über
die Ozeane hinweg, die ganze deutsche Jugend in Vater=
landsliebe und inniger Kameradschaft unter dem Zeichen
unseres Pfadfinderbundes zusammenschließen.

Bürgerpflichten des Pfadfinders.

Es wurde schon erwähnt, daß unser deutsches Vater=
land aus vielen Bundesstaaten besteht. Die Bundesstaaten
werden, mit Ausnahme der drei Hansastädte, von ihren
angestammten Fürstenhäusern regiert, und in jedem Staate
hat das Volk Gelegenheit, seine besonderen Stammes=
gewohnheiten und Überlieferungen frei zu pflegen. Nichts
wäre törichter, als wenn die Liebe zur eigenen Scholle zu
Argwohn und Eifersüchtelei gegen andere deutsche Stämme
ausartete. Nichts setzt uns so in den Augen des Aus=
landes herab, als wenn wir anfangen, untereinander um
Kleinigkeiten zu zanken. Dieser „Partikularismus" hat
uns Deutschen in früheren Zeiten schon viel geschadet und
oft genug die Geschäfte unserer Feinde besorgt.

Die Bundesstaaten tragen in ihrer Gesamtheit die Grundmauer des Deutschen Reiches. Die einzelnen Stämme müssen nicht nur treu zu ihrem Fürsten halten, sondern auch insgesamt zum obersten Träger der Regierungsgewalt, zu unserem Kaiser. Um ihn, der unablässig für das Ansehen des deutschen Namens bemüht ist, der das Heer stark hält, und dem wir es in erster Linie danken, wenn wir eine mächtige Kriegsflotte nun endlich besitzen, beneiden uns die Völker der Erde. Treue zum Kaiser, zum Bundesfürsten und Vaterland, das muß die höchste Pflicht des Pfadfinders sein.

Eine weitere Pflicht ist die Achtung vor den Rechten der Mitmenschen ohne Ansehen von Rang, Stand und Religion. Schon als Jungen müßt ihr euch daran gewöhnen, andere Gesellschaftsklassen nicht als euere Feinde anzusehen. Bedenkt, daß ihr in erster Linie Deutsche seid, einerlei ob ihr reich oder arm geboren wurdet, einerlei ob ihr aus einem Palast oder aus einer Hütte stammt.

Wenn ihr andere Jungen verachtet, weil sie einer ärmeren Klasse angehören, oder wenn ihr sie haßt, weil sie reicher sind, so handelt ihr töricht und dumm. Jeder hat die Pflicht, an der Stelle zu wirken, an die er gesetzt ist, und muß mit seinem Nebenmenschen friedlich auszukommen verstehen. Wir gleichen den Steinen in einer Mauer. Wenn die ganze Wand geschlossen dasteht, achtet man des einzelnen Steines nicht, denn jeder steht festgefügt an seinem Platze. Aber wenn sich einige Steine lockern, so verlieren auch die anderen ihren Halt, und schließlich bricht die ganze Mauer zusammen.

Denkt also nicht immer an euch, sondern an das Wohl des Vaterlandes!

Auch im Punkte der Religion müßt ihr gegen Andersgläubige duldsam sein. Die Hauptsache ist nur, daß jeder Pfadfinder eine Religion besitzt und nach ihr handelt. Es ist nicht Sache eurer Feldmeister, euch in religiösen Dingen zu unterrichten; das ist das Amt der Geistlichen und die Pflicht der Eltern. Aber eure Feldmeister sollen euch anhalten, die Vorschriften der Religion zu beachten, der ihr angehört. Und denkt daran — wenn ihr euren Glauben noch so sehr liebt — daß alle zu einem Gott beten und seht deshalb nicht auf andere herab, die ihn auf ihre Art anbeten.

Schießkunst.

Die Buren sind vorzügliche Schützen. Dasselbe läßt sich von den meisten Schweizern sagen. Bei diesen beiden

Berliner Pfadfinder beim Armbrustschießen in Anwesenheit des General-Feldmarschalls v. d. Goltz (1), des Reichsfeldmeisters (2) und Vertreter ungarischer Pfadfinder (3).

Völkern lernen die Kinder schon in der frühesten Jugend mit der Armbrust umzugehen. Die Armbrust ähnelt in der Schießweise sehr einem Gewehr, denn man muß damit in gleicher Weise anlegen, zielen, den Abzug bewegen

14*

und abdrücken. Jungen, die mit der Armbrust zu schießen wissen, lernen daher leicht auch ein Gewehr handhaben.

Die Ausbildung im Schießen ist eine vorzügliche Schule für die Augen; denn Genauigkeit im Zielen und Schauen in die Ferne heben und fördern die Sehkraft.

Sicherheitsdienst.

Es ist nicht Sache der Pfadfinder, zu spionieren und Aufpaßdienste zu leisten. Spitzeldienste und Angebereien sind eines Pfadfinders unwürdig. Wohl aber könnt ihr in anderer Beziehung in die Lage kommen, der Polizei behilflich zu sein.

Zunächst müßt ihr wissen, wo sich die Polizeibureaus befinden, ferner sollt ihr die Plätze kennen, wo immer Schutzleute stehen; ebenso müssen euch die nächsten Feuermeldestellen, Unfallstationen und Apotheken bekannt sein.

Wenn ihr einen Unglücksfall bemerkt, benachrichtigt gleich den nächsten Schutzmann und fragt ihn, ob ihr ihm vielleicht irgendwie behilflich sein könnt, um einen Arzt, einen Wagen 2c. herbeizuholen. Wenn euch ein Kind begegnet, das sich verlaufen hat, oder ein herrenloser Hund, oder wenn ihr einen verlorenen Gegenstand findet, so geht damit zum nächsten Polizeibureau. Das gehört gleichfalls zu eurem täglichen Liebeswerk.

Unsere Staatseinrichtungen.

Im Rahmen dieses Buches kann euch nur sehr wenig von unseren Staatseinrichtungen gesagt werden, nur so viel, um euch anzuregen, darüber weitere Belehrung zu suchen. Es ist doch recht komisch, wenn ihr genau wißt, was die Archonten in Athen, die Aedilen und Tribunen in Rom, der römische Senat, für Aufgaben hatten, aber keine Ahnung habt, was ein Landrat, Bezirksamtmann zu tun hat, was man unter städtischer Selbstverwaltung versteht. Die besten Männer streben heute danach, euch in den Schulen die Grundlagen einer solchen „staatsbürgerlichen Erziehung", vornehmlich beim Geschichtsunterricht, zu geben.

Bei uns werden fast alle Bundesstaaten im Sinne einer Verfassung regiert, nach der die Gesetze in einem Parlament beraten und genehmigt werden, während den Fürsten ganz bestimmte Rechte zustehen, die sich hier nicht alle aufführen lassen. Diese Parlamente der Bundesstaaten sind die Landtage. Die drei freien Hansastädte haben eine etwas davon abweichende Staatsform.

Das Parlament, in dem die Gesetze für das ganze Deutsche Reich beraten werden, heißt der Reichstag. Ganz Deutschland ist in Wahlkreise eingeteilt und jeder Wahlkreis sendet einen Abgeordneten in den Reichstag. Es gehört eine große Menge von Wissen und Können dazu, sowie viel Klugheit und Verstand, um recht und gut die Interessen des Vaterlandes wahrzunehmen.

Am besten wird derjenige dazu geeignet sein, der an das Wohl des Ganzen denkt und der dafür sorgt, daß unser Deutsches Reich geachtet und frei, wohlbewehrt und gegen alle Angriffe gewappnet dasteht.

Ihr werdet ja wohl auch gelegentlich gehört haben, daß es Parteien im Reichstag gibt. Ihr braucht euch über diese Frage aber nicht den Kopf zu zerbrechen; mit Politik habt ihr nichts zu tun, laßt diese schwere Frage die Sorge der Erwachsenen sein. Jede Partei behauptet, sie habe recht, und alle anderen Parteien hätten unrecht. Darum gebt euch in jungen Jahren nicht mit solchen Dingen ab, für die es später noch reichlich Zeit ist.

Für euch, Jungen, gibt es nur eine Richtschnur; sie heißt: Lerne soviel du kannst, mache dich stark und gewandt, wie es einem Pfadfinder gebührt, und denke bei allem, wie du deinem Vaterlande nützen und deinem Landesherrn dienen kannst.

Die Befreiungshalle bei Kelheim a. d. Donau.

Neuntes Kapitel

Ein deutsches Pfadfinderkorps.

Von Hauptmann C. Freiherr von Seckendorff.

Winke und Ratschläge für Führer und Neugründungen.

Der Pfadfindergedanke hat sich auch in Deutschland Bahn gebrochen! Begeistert nimmt ihn die Jugend auf; und wer von den Erwachsenen einmal selbst die erste Gruppe — nur 9 Jungen — ausgebildet hat, der hat selbst einen neuen Lebenspfad gefunden, einen Pfad, der ihn zum Herzen unserer deutschen Jugend führt.

Ärzte und Geistliche, Lehrer, Professoren und Studenten, Techniker und Kaufleute, Beamte und Offiziere haben sich nicht nur als Förderer der Bewegung, sondern auch als Führer unserer deutschen Jugend in den Dienst einer Sache gestellt, die, wie ein österreichischer Schulmann sagt, „verdient, mit aller Kraft und Ausdauer, mit aller Liebe und Umsicht gehegt und gepflegt zu werden."

Schwierig und verantwortungsreich war die Aufgabe der ersten Führer; hieß es doch einer Bewegung in Deutschland Eingang verschaffen, die von so manchem mit scheelen Augen angesehen wurde; aus eigenem Können heraus, ohne jede persönliche Erfahrung, ohne Winke und Ratschläge erfahrener Führer, lediglich gestützt auf die Angaben des Pfadfinderbuches, dessen Wert in Deutschland noch kein Mensch erprobt hatte.

Allein der unerschütterliche Glaube an die gute Sache und deutsche Zähigkeit halfen auch hier zum Erfolg! Der deutsche Pfadfinderbund verfügt heute über einen Stamm erprobter und erfahrener Führer, um die uns manche andere Vereinigung beneiden darf. Mit besonderer Freude ist es wohl zu begrüßen, daß sich neben den Vertretern der anderen Stände vor allem auch der deutsche Offizier in den Dienst der Jugend gestellt hat. Wird doch gerade

dadurch die „Kluft" zwischen ihm und Volk am sichersten
überbrückt und werden die Begriffe von Kameradschaft,
Pflichttreue, Berufsfreudigkeit, Idealismus, Selbstaufopfe-
rung, Liebe zum Vaterland wie zum angestammten Herr-
scherhaus und Treue zu Kaiser und Reich von ihm am
leichtesten in die deutsche Jugend hineingetragen!

Schrittweise, nicht überstürzend, hieß es vorgehen!
Mußten doch erst Erfahrungen gesammelt werden; galt es
doch erst, das Zweckmäßige aus der Fülle des gebotenen
Stoffes herauszufinden und zu erproben. So mancher hat
wohl seine Enttäuschungen erlebt, aber mit neuem Mut
ging's wieder, um Erfahrungen reicher, an die Arbeit!
Der opferwilligen, unverzagten Hingabe des I. Vorsitzenden
des Deutschen Pfadfinderbundes, Herrn Konsul Georg
Baschwitz, sei an dieser Stelle besonders dankbar gedacht!

Im nachstehenden sind für die wichtigsten Fragen, die
für Führer und Neugründungen von Bedeutung sind, Erfahrungen niedergelegt, die im Laufe dreier Jahre gesammelt wurden.

„Aus der Praxis für die Praxis" wollen diese

Winke und Ratschläge

einen Weg zeigen, den man „erfahrungsgemäß" gehen
kann, ohne zu große Umwege zu machen.

Als Leitfaden für die Ausbildung diene

das Pfadfinderbuch.

Es ist in die neue Auflage nichts aufgenommen, was nicht
erprobt wäre, nichts, was „undurchführbar" ist. Gleich-
wohl will es auch in der jetzigen Fassung kein Katechismus
sein, den man strenggläubig nachbetet — es will nichts
anderes als Anregungen auf den verschiedensten Gebieten
geben. Vorschriften für die allein richtige Art der Ausbildung lassen sich nicht aufstellen. Welchen Weg der
Führer einschlägt, muß ihm im allgemeinen überlassen
bleiben und wird von der persönlichen Veranlagung des
einzelnen abhängen. Es sei jedoch davor gewarnt, daß
der einzelne seinem „Lieblingsfach" den Vorzug gibt, sonst
könnte es vorkommen, daß das eine Pfadfinderkorps nur
Pfadfinderspiele, ein anderes nur Pionierübungen, ein
drittes nur Naturbeobachtungen betreibt. Diese Gefahr
liegt recht nahe. Dabei aber würde geradezu gegen den
Pfadfindergedanken der Vielseitigkeit gearbeitet; das halte

sich jeder Führer — und habe er das schönste Steckenpferd — immer wieder vor Augen! Macht er sich seinen Übungs=plan und führt er Tagebuch, so werden ihm beredte Zah=len — die sogenannte Statistik — rechtzeitig den ge=bührenden Rippenstoß versetzen.

Die Bundeszeitschrift.

Der „Pfadfinder" ist unser amtliches Blatt. Die Zeitschrift kostet nur 10 Pfennig im Monat, und jeder Pfadfinder muß sie halten, sonst erfährt er nicht, was seine Kameraden der anderen Korps tun und erdenken, weiß nicht, welche neue Erfahrungen gemacht worden sind und verliert dadurch die Fühlung mit der Gesamtheit unserer großen Pfadfinderorganisation. Alle praktischen Neuerun=gen in unserer Bewegung werden im Wort und Bild in der Zeitschrift dargelegt, auch gibt sie den Pfadfindern selber Gelegenheit, mit kleinen Beiträgen zu Worte zu kommen, an hübschen Aufgaben ihren Verstand zu schär=fen und wertvolle Bücher durch Lösung der Preisaus=schreiben zu gewinnen. Der „Pfadfinder" hat bereits einen so großen Abonnentenkreis, daß er im Laufe der letzten Zeit an Inhalt verdoppelt werden konnte.

Die Bundeszeitschrift hat eine Beilage „Der Feld=meister", die für Erwachsene und ältere Kornetts bestimmt. Diese Beilage enthält die amtlichen Mitteilungen des Bundes, sowie die der Landes= und Gauverbände. Sie enthält außerdem viele Aufsätze, in denen die Feldmeister ihre Erfahrungen niederlegen, Vorschläge machen, und durch Meinungsaustausch allerlei Fragen der Jugend=bewegung klären. Ferner enthält die Beilage eine Über=sicht der neuen Erscheinungen auf dem Büchermarkt, und auch Berichte über die Tätigkeit der einzelnen Pfadfinder=vereine und Korps.

Die Bundeszeitschrift ohne Beilage „Der Feldmeister" kostet halbjährlich 60 Pfg., mit Beilage Mk. 1,35. Sie kann gegen Voreinsendung oder Nachnahme vom Deut=schen Pfadfinderbund, vom Verlage Otto Spamer in Leip=zig und durch jede Buchhandlung bezogen werden.

Die Führerfrage

ist meist das Schmerzenskind aller Neugründungen.

Betont sei: **„Wenige, aber begeisterte Führer — gleichgültig welchen Standes — verbürgen den Erfolg!"**

Führerwechsel empfiehlt sich, vor allem in der ersten Zeit, nicht! Die Jungen wollen nicht jeden Tag neue Gesichter sehen; Anhänglichkeit und Dankbarkeit der Jungen für ihren „angestammten" Führer sind wesentliche Erziehungshilfen. „Spezialisten" werden die ständigen Führer entlasten. So z. B. brauchen wir Ärzte für den Unterricht über Gesundheitslehre und erste Hilfeleistungen, Pionieroffiziere für die Anweisung im Brücken- und Lagerbau, in leichten Behelfsarbeiten usw., Naturwissenschaftler für einen sachgemäßen Betrieb der Naturbeobachtung und sei es auch nur zur Ausbildung der Hilfsführer. Auch bei den Besuchen der Museen, städtischen und staatlichen Sammlungen, Industrieanlagen u. a. werden Sachverständige mehr Erfolg erzielen als noch so begeisterte Nicht-Sachverständige.

Das größte Opfer an Zeit müssen natürlich die ständigen Führer, denen die Leitung und Überwachung des ganzen Betriebes obliegt, bringen. Sie müssen zur Hand sein, so oft die Jugend sie ruft, und ist sie erst einmal im Schwung, so ruft sie öfter, als wir denken. Ein bis zwei Nachmittage in der Woche, ab und zu ein ganzer Sonntag ist eine Verpflichtung, die der ständige Führer übernehmen muß. Der Spezialist hat es leichter: einmal im Monat wird das Opfer verlangt, das er auf den Altar des Vaterlandes niederlegt. Nur als solches betrachten wir die Führertätigkeit. Heißt der Ruf des Pfadfinders doch: Heran zur Mitarbeit an der Gesundung unseres Volkes, an der Wehrhaftmachung unserer deutschen Jugend!

Die Behandlung der Jugend.

Die Führer selbst müssen in ihrem ganzen Auftreten Vorbilder für die Jugend sein; aber keine Muster nach dem bekannten Schema F, sondern jeder nach seiner Eigenart, jeder nach seinen Anlagen! Der eine versteht es, die Jungen mehr mit Humor, der andere mehr mit Ernst zu gewinnen. Sich dabei „populär" zu machen, empfiehlt sich auf die Dauer ebensowenig, wie die Jungen mit Glacéhandschuhen anzufassen oder sie im Kasernenhofton anzubrüllen.

Nie sollen Jugendlust und Lebhaftigkeit eingedämmt werden; man lasse die Jungens, ruhig zusehend, mal austollen — aber man lasse sie sich nicht aus der Hand kom-

men! Immer sollen sie wissen, daß ihr Führer, der sich
ihnen widmet, nicht ihresgleichen ist. Ein scharfes Zu=
fassen im richtigen Augenblick wird sie rechtzeitig zur
Vernunft bringen.

Verschlossenen oder verschüchterten Jungen wird eine
freundliche Frage nach ihren häuslichen Verhältnissen, nach
ihrem Beruf u. a. oft Mund und Herz öffnen. Vorlauten,
etwas frechen Bürschchen stopft man mit einer humor=
vollen Antwort leichter den Mund als mit dem „Wau=
Wau=Ton“, der nur zu leicht verdrossen macht. Der richtige
Jugendführer muß eben jeden einzelnen Jungen nach seiner
Eigenart zu packen wissen — das ist das beste Rezept!

In der Ansprache bediene man sich grundsätzlich des
„Sie“. Probatum est!

In seinen Gesprächen vermeide der Führer unbedingt
die Gebiete der Politik und Bemerkungen über Lehrer und
Schulgeschichten!

Alkohol und Nikotin sind den Jungen verboten; der
Führer befolge auch hier den Grundsatz: „Lehre ist trocken
Brot — Beispiel aber Muttermilch.“

Eines möge jeder Führer beherzigen — auch der
„Spezialist“: Lange Belehrungen liebt die Jugend
nicht. Sie will das, was ihr geboten wird, sei es auch
geistige Nahrung, mundgerecht gemacht haben — am lieb=
sten aber will sie selbst was schaffen. Wer den Betätigungs=
drang der Jugend ausnützt, hat halbe Arbeit!

Die Jugend ist leicht begeisterungsfähig — sie neigt
jedoch auch ebenso sehr zur Kritik; je mehr aber der
Führer seine Jungen zu richtigen „Pfadfindern“ er=
zogen hat, desto mehr hüte er sich davor, sich dabei
ertappen zu lassen, daß er von seiner Sache nicht
felsenfest überzeugt ist. „Nur was wir selber glauben,
glaubt man uns!“ So ist Grundbedingung für jeden
Führer, daß er seinen Stoff beherrscht; dabei beachte er
eines: daß keine Zeit vertrödelt wird, und daß es nie
darauf ankommt, möglichst viel zu betreiben, sondern daß
das, was geübt wird, richtig betrieben wird. Abwechselung
in den Spielen und Übungen ist dringend anzuraten; denn
„anhaltendes Üben ein und desselben Gegenstandes er=
müdet Geist und Körper“ und schafft Langeweile und
Gleichgültigkeit. Um das zu vermeiden, muß sich jeder
Führer seinen

Übungsplan

für den betreffenden Tag, für die Woche, für den Monat zurechtlegen[1]). Einen für die Allgemeinheit gültigen Plan hier aufzustellen, ist ausgeschlossen. Hängt das doch zu sehr von den örtlichen Verhältnissen, der verfügbaren Zeit, der Witterung und anderen Bedingungen ab. Grundsatz sei: Hinaus ins Freie, sooft und solang es geht. Auf das „Wandern", über dessen gesundheitlichen und geistig veredelnden Wert wir uns hier nicht weiter auszulassen brauchen, ist daher großes Gewicht zu legen. Bei den Wanderungen lassen sich dann am besten unsere Pfadfinder- und Geländespiele sowie Ballspiele und leichtathletische Übungen einfügen. Im übrigen ist zu empfehlen, Turnen und Turnspiele sowie Schwimmen auf einen bestimmten Tag in der Woche — Mittwoch — zu verlegen, wenn die Zeit nicht zu einer Wanderung reicht. Sehübungen, wie Winken, Entfernungsschätzen und Spurenlesen, betreibe man bei jeder Gelegenheit. Wie leicht läßt sich das Winken beim Kriegsspiel einschalten, das Entfernungsschätzen bei kurzem oder längerem Halten auf der Wanderung betreiben; das Spurenlesen, das Auge und Beobachtungsgabe besonders schärft, übe man, wie es der Zufall bringt. Auch für das Überwinden von Hindernissen braucht man nicht eigene Ausbildungsstunden oder gar -Nachmittage anzusetzen. Was das Gelände bietet, seien es Gräben, Mauern, Zäune usw., wird eben zur Übung benutzt, wo es, ohne „Flurschaden" anzurichten, irgend geht. Es würde zu weit führen, hier alle Ausbildungszweige und -möglichkeiten zu besprechen[2]). Ein Endziel verfolge man immer: Nicht einseitig werden! So wird aus dem Wandern nie ein stumpfsinniges ödes „Kilometerfressen" werden.

Wenn im Übungstagebuch lediglich die Zahl der Teilnehmer aufgeführt wird, so müssen doch besondere

Teilnehmerlisten

erkennen lassen, welche Pfadfinder an den einzelnen Tagen geübt haben, welche nicht; ob sie entschuldigt waren oder

---

[1]) Am besten im Umdruck an die Unterführer ausgeben!

[2]) Winke und Ratschläge für die Führer in den einzelnen Ausbildungszweigen sind in der „Führerordnung des deutschen Pfadfinderbundes und des Bayer. Wehrkraftvereins" niedergelegt worden. Pfadfinderverlag Otto Spamer, Leipzig. Mk. 1.—.

nicht, und falls nötig erachtet, aus welchem Grunde der einzelne gefehlt hat. Es sei darauf hingewiesen, daß es sich nach den Erfahrungen verschiedener Führer nicht empfiehlt, auf die Begründung einer Entschuldigung den Nachdruck zu legen. Man halte aber um so strenger darauf, daß sich der Pfadfinder schriftlich oder mündlich entschuldigt, am besten mit Unterschrift des Vaters! Wo die Schuldirektoren, wie es zu wünschen wäre und was wir immer anstreben, Hand in Hand mit uns arbeiten, erhalten sie von Zeit zu Zeit Einsicht in die Teilnehmer= listen. Der Grund, warum wir auf die Begründung der Entschuldigung zu verzichten raten, ist der, daß nur zu leicht „Notlügen" gebraucht werden, ein modernes „Ver= kehrsmittel" auch unserer besten Gesellschaft, das der Pfad= finder nicht gebrauchen darf! Wenn der Pfadfinder er= klärt: „Ich kann heute nicht kommen", so kann er eben nicht. Jungen, die öfter fehlen, wird sich der betreffende Führer schon vorfangen. Jungen, die wiederholt unent= schuldigt fehlen, sind nicht würdig, daß man sich ihrer annimmt. Und darüber wird jeder bei seiner Aufnahme aufgeklärt, bei der er und seine Eltern oder der Lehr= herr die

Aufnahmebedingungen

schriftlich oder gedruckt erhalten. Diese sind:

Die Anmeldung zur Teilnehmerliste muß schriftlich bei einem „Feldmeister" erfolgen. Mündliche Anmel= dungen werden grundsätzlich nicht berücksichtigt. Der „Feldmeister" entscheidet über die Annahme. Bei der Aufnahme wird der Junge (in verschiedenen Pfadfinder= korps durch Handschlag) verpflichtet:

1. sich seinen Führern unbedingt unterzuordnen;

2. an allen Übungen und Spielen regelmäßig teilzu= nehmen;

3. sich schriftlich zu entschuldigen, falls er an der Teilnahme verhindert ist oder war; wer unentschuldigt vier Wochen den Übungen ferngeblieben ist, kann vom Feldmeister von der Liste gestrichen werden;

4. den Beitrag zur Pfadfinderkasse (monatlich 10 bis 20 Pfg.) pünktlich zu entrichten;

5. sich des Rauchens und Alkoholtrinkens, jedenfalls während der Übungen, zu enthalten.

Als Muster für die schriftliche Anmeldung empfehlen wir folgendes:

Anmeldeschein[1])
zur
Teilnehmerliste des Pfadfinderkorps N.

Vor- und Zuname:
Geburtstag und -Ort:
Schule und Klasse: } des Angemeldeten.
oder
Stellung und Geschäft:
Wohnung } des Vaters {
Stand

Ich habe von den Aufnahmebedingungen des Pfadfinderkorps N. Kenntnis und melde hiermit meinen Sohn (Lehrling) zum Eintritt an und bewillige ihm einen halbjährlichen Beitrag von 1 Mk. für Pfadfinderzeitung und Unfallversicherung, sowie den monatlichen Beitrag von .... Pfennigen.

Unterschrift des Vaters oder dessen Stellvertreters:

N. N.

N., den .... 19...

Das Eintrittsalter für Pfadfinder ist mindestens 13 Jahre; nebenbei empfiehlt es sich, Jugendgruppen zu bilden, in welche Jungen im Alter von etwa 10—13 Jahren aufgenommen werden.

Gliederung eines Pfadfinderkorps.

Wenn für die verschiedenen Unterabteilungen und deren Führer noch verschiedene Bezeichnungen aufgeführt sind, so hat dies seinen Grund darin, daß die einzelnen bestehenden Vereinigungen eine gewisse Freiheit in der Wahl der Bezeichnung haben sollen.

Die kleinste Einheit unter einem Führer bilden 8 Pfadfinder (also mit Führer 9); sie heißt Kornettschaft (Gruppe, Bezeichnung 1., 2., 3., 4.); ihr Führer ist der Kornett (Gruppenführer), sein Stellvertreter Hilfskornett.

Mehrere Kornettschaften (Gruppen, bis zu 4) bilden einen Zug (Bezeichnung I., II. III.) unter dem Feldmeister (grundsätzlich über 18 Jahre alt).

Mehrere Züge (bis zu 4) bilden eine Feldkompagnie [1., 2., 3.] unter einem Oberfeldmeister, falls mindestens 3 Züge vorhanden sind.

Mehrere Feldkompagnien bilden ein Feldbataillon unter einem Hauptfeldmeister.

Die sämtlichen Pfadfinder und Führer eines

---

[1]) Der Pfadfinderbund ist bereit, solche Anmeldescheine in beliebiger Zahl kostenlos den Vereinen umzudrucken.

Ortes bilden das Pfadfinderkorps. Der rangälteste Feldmeister muß Sitz und Stimme im Vorstand seines Vereines haben.

Die Bezirke haben je einen Gaufeldmeister.

Die Landesverbände haben je einen Landesfeldmeister; für den Norden, Süden, Osten und Westen ernennt der Bund je einen Bundesfeldmeister.

Der „Reichsfeldmeister" ist der höchste Feldmeister für alle Pfadfinder Deutschlands.

Die Gliederung des Deutschen Pfadfinderbundes ist also folgende:

Der Reichsfeldmeister (für das ganze Reich und für die deutschen Pfadfinderkorps im Auslande).

Bundesfeldmeister (Bundesverband — je ein Viertel des Deutschen Reiches).

Landesfeldmeister (Landesverband — für jeden Bundesstaat, jede preußische Provinz).

Gaufeldmeister (Gauverband — für jeden Kreis, Bezirk).

Örtliche Organisation.

Hauptfeldmeister (Feldbataillon).
Oberfeldmeister (Feldkompagnie).
Feldmeister (Zug).
Kornett (Kornettschaft [Gruppe]).

Bei der Aufstellung der Gruppen empfiehlt es sich, Wünschen einzelner Jungen entgegenzukommen, sonst aber Freundschaftsbeziehungen, Klassenangehörigkeit, gleiches Alter u. dgl. zu berücksichtigen. Ob man die Gruppe sich ihre Führer Kornett und Hilfskornett (zwei Jungen!) selbst wählen läßt, wird jeweils zu erwägen sein. Selten bewahrt sich ein Gleichalteriger oder Klassenkamerad auf die Dauer die nötige „Autorität" als Führer. Monatlicher Wechsel dürfte sich zwar beim Hilfskornett, jedoch nicht beim Kornett empfehlen.

„Versetzungen" von Pfadfindern in andere Gruppen sind nicht ratsam; zieht ein Junge nicht, hat er sich mißliebig gemacht, dann lieber „hinaus"!

Verzieht ein Pfadfinder aus einem Ort in einen anderen, wo sich auch ein Pfadfinderkorps befindet, so ist dies dem betreffenden Pfadfinderkorps mitzuteilen, damit es ihn in seine Reihen aufnehmen kann. Eine Verpflichtung zur Aufnahme besteht jedoch nicht, auch nicht für

Kornetts oder Feldmeister, die in das Gebiet einer anderen Ortsgruppe versetzt sind.

Die Züge usw. werden zweckmäßig nach Stadtbezirken oder nach Schulen, nach Alter aufgestellt.

Um ein gedeihliches Zusammenarbeiten der Führer eines Pfadfinderkorps zu gewährleisten, empfiehlt es sich, in bestimmten Zwischenräumen Feldmeisterversammlungen abzuhalten, bei denen die gemachten Erfahrungen ausgetauscht, der Übungsplan für die nächste Zeit festgelegt und sonstige Fragen besprochen werden. Einzelne Vorstandsmitglieder sind nicht befugt, in die Rechte der Feldmeister einzugreifen; hierzu ist jederzeit die Vermittlung des rangältesten Feldmeisters herbeizuführen.

Vorschrift über die Verleihung der neuen Feldmeister-Abzeichen.

A. Ernennung der Feldmeister.

Der Reichsfeldmeister wird von den Bundes- und Landesfeldmeistern erwählt und ernannt.

Der stellvertretende Reichsfeldmeister wird vom Reichsfeldmeister im Einverständnis mit den Bundesfeldmeistern ernannt.

Die Landesfeldmeister werden nach Einverständniserklärung des Reichsfeldmeisters und im Einklang mit dem betreffenden Landesverband von ihrem Bundesfeldmeister ernannt.

Sämtliche Hauptfeldmeister, Oberfeldmeister und Feldmeister werden auf Vorschlag der Ortsgruppen (Korps) im Einverständnis mit dem Gaufeldmeister und Landesfeldmeister von ihrem Bundesfeldmeister ernannt.

Der ernennende Feldmeister unterschreibt die Urkunde.

Bemerkung: Die Wahl der Feldmeister am Orte geschieht nach den Vorschriften der örtlichen Satzungen. Im allgemeinen wird so verfahren, daß alle Feldmeister des Ortes den ortsältesten Feldmeister in sein Amt und jeden neuen Feldmeister in ihr Feldmeisterkorps wählen, daß der Hauptfeldmeister die Oberfeldmeister am Ort einsetzt, und daß diese Wahlen und Einsetzungen vom Vorstand des Ortsvereins genehmigt werden.

Reichsfeldmeister
(Einfassung und Krone golden)
Stellvertr. Reichsfeldmeister
(Einfassung und Krone silbern)

Bundesfeldmeister
(Einfassung golden)
Landesfeldmeister
(Einfassung silbern)

Gaufeldmeister
(Einfassung golden)

Hauptfeldmeister
(Einfassung silbern)

Oberfeldmeister
(Verzierung golden)

Feldmeister
(Verzierung silbern)

B. Rangverhältnis. Gliederung.

Die wirkliche Befehlsgewalt bestimmt die Höhe des Ranges (Ausnahmen sind denkbar, müssen aber besonders begründet sein).

Im allgemeinen gilt als Grundsatz:

Wer einen Zug (3—4 Gruppen)[1] führt, kann Feld=meister werden.

Wer eine Feldkompagnie (3—4 Züge) führt, kann Oberfeldmeister werden.

Wer ein Feldbataillon führt (2—4 Feldkompagnien), kann Hauptfeldmeister werden.

Wer die Pfadfinderkorps mehrerer Ortsgruppen (min=destens 5) leitet, kann Gaufeldmeister werden.

Wer die Pfadfinderkorps eines ganzen Bundesstaates oder einer Provinz leitet, kann Landesfeldmeister werden.

Ferner ist das ganze Deutsche Reich in 4 Bundesfeld=meisterschaften (West, Süd, Ost, Nord) eingeteilt. Über die Abgrenzung der einzelnen Bundesfeldmeisterschaften und die Namen der Bundesfeldmeister ist alles nähere auf S. 235 zu ersehen.

Für die deutschen Korps des D.P.V. außerhalb der Reichsgrenze versieht der Reichsfeldmeister gleichzeitig das Amt des Bundesfeldmeisters.

C. Verleihung der Abzeichen.

Eine Ortsgruppe, die für ihre Feldmeister Abzeichen zu haben wünscht, sendet eine Liste (s. Anl. 1 auf S. 226) nebst einer von allen Feldmeistern zu unterschreibenden Be=scheinigung (s. Anl. 2 auf S. 226) an die Bundesleitung. Der Bund holt von den Bundes=, Landes= und Gaufeldmeistern nach den Vorschriften zu A das Einverständnis und die Ernennung ein und sendet dann der Ortsgruppe eine ent=sprechende Anzahl von Feldmeisterabzeichen und Urkunden unter Nachnahme zu. (Jedes Abzeichen mit Urkunde kostet Mk. 1.—.)

Steigt der Feldmeister im Rang, so wird ebenso ver=fahren. Sein bisheriges Abzeichen wird für 50 Pfg. (Porto und neue Urkunde) gegen ein neues umgetauscht.

---

[1] Eine Gruppe besteht aus: 1 Kornett, 1 Hilfskornett, 6—8 Pfadfindern.

Geht ein Abzeichen verloren, so wird, gegen eine Bescheinigung des ortsältesten Feldmeisters, ein neues Abzeichen (für Mk. 1.—) geliefert.

Trageweise der Abzeichen: Bei der Feldmeistertracht am rechten Kragenaufschlag, sonst an der Brust beliebig.

gez. Major M. Bayer,
Reichsfeldmeister, zugleich als Bundesfeldmeister für Nord..

gez. Hauptmann Freiherr von Seckendorff,
Bundesfeldmeister für West.

gez. Bürgermeister Dr. Wettstein, Bundesfeldmeister für Süd.

gez. Major von Heygendorff, Bundesfeldmeister für Ost.

Anlage 1.

Stärke des Korps:
...... Feldmeister
...... Pfadfinder

(Datum) ....

Die Ortsgruppe .... beantragt folgende Abzeichen nebst dazu gehörenden Urkunden:

Stand, Name:	Alter:	Haupt- feld- meister- Ab- zeichen:	Ober- feld- meister- Ab- zeichen:	Feld- meister- Ab- zeichen:	Be- merkungen.
Für Herrn Oberlehrer X.	35	1			
„ „ Leutnant Y.	24		1		
„ „ Kaufmann Z.	20			1	
usw.					

(Unterschrift) ....

Anlage 2.

(Ort, Datum) ....

Ich verpflichte mich:
1. Den Anordnungen der überstellten Feldmeister Folge zu leisten.
2. Beim Ausscheiden das Abzeichen und die Ausweiskarte zurückzugeben.
3. Beim Ausscheiden keinen Pfadfinder aus dem Korps zum Austritt zu veranlassen.

(Unterschrift) ....

Ein Pfadfinder kann mit Erlaubnis seiner
Feldmeister tragen:

1. Das Pfadfinderabzeichen[1]) (Emaille). Es wird auf Grund einer Prüfung verliehen. Beim Ausscheiden aus dem Korps ist es zurückzugeben. Zu tragen an der rechten Kragenecke.

2. Feldkompagnienummer aus gelbem Messing. Zu tragen an der linken Kragenecke.

3. Die Winkel (12 cm lang, höchstens 1 cm breit), für Hilfsfeldmeister golden, für Kornetts silbern, für Hilfs= kornetts grün. Zu tragen auf dem rechten Oberarm.

4. Die Winkerabzeichen (zwei gekreuzte Flaggen). Zu tragen auf dem rechten Oberarm.

5. Sanitätsabzeichen (ein weißes Kreuz auf rotem Felde). Zu tragen auf dem rechten Oberarm.

6. Die Pfadfinderarmbinde[1]) — von jedem zu tra= gen, auch vom Feldmeister —, um den linken Oberarm. Oder ein loses Pfadfinderabzeichen[1]) aus Stoff, auf dem linken Oberarm aufgenäht.

Hat ein Winkeltragender noch ein Winker= oder Sani= tätsabzeichen, so gehört dieses in den Winkel. Hat er beide Abzeichen, so gehört das Sanitätsabzeichen in den Winkel, das Winkerabzeichen darüber.

Die Genehmigung zum Tragen weiterer Abzeichen muß von der Bundesleitung eingeholt werden. Uner= wünscht sind besonders folgende Abzeichen: Achselstücke, Tressen, Gefreitenknöpfe, Schwalbennester für Spielleute, Achselklappen. Möglichste Einfachheit in der Tracht ent= spricht dem Geiste unserer Pfadfinderbewegung.

Auszeichnungen,

z. B. Medaillen, Ehrentitel usw., wie bei den englischen Pfadfindern (boy scouts), widersprechen dem Geist des deutschen Pfadfindergedankens. Es wird durch Ver= leihung von Ehrenmedaillen u. a. nur die Sucht für Äußerlichkeiten, ein ungesunder Ehrgeiz und Selbstüber= hebung großgezogen, Schwächen, die gerade die Pfad= finderbewegung bekämpfen soll. Wo kommen wir hin, wenn schon die Jugend mit einer geschmückten „Helden= brust" einherstolziert, die einen verdienten Afrikaner in

---

[1]) Diese Abzeichen können vom Deutschen Pfadfinderbunde bezogen werden; die zu 1 und 6 werden aber nur an Pfadfinder= korps abgegeben.

15*

den Schatten stellt? Unsere ganzen Spiele sind schon so angelegt, daß sich der einzelne nach Herzenslust „auszeichnen" kann. Wettspiele in kleinerem oder größerem Umfange zu veranstalten, wird nur dazu beitragen, den edlen Wetteifer zu fördern und kleine Preise, wie gute Bücher, Ausrüstungsgegenstände u. a. verderben auch den Charakter nicht. Es sei hier erwähnt, daß es bei den Wettspielen nicht darauf ankommt, daß der Ehrgeiz möglichst geweckt werde, sondern darauf, daß vornehm gespielt wird. Darin muß jeder einzelne, jede Gruppe und jeder Trupp seinen Mitspieler zu überholen suchen, das soll die „Auszeichnung" sein, nach der alle Pfadfinder streben.

Von der Bundesleitung können bezogen werden:

1. Abzeichen für Pfadfinder (Emaille). 35 Pfg.

2. Abzeichen als Krawattennadeln (Emaille). 50 Pfg.

3. Anhaltspunkte für Organisation und Satzungen der Pfadfindervereine. 10 Pfg.

4. Ansichtskarten. 100 Stück 3 Mk.

5. Armabzeichen auf Binden. 25 Pfg.

6. Armabzeichen ohne Binden (zum Aufnähen). 10 Pfg.

7. Atmungs- und Haltungsübungen. 1 Mk.

8. Aufrufe. 1 Pfg.

9. „Der Deutsche Pfadfinderbund" (Broschüre) von Major Maximilian Bayer. 2 Stück 15 Pfg.

10. „Der Pfadfinder", Bundeszeitschrift, halbjährlich 60 Pfg., mit Beilage „Der Feldmeister" 1,35 Mk.

11. „Deutsche Jugenderziehung und Pfadfinderbewegung" (Broschüre) von Hauptmann Freiherrn von Seckendorff. 90 Pfg.

12. „Die Pfadfinderbewegung" (Broschüre) von Oberstabsarzt Dr. Lion. 60 Pfg.

13. „Ein Deutsches Pfadfinderkorps" (Sonderabdruck des 9. Kapitels des Pfadfinderbuches) von Hauptmann Freiherrn von Seckendorff. 15 Pfg., 100 Stück 10 Mk.

14. Filmrollen aus dem Pfadfinderleben. Leihgebühr 5 Mk. für 8 Tage.

15. Führerordnung. 1 Mk.

16. Lassos. 3 Mk.

17. Leitsätze und Satzung des Deutschen Pfadfinderbundes. 10 Pfg.

18. Lichtbilder aus dem Pfadfinderleben. Leihgebühr 5 Mk. für 8 Tage.

19. Kompagniefahnen (viereckig). 2 Mk.

20. Kornettfahne (dreieckig). 1,50 Mk.

21. Kompagnienummern. Stück 10 Pfg.

22. Kornetturkunden auf Kunstdruckpapier 25 Pfg.; Karton 50 Pfg.

23. Kornettwinkel. 5 Pfg.

24. Pfadfinderbriefpapier. 100 Bogen mit Umschlägen 3 Mk.; 50 Bogen mit Umschlägen 1,75 Mk.; 25 Bogen mit Umschlägen 1 Mk.

25. **Pfadfinderbuch** geb. 3,50 Mk.; brosch. 2,50 Mk.; 10 Stück geb. 26 Mk.; 10 Stück brosch. 20 Mk.

26. **Pfadfinderbuch** für junge Mädchen geb. 3,80 Mk.; brosch. 2,60 Mk.; 10 Stück geb. 30 Mk.; brosch. 20 Mk.

27. **Pfadfinderkochbuch**. 75 Pfg.

28. **Pfadfinderliederbuch**. 75 Pfg.

29. **Pfadfinderpostkarten**, sortiert. 100 Stück 3 Mk.

30. **Pfadfinderschachspiel**. 1,50 Mk.

31. **Pfadfinderspiele**. 60 Pfg.

32. Radfahrerwimpel. 50 Pfg.

33. Samariterabzeichen. 25 Pfg.

34. Taschenplan der ersten Hilfe. 5 Pfg.

35. Übungen zur Förderung der Körperentwicklung. 30 Pfg.

36. Werbemarken (Pfadfinderabzeichen). 100 Stück 30 Pfg.

37. Werbemarken (groß, mit Darstellungen aus dem Pfadfinderleben). 10 Stück 20 Pfg.

38. Winkerabzeichen. 50 Pfg.

39. Winkertafeln. 5 Pfg.

40. Zwei Theaterstücke für Pfadfinderfeste. 1 Mk.

41. Winkervorschrift. 10 Pfg.

Bestellungen werden nur gegen Voreinsendung des Betrages oder mit Nachnahme ausgeführt. Die Nummern 1, 5 und 6 werden nur an Pfadfinder=Ortsgruppen abgegeben; die übrigen an jeden, der bestellt.

Die Pfadfindertracht.
(Anzug und Ausrüstung.)

Die Pfadfindertracht hat sich bewährt; sie ist schlicht und so billig, daß jeder Pfadfinder sie anschaffen und als Schul= und Arbeitsanzug verwenden kann. Aber kein Pfadfinder ist verpflichtet, sie zu tragen. Sie hebt jedoch das Gefühl der Zusammengehörigkeit, der Kameradschaft, erzieht zu einem gewissen, berechtigten Stolze, fördert den Korpsgeist, gleicht die Standesunterschiede aus und schont bei den vielen Übungen die Zivilanzüge. Unbemittelte Jungen werden durch freiwillige Stiftungen der Wohlhabenderen eingekleidet.

Eine sehr kleidsame, brauchbare und billige Pfadfindertracht, wie sie die Pfadfinder in Berlin, Metz, Breslau, Gleiwitz und in anderen Orten tragen liefert die Firma H. Esders und Dyckhoff, Berlin C. 19 Gertraudtenstr. 8/9. — Es kosten: Joppe und Hosen Mk. 7.25, Gürtel Mk. 0.85, Sporthemd Mk. 1.75, Filzhut Mk. 1.90, mit Riemen Mk. 2.25, Leinenhut Mk. 1.55, mit Riemen Mk. 1.90; Führer-Anzug aus bestem Loden mit Breeches Mk. 35.—; Führer-Sommeranzug mit Breeches Mk. 15.—; Führerhut mit Riemen Mk. 3.15. Sonder-Preisliste wird umsonst zugeschickt. Kleine Preisschwankungen je nach Größe. Das Porto muß vom Besteller getragen werden.

Ein paar feste Schnürschuhe, ein Rucksack und möglichst auch ein Umhang gehören zur weiteren Ausrüstung des Pfadfinders, desgleichen Besteck und Trinkbecher.

Daß der Pfadfinderstab zweckmäßig ist und in wie vielfacher Weise er sich verwenden läßt, haben wir auf S. 68, 72 u. 78 schon gesehen. Er sei darum empfohlen, bildet er doch eine Eigenart gerade unseres Jugendkorps. Die Kornettstäbe mit den flott wehenden Fähnlein dürfen keinesfalls in einem Pfadfindertrupp fehlen.

Was die Pfadfinder sonst noch für ihre verschiedenen Übungen gebrauchen, wird am besten von den einzelnen Gruppen selbst beschafft. Erwähnt seien hier: Militärspaten und Beilpicke, die bei verschiedenen kleineren Erdarbeiten, beim Ausheben der Kochgräben u. a. Verwendung finden. Kochgeschirr und Kochgerät, dazu ein Wassersack; welche Art die einzelnen Gruppen wählen, soll man ihnen überlassen; am einfachsten und billigsten sind immer noch die militärischen Feldkessel.

Ferner soll jede Gruppe eine kleinere und eine größere Verbandtasche besitzen, wie sie S. 203 empfohlen sind. (Dr. Dessauers Touring-Apotheke, Dr. Marcus' Pfadfindertasche und Samaritertasche Phönix.) Fünf Meter Seil, mit Meterabteilung, dienen zur Meßschnur, dann beim Brückenschlagen, zum Fertigen von Tragbahren, beim Zeltbau u. a. Lassos sind eine hübsche Ergänzung der Ausrüstung. Die Beschaffung von Zeltbahnen ist dringend anzuraten. Ist doch das Zeltbauen eine der beliebtesten Übungen! Ganz abgesehen von der Möglichkeit des

Biwakierens. Pfadfinder tragen das Geld nicht in der Tasche, sondern im Brustbeutel, dann geht es beim Üben nicht verloren!

Karten, 1:100000, sind zu billigen Preisen, vor allem bei Massenbezug, von den Topographischen Bureaus zu bekommen.

Schließlich soll noch jede Gruppe über eine Winker=ausrüstung verfügen; am besten sind auch hier die vom Militär gebrauchten.

Kompaß, Signalpfeife, Taschenuhr, Merkbuch sind Gegenstände, die jeder Führer braucht.

Fügen wir noch an, daß jede Gruppe als Erkennungs=zeichen sein „Fähnchen" besitzt, so haben wir das Wesent=lichste der Bekleidung und Ausrüstung besprochen. Näheres siehe in der Führerordnung (Verlag von Otto Spamer, Leipzig).

Eines sei am Schlusse dieses Abschnittes besonders hervorgehoben! Man vermeide auch hier jedes Schema; man hüte sich davor, in militärische Gleichmäßigkeit zu verfallen, es wird zu leicht „Uniformierung" daraus. Des=halb ist noch lange nicht gesagt, daß einzelne Abteilungen wie Horden von Zigeunern durch die Lande ziehen sollen. Ob aber die eine oder andere Gruppe mal ein Signal=horn[1]), eine Pikkoloflöte oder die mit Recht so beliebte „Zupfgeige" bei den Streifzügen durch Flur und Wald mitführt, muß den Jungen überlassen bleiben; stört dann das betreffende „Instrument" bei gewissen Übungen, so wird der tüchtige Musikant seinen Betätigungsdrang schon von selbst für geeignetere Gelegenheiten aufsparen.

Das Pfadfinderheim.

Einige unserer Pfadfinderkorps sind bereits in der glücklichen Lage, ein eigenes Heim, das „Pfadfinder=heim", zu besitzen. Dort kommen die Pfadfinder zusam=men, lesen und besprechen miteinander die einzelnen Ab=schnitte des Pfadfinderbuches und erbauen sich am Ritter=spiegel. Im Pfadfinderheim ist auch die Bücherei ein=gerichtet. Der Kampf gegen Schund= und Schmutzliteratur wird durch eine entsprechende Auswahl der Bücher zwar still, aber um so nachhaltiger geführt[2]). Reiseerzählungen,

---

[1]) Signalinstrumente bei L. Ritgen, Karlsruhe.

[2]) Die Bundesleitung ist gern bereit, für zweckmäßige und billige Einrichtung von Pfadfinder=Büchereien mit Ratschlägen an die Hand zu gehen.

dem Auffassungsvermögen unserer Jugend angepaßte Schilderungen von Heer, Flotte, Kolonien, Tagebücher und Aufzeichnungen unserer China- und Afrikakrieger, Heimatkunde und vaterländische Geschichte werden Stoff genug bieten, aus dem unsere Pfadfinder neues lernen und in gegenseitigem Gedankenaustausch vertiefen. Dort im Pfadfinderheim wird das Gefühl der Zusammengehörigkeit, der Kameradschaft neue Wurzeln schlagen.

Musik und Gesang werden im Pfadfinderheim manche köstliche Stunde schaffen.

Die Feldmeister, die sich in der Überwachung des Heimes ablösen, regeln dessen Verwaltung und den ganzen Betrieb im Pfadfinderheim. Dazu gehört die Bestimmung der Vortragsabende, Vorführungen von Lichtbildern, Abhaltung von Lehrgängen in der Kurzschrift (Stenographie), Esperanto usw. Spiele werden wieder Erholung von ernster Arbeit und Abwechslung bringen.

Als Brettspiel im Pfadfinderheim sei besonders das „Pfadfinder-Schachspiel" empfohlen, das von der Bundesleitung bezogen werden kann (Preis 1,50 Mk.). Es unterscheidet sich von anderen Brettspielen dadurch, daß man bei Spielbeginn die Kräfteverteilung des Gegners nicht kennt und sie erst durch Erkundung feststellen muß, — wie im wirklichen Kampfspiel.

Auch Lichtbilder und Filmrollen mit Szenen aus der Pfadfinderbewegung können gegen geringe Leihgebühren von der Bundesleitung bezogen werden.

Selbsterziehung und Selbstverwaltung.

ist das Ideal der neuzeitlichen Jugenderziehung. Das Pfadfinderheim bietet dazu die beste Gelegenheit. Dort sollen die Pfadfinder lernen, sich insgesamt zu fügen, gegenseitig Rücksicht zu nehmen, sich zu vertragen und sich anständig zu benehmen, auch ohne ständige Aufsicht durch Erwachsene. Die Pfadfinder selbst müssen sich gegenseitig Lehrer und Erzieher werden. Die Kornetts sind dafür verantwortlich, daß anständiger Ton, Ordnung und Reinlichkeit im Pfadfinderheim herrschen. Einer Gruppe, die gegen diese Gebote verstößt, ist für einige Zeit das Recht zu entziehen, das Pfadfinderheim zu benützen. Unpünktlichkeit wird damit bestraft, daß die Säumigen das Pfadfinderheim als letzte wieder in Ordnung bringen.

Die Einrichtung des Heims, die Bücherei, die Ausrüstung der Gruppen, das Spielgerät müssen von den

Pfadfindern selbst verwaltet werden. Den Pfadfindern wird ihr Heim um so mehr ans Herz gewachsen sein, wenn sie Tische, Stühle, Bänke, kurz die ganze Einrichtung, selbst beschafft und soweit das möglich ist, unter Anleitung von Fachleuten selbst angefertigt haben. So wird das Pfadfinderheim und dessen Verwaltung uns ein weiteres Mittel zur Erreichung unseres Endzieles an die Hand geben: Die Erziehung unserer Pfadfinder zu selbsttätigen, verantwortungsfreudigen und selbständigen Persönlichkeiten.

Neugründungen.

Wie schon in der Einleitung betont wurde, erblicken wir unsere Aufgabe nicht darin, alte Organisationen zu verdrängen, sondern vielmehr darin, daß die verschiedenen großen und kleinen Vereinigungen, wie Jugendwehr, Wandervögel, Turnvereine und alle die, denen die Ertüchtigung unserer deutschen Jugend am Herzen liegt, die Pfadfinderbewegung mitmachen, indem sie unsere Übungen und Spiele sowie unsere Erziehungsweise in ihr Programm aufnehmen und das Pfadfinderbuch als Leitfaden einführen. Das Recht, die Jungen Pfadfinder zu nennen, behält sich jedoch der Deutsche Pfadfinderbund vor, der das Wort geprägt und mit vieler Mühe, gegen eine Unzahl von Spöttern und Gegnern, in schwerer Arbeit durchgesetzt hat.

Mit der Gründung des Deutschen Pfadfinderbundes ist die Zusammenfassung aller nach dem Pfadfindersystem ausbildenden Vereine und Korps zu einem großen deutschen Reichsverbande bezweckt. Alle die, die mit uns in gleichem Geiste zusammenarbeiten wollen, werden zu einem Anschluß an den Deutschen Pfadfinderbund hiermit herzlichst aufgefordert.

Die Leitsätze des Deutschen Pfadfinderbundes lauten:

1. Die Deutsche Pfadfinderbewegung will auf vaterländischer Grundlage und unter dem Sinnspruche „Allzeit bereit" die deutschen Jungen zu wehrhaften, wahrhaften Männern für alle Lebenslagen erziehen und sie anleiten, den rechten Lebenspfad zu suchen.

2. Wehrhaft soll der Pfadfinder werden durch Spielen und Üben in Feld und Wald, durch Wandern, Turnen und Sport. Er soll seine deutsche Heimat voll starker Liebe umfassen. Er soll lernen, sich in jeder Lebenslage

zurechtzufinden, selbständig und entschlußfähig zu werden. Er soll schlicht und einfach leben, entnervende Genüsse vermeiden, Leib und Seele rein halten. Alkohol und Nikotin sind während der Übungen nicht gestattet und auch sonst möglichst zu meiden.

3. Wahrhaft soll der Pfadfinder sein. Er soll sich durch Selbstzucht zu einer starken, sittlichen Persönlichkeit entwickeln, die die Lüge als niedrig empfindet und verachtet, die sich eine eigene Überzeugung zu bilden weiß und ihre Ehre darin sucht, diese Überzeugung furchtlos und treu mit der der Jugend gebührenden Bescheidenheit zu vertreten, aber auch die Überzeugung anderer zu achten.

4. Dem Vaterlande zu dienen ist das höchste Ziel des Pfadfinders. Die Grundlage für die Erziehung der Pfadfinder bildet Jungdeutschlands Pfadfinderbuch und die Führerordnung.

5. Der Deutsche Pfadfinderbund hat mit anderen Vereinen in Eintracht zu leben. Alle Anfeindungen von anderer Seite sind in ruhiger, sachlicher Weise abzuwehren.

6. Mit Politik befassen sich die deutschen Pfadfindervereine unter keinen Umständen.

7. Stand und Glaubensbekenntnis sind bei der Aufnahme von Vereinsmitgliedern, Führern und Jungen, nicht maßgebend.

8. Der Vorstand und die Führerschaft sollen sich aus Mitgliedern aller Berufszweige zusammensetzen. Es ist unerwünscht, daß in der Führerschaft eine Berufsart überwiegt.

9. Im Pfadfinderkorps finden Schüler, Fortbildungsschüler und Schulentlassene Aufnahme. Den Schulentlassenen und den Fortbildungsschülern ist besondere Aufmerksamkeit zu widmen, denn ihnen fehlt sehr häufig die Gelegenheit, draußen in freier Natur die Gesundheit sich zu erhalten, die Sinne zu schärfen und Körper und Geist für das künftige Leben zu kräftigen. Ganz besonders mögen sich unsere Führer derjenigen Jungen annehmen, deren Lebensverhältnisse weniger günstig gestellt sind. Der Pfadfinderbund arbeitet an der Jugend Hand in Hand mit Eltern, Haus, Schule und Kirche. Die Pfadfinder sollen nicht jünger als 10 Jahre sein. Mitglieder des Pfadfinderbundes oder des dortigen Vereins sind sie nicht, diesen gehören nur Erwachsene an.

10. Der Pfadfinderanzug ist praktisch und billig und so schlicht gehalten, daß er auch als Schul- und Arbeits-

anzug verwendet werden kann. Aber kein Pfadfinder ist verpflichtet, ihn zu tragen. Jeder kann kommen, wie er will. Abzeichen sind nur so weit erlaubt, als es die Bundesleitung gestattet. Orden und Medaillen sind verboten.

11. Jeder Exerzierdrill ist verboten. Nur diejenigen militärischen Formen dürfen geübt werden, die zur Aufrechterhaltung der Ordnung unbedingt notwendig sind: Antreten, Marsch in Gruppen ohne Tritt, Halten. Diese müssen allerdings so oft geübt werden, bis sie sitzen. Alles andere ist als Soldatenspielerei zu verwerfen. Waffentragen ist untersagt.

Zuschriften sind an den

Deutschen Pfadfinderbund,
Charlottenburg 2, Joachimsthalerstr. 5.

zu richten. Bundes-Satzungen und aufklärende Schriften sind dort zu haben.

Der Deutsche Pfadfinderbund hat bei Erscheinen dieses Buches fast 300 Ortsgruppen, die unter der Bundesleitung stehen. Der Reichsfeldmeister Major M. Bayer, Halberstadt, ist der oberste Führer für die Feldmeisterschaft und die Korps. Die Ortsgruppen innerhalb Deutschlands sind in 4 Bundesbezirke zusammengefaßt. Die Gebiete der Bundesfeldmeister sind wie folgt festgesetzt:

a) West (Hauptmann Freiherr v. Seckendorff, Metz): Elsaß-Lothringen, Rheinprovinz, Westfalen, Hannover, Hessen-Nassau.

b) Ost (Major v. Heygendorff, Dresden, — zugleich Landesfeldmeister für Königreich Sachsen): Königreich Sachsen, Schlesien, Posen, Thüringen.

c) Süd (Bürgermeister Dr. Wettstein, Weinheim a. B., — zugleich Landesfeldmeister für Baden): Baden, Württemberg, Hohenzollern, Hessen-Darmstadt.

d) Nord (vom Reichsfeldmeister vorläufig mit verwaltet): die oben nicht genannten Gebiete Deutschlands.

Die außerhalb Deutschlands liegenden Pfadfinderkorps bleiben dem Reichsfeldmeister unmittelbar unterstellt.

Um neuen Ortsgruppen den Anschluß zu erleichtern, geben wir nachstehend auch die Adressen der Landesverbände an:

1. Baden (Schirmherr: S. K. Hoheit Prinz Max

von Baden). Landesfe dmeister: Bürgermeister **Dr. Wett=
stein**, Weinheim.

2. Südwestdeutschland. 1. Vorsitzender: Dr. hon. c.
M. Walter, Direktor der Musterschule, Oberweg 5. 2. Vor=
sitzender: Oberlehrer A. W. Loewenstein, Bockenheimer
Anlage 52, Bankdirektor Müller, Gallusanlage 8. Landes=
feldmeister: Hauptmann Hilken, Morgensternstr. 4, Frank=
furt a/Main.

3. Lothringen. Landesfeldmeister: Hauptmann b. L.
Dierke, St. Ruffine, Krs. Metz.

4. Ober=Elsaß. Landesfeldmeister: Oberstleutnant
z. D. v. Mellenthin, Kolmar i/Els.

5. Unter=Elsaß. Landesfeldmeister: Hauptmann Wer=
ner, Straßburg i/Els.

6. Sachsen. Landesfeldmeister: Major v. Heygen=
dorff, Dresden, Bautzener Straße 23.

7. Groß=Berlin. Landesfeldmeister: Oberleutnant
b. L. Hornung, Charlottenburg, Joachimsthaler Straße 5.

8. Rheinprovinz. Gaufeldmeister: Oberstabsarzt
Dr. Brunzlow, vorläufig mit den Geschäften des Landes=
feldmeisters beauftragt, Bonn, Kronprinzen Straße 1.

9. Westfalen. Gaufeldmeister: Oberlehrer Dr. Bohlen,
vorläufig mit den Geschäften des Landesfeldmeisters be=
auftragt, Münster, Nordstraße 36.

Bayerischer Wehrkraftverein.

Der Bayerische Wehrkraftverein, der unter
dem Protektorate Sr. Majestät des Königs Lud=
wig III. von Bayern steht, hat sich, wie der
Pfadfinderbund im Reiche, im Königreich
Bayern mächtig entwickelt. Da der Wehrkraftverein die
gleichen Ziele verfolgt wie der Teutsche Pfadfinderbund,
so hat dieser auf jede Werbung innerhalb Bayerns verzich=
tet und alle schon bestehenden oder noch entstehenden Pfad=
finderabteilungen dem B.W.V. anvertraut. Ter B.W.V.
hat dafür auf Gründung von Wehrkraftvereinen außerhalb
Bayerns verzichtet, er bittet alle schon bestehenden oder
noch entstehenden Wehrkraftvereine außerhalb Bayerns,
sich dem Teutschen Pfadfinderbunde anzuschließen. Dem
B.W.V. ist es gelungen, der Jugendbewegung dadurch
einen starken Impuls zu geben, daß er den Idealismus des
Offiziers für die aktive Betätigung an der Jugendarbeit
in weitestem Maße zu begeistern wußte.

Durch dauernden Ideenaustausch haben beide gleich=
strebende und doch voneinander unabhängige Verbände
viele wertvolle Erfahrungen voneinander gewinnen kön=
nen, die der Jugendarbeit in hohem Maße zugute kamen.
Von Anfang an bildeten die Pfadfinderspiele eine Art
geistigen Bandes zwischen beiden Organisationen; auch
hier hat der B.W.B. manche fruchtbare Anregungen für
ihre Vorbereitung und Durchführung als Frucht selbst=
loser Arbeit dem Pfadfinderbunde zu schenken gewußt.
Der B.W.B. hat vor allem seine großen Erfahrungen
der von beiden Verbänden gemeinschaftlich herausgegebe=
nen Führerordnung zur Verfügung gestellt.

Wir freuen uns dieser Mitarbeit, die beide für sich
selbstständige Verbände zum Besten der Jugend, zum Be=
sten des deutschen Vaterlandes, als Glieder des mächtigen
Jungdeutschlandbundes, enger und inniger verketten soll.
Zum äußeren Zeichen dieses kameradschaftlichen, auf gegen=
seitigem Vertrauen beruhenden Verhältnisses hat ein Aus=
tausch von beiderseitigen Vorstandsmitgliedern stattgefun=
den, so daß die Herren Hauptmann Graf von Bothmer,
Hauptmann Giehrl sowie Herr Oberleutnant Obermayer
als Ersatzmann in den Vorstand des Deutschen Pfadfinder=
bundes, die Herren Major M. Bayer, Oberstabsarzt
Dr. Lion und Hauptmann Frhr. von Seckendorff als
Ersatzmann in den Vorstand des B.W.B. getreten sind.

Der Kronprinz läßt sich von einer Pfadfinder=Wandergruppe vorsingen

Schlußwort.

Alle bestehenden Vereinigungen vermögen die in der Form neue, dem Geiste nach alte und kerndeutsche Bewegung mitzumachen, ohne von ihrer Eigenart, ihren Sonderbestrebungen auch nur ein Jota zu streichen.

An die deutschen Turner geht der Ruf zu gemeinsamer Arbeit nicht minder wie an alle Wandervereine und Jugendwehren! Sie alle finden im Pfadfindertum eine neue Betätigung, eine Betätigung, die dazu angetan ist, ihre Arbeit zu festigen, zu verinnerlichen!

Zur gemeinsamen Arbeit in frischer, gesunder Luft, hinaus in Gottes freie Natur wollen wir Pfadfinder die Jugend rufen. So oft wie möglich und so lange wie möglich wollen wir die deutsche Jugend, ob sie die Mütze des Gymnasiasten trägt oder die Schürze des Handwerkers, hinausführen, hinaus aus dem hastenden Getriebe der Großstadt, aus der dumpfen Zimmerluft; von der Schulbank hinweg, aus der Werkstatt hinaus, hinaus in die herrliche Natur — bei Wind und Wetter, Regen und Sonnenschein!

Unsere deutschen Jungen sollen Frühlingszauber und Herbststimmung wieder empfinden lernen; die Julisonne soll ihnen Stirn und Nacken bräunen, der Dezemberwind soll ihnen um die Nase fegen!

Wetterhart, selbständig, findig, kühn und mutig, frische, fröhliche Burschen sollen sie werden, unsere lieben deutschen Jungen!

Die Sinne geschärft! Die Muskeln gestärkt! Den Charakter gebildet! Das ist die Mitarbeit an der Gesundung unseres Volkes, an der Wehrhaftmachung unserer deutschen Jugend!

Empfehlenswerte Bücher
für Pfadfinderheime und für den einzelnen.

1. Jugendpflege und Wehrkraft.

Pfadfinderliederbuch. (Otto Spamer, Leipzig.) Geheftet 0.75 Mk., gebunden 1 Mk.

Pfadfinderkochbuch. (Otto Spamer, Leipzig.) Geheftet 0.75 Mk., gebunden 1 Mk.

Scherls Jungdeutschlandbuch. Herausgeber Major Maximilian Bayer. Verlag August Scherl, Berlin. Geb. 4 Mk.

Zwei Aufführungen für Pfadfinderfeste. (Otto Spamer, Leipzig.) 1 Mk. Aufführungsrecht wird durch Kauf von 10 Exemplaren für 6 Mk. erworben.

Übungen zur Förderung der Körperentwicklung von Major v. Heygendorff. 0.30 Mk.

Die deutsche Pfadfinder- und Wehrkraftbewegung, von Oberstabsarzt Dr. Lion. 0.60 Mk. Verlag von Otto Spamer, Leipzig.

Atmungs- und Haltungsübungen von Silberhorn. 1 Mk.

Seckendorff, Freiherr von, Deutsche Jugenderziehung und Pfadfinderbewegung. (Otto Spamer, Leipzig.) 1 Mk., bei 10 Exempl. 0.75 Mk. 2. Auflage.

Doernberger, Dr., Jugendwandern. (Verlag Otto Gmelin, München.) 1 Mk.

E. von Hopffgarten, Pfadfinderbuch für junge Mädchen. (Otto Spamer, Leipzig.) Geheftet 2.80 Mk., geb. 3.60 Mk., bei 10 Exempl. 2 Mk., geb. 3 Mk.

Bothmer, Graf von, Jugend und Wehrkraft. (Kupferschmid, München.) 1.40 Mk.

Goltz, Frhr. v. d., Generalfeldmarschall, Jungdeutschland. (Gebr. Paetel, Berlin.) 1 Mk.

Giehrl, Hermann, Oberleutnant, Der Offizier im Dienste der Jugendpflege. (E. S. Mittler & Sohn, Berlin.)

Nordhausen, Rich., Zwischen Vierzehn und Achtzehn. 2 Mk.

Führerordnung. Ein Hilfsbuch für Jungdeutschlands Pfadfinder und Wehrkraftvereine. Herausgegeben vom Deutschen Pfadfinderbunde und Bayerischen Wehrkraftverein. (Otto Spamer, Leipzig.) Geheftet 1 Mk., gebunden

Jungdeutschlands Pfadfinderspiele. In Verbindung mit dem Bayerischen Wehrkraftverein herausgegeben vom Deutschen Pfadfinderbund. München 1912. (Otto Spamer, Leipzig.) 0.60 Mk., geb. 1 Mk.

Bayerischer Wehrkraft-Kalender 1914. (C. Schnell, München.) 1 Mk.

Obermayer, Hans, Oberleutnant, Die Wehrkraftbewe=
gung. Zugleich ein Handbuch für nationale Jugendvereine.
(T. Schnell, München.) 3 Mk.

v. Hoff, Jungdeutschland=Taschenbuch. Union, Stuttgart.

Bohlen, Oberlehrer, Dr., Pfadfindererziehung an höheren Lehr=
anstalten. (Otto Spamer, Leipzig.) 0.80 Mk.

Foerster, Oberlehrer, Dr., Pfadfinderinnen. (Otto Spamer,
Leipzig.) 1 Mk.

2. Lebensbildung.

Spemanns Goldenes Buch der Sitte von Graf und Gräfin
Baudissin (Spemann, Berlin=Stuttgart). 6 Mk.

Popert, Helmut Harringa. 1.80 Mk. Beherzigenswert
für jeden Pfadfinder.

Hennig, Buch berühmter Ingenieure. (Otto Spamer, Leipzig.)
Geb. 6.50 Mk.

Berdrow, Buch berühmter Kaufleute. (Otto Spamer, Leipzig.)
Geb. 8.50 Mk.

Otto, Männer eigener Kraft. Vorbilder von Hochsinn, Tatkraft
und Selbsthilfe. (Otto Spamer, Leipzig.) Geb. 6 Mk.

— Wohltäter der Menschheit. (Otto Spamer, Leipzig.) Geb.
6 Mk.

Eyth, Lehrjahre. (Winter, Heidelberg.) 0.60 Mk.

— Hinter Pflug und Schraubstock. (Deutsche Verlagsanstalt.)
4 Mk.

Th. Lange, Werde ein Mann. Mitgabe für die Lehrzeit.
(Otto Spamer, Leipzig.) 2 Mk.

Deutsche Jugendbücherei. Herausgegeben von den Vereinig=
ten deutschen Prüfungsausschüssen für Jugendschriften. (Hill=
ger, Berlin.) 40 Nummern je 10 Pfg.

Der Schatzgräber. Herausgegeben vom Dürerbund. (Prospekte
von Georg D. W. Callwey, München, erhältlich.)

Rothenaicher, Mensch — Natur — Gott. (Otto Gmelin, Mün=
chen.) 4 Mk., geb. 5 Mk.

Schaffen und Schauen. Ein Führer durchs Leben. 1. Bd. Von
deutscher Art und Arbeit. 2. Bd. Des Menschen Sein und
Werden. (B. G. Teubner, Leipzig.) 4 Mk., geb. 5 Mk.

Staudinger=Hoffmann, Der deutsche Soldat mit Waffe und
Werkzeug. Armeebilderbuch. (Attenkofer, Straubing.) 4 Mk.

Mann, Fr. H., Die Kunst der sexuellen Lebensführung. (Orania=
Verlag, Oranienburg.)

Wegener, Hans, Wir jungen Männer. (K. R. Langewiesche,
Düsseldorf und Leipzig.)

Dr. J. Müller, Beruf und Stellung der Frau. (Beck, München.)
2 Mk.

Keppler, Mehr Freude. (Herder, Freiburg.) 2.60 Mk.

Fr. W. Förster, Lebensführung. Ein Buch für junge Menschen.
5 Mk.

— Lebenskunde. Buch für Knaben und Mädchen. (G. Reimer.)
3 Mk.

Dr. Ludwig Kemmer, Briefe an einen jungen Offizier. (Beck,
München.) 1 Mk.

Stern, Vom Stift zum Handelsherrn. Ein deutsches Kaufmanns=
buch. 9.—13. Aufl. (Union, Stuttgart.) 5 Mk.

Jungdeutſchlandbücherei. (Bisher erſchienen 6 Bände.) Ver=
   lag Otto Spamer, Leipzig. Jeder Band 3.50 Mk.
Geißler, M., Valentin Upp, der Legionär. Verlag Otto
   Spamer, Leipzig. Geb. 3 Mk.
Reventlow, Graf E. zu, Deutſchland zur See. Verlag Otto
   Spamer, Leipzig. Geb. 6 Mk.
Schröter, Prof. Dr., A., Der deutſche Staatsbürger. (Poeſchel,
   Leipzig.) 4.80 Mk.
Candèze=Marſhall, Herrn Grillens Taten und Fahrten (Otto
   Spamer, Leipzig.) Geb. 4 Mk.
— Die Talſperre (Otto Spamer, Leipzig.) Geb. 4 Mk.

3. Naturwiſſenſchaft.

Brüning, Tierleben in der Heimat. (Karl Köhler, Dresden.)
Driesmans, H., Der Menſch der Urzeit. Kunde über Lebens=
   weiſe, Sprache und Kultur des vorgeſchichtlichen Menſchen in
   Europa und Aſien. (Strecker & Schröder, Stuttgart.)
Benzigers Naturwiſſenſchaftliche Bibliothek. 14 Bändchen zu je
   1.50 Mk.
Löhlein, Die krankheitserregenden Bakterien. 1.25 Mk.
Eckardt, Vogelzug und Vogelſchutz. 1.25 Mk.
Kraepelin, Naturſtudien im Hauſe, in der Sommerfriſche, je
   3.20 Mk.
— Naturſtudien in Wald und Feld. 3.60 Mk.
   Volksausgabe 1 Mk. (Sämtlich B. G. Teubner, Leipzig.)
Schmeil, Grundriß der Naturgeſchichte. I. Tier= und Menſchen=
   kunde. II. Pflanzenkunde (Quelle & Meyer) zu 1.25 Mk.
Obermeyer, Pilzbüchlein. I. Eßbare Pilze. II. Giftpilze. Vor=
   zügliche Abbildungen. (Lutz.) Je 1.50 Mk.
Pilzmerkblatt des Kaiſerlichen Geſundheitsamtes. 0.15 Mk.
Teuſcher und Schilling, Der Jugend Gartenbuch. (Trowitzſch,
   Frankfurt a. O.) 3 Mk.
Stevens, Die Reiſe ins Bienenland. (Kosmos=Verlag.) 1.60 Mk.
— Ausflug ins Ameiſenreich. (Kosmos=Verlag.) 1.60 Mk.
Seton=Thompſon, Bingo — Prärietiere — Tierhelden,
   Franckh, Stuttgart.) Je 4.80 Mk.
„Rabe“, Lebensgeſchichte eines Pferdes, von ihm ſelbſt erzählt.
   Nach Miß A. Sewell von M. v. Kraut. (P. Hobbing, Darm=
   ſtadt.) 2 Mk. und 1 Mk.
Theuermeiſter, Von Steinbeil und Urne. (Ernſt Wunderlich.)
   1.60 Mk.
— Unſer Körperhaus. (Scheffer, Leipzig.) 1.80 Mk. Ganz vor=
   zügliche, herzerquickende Werke.
Bock, Die Naturdenkmalpflege. 1.40 Mk.
Grabmann, Heimatſchutz und Landſchaftspflege. 2.20 Mk.
Mühl, Raupen und Schmetterlinge. 1.40 Mk.
— Larven und Käfer. 1.80 Mk.
Buſchan, Die Völker der Erde. 3.50 Mk. (Sämtlich bei Strecker
   u. Schröder, Stuttgart.)
Langfeldt, Tier= und Menſchenverſtand. Verlag Otto Gmelin,
   München. 3.60 Mk., geb. 5 Mk.
Naturwiſſenſchaftliche Jugend= und Volksbibliothek.
   (Manz, Regensburg.)

Naturwissenschaftlich-Technische Volksbücherei, herausgegeben von Prof. Dr. Bastian Schmidt (Th. Thomas,
Leipzig). Bändchen 20—40 Pfg.

4. Handfertigkeit, Spiel und Sport.

Beißwanger, Physikal. Experimentierbuch für Knaben. (Union,
Stuttgart.) 4 Mk.
Spemanns Goldenes Buch des Sports. (W. Spemann, Berlin-
Stuttgart.) 6 Mk.
Miniatur-Bibliothek für Sport und Spiel. (Grethlein & Co.)
33 Bände. Jeder Band 0.60 Mk.
Robert, Spiel und Arbeit. Modellbogen und Anleitungen zur
Selbstherstellung allerlei Spielwerke und Apparate. 32 Bänd-
chen. (Otto Maier, Ravensburg.)
Illustrierte Lehrgänge für den Unterricht in Knabenhandarbeit.
(Herm. Hiertrand, Zürich.) 1.50 Mk.
Schröer-Ziegler, Übungen, Spiele, Wettkämpfe. (B. G. Teub-
ner.) 1 Mk.
Berdrow, Buch der Erfindungen. (Otto Spamer, Leipzig.) Geb.
10 Mk.
Raydt, Spielnachmittage. (B. G. Teubner.) 2.80 Mk.
Schnetzler, Werkbuch fürs Haus. (Union Stuttgart.) 5 Mk.
Vogt, Jugendspiele an den Mittelschulen. Verlag Otto Gmelin,
München. 1.20 Mk.
Wandern, Spiel und Sport. (Volksvereinsverlag Gladbach.)
Wagners Spielbuch für Knaben. Neubearbeitet von Dr.
A. Lion. (Otto Spamer, Leipzig.) 25. Auflage. Geb.
4.50 Mk.
Tromholt, Streichholzspiele. (Otto Spamer, Leipzig.) 0.75 Mk.

5. Turn- und Wanderbücher.

Neuendorff, Hinaus in die Ferne. 3.20 Mk.
C. W. Trojan, Wanderkunst — Lebenskunst. (Gust. Lammers,
München.) 1.50 Mk.
Möller, Karl, Der Vorturner. (B. G. Teubner.) 2 Mk.
Müller, J. P., Mein System. (Tillge.) 2 Mk.
Berg, Dr., Alfred, Geographisches Wanderbuch, ein Führer für
Wandervögel und Pfadfinder. (B. G. Teubner.) 4 Mk.
Trinius, A., In die blaue Ferne. (Otto Spamer, Leipzig.)
Geb. 3.50 Mk.

6. Seefahrten und Koloniales.

Lion, Alexander, Tropenhygienische Ratschläge. (Otto Gmelin,
München.) 2. vermehrte Auflage. 1,50 Mk., geb. 2 Mk.
— Die Kulturfähigkeit des Negers. (Süfferott, Berlin.) 40 Pfg.
Mit dem Hauptquartier in Südwestafrika. Von Major
M. Bayer, während des südwestafrikanischen Krieges im
Generalstabe der Schutztruppe. 310 Seiten mit 100 Ab-
bildungen, Karten und Skizzen. (Otto Spamer, Leipzig.)
Geb. 5 Mk.
Dr. Ludwig Kemmer, Moorpioniere. Otto Gmelin, München.
1.50 Mk., geb. 2 Mk.
— Über innere Kolonisation.

Johann Georg Gmelin, der Erforscher Sibiriens. (Otto
Gmelin, München.) 6 Mk., geb. 7.50 Mk.
Jonk.Steffen, Die Rache des Herero. (Otto Spamer, Leipzig.)
Geb. 3.60 Mk.
Jonk Steffen, Die Helden der Naukluft. (Otto Spamer,
Leipzig.) Geb. 3.50 Mk.
Lohmeyer-Wislicenus, Auf weiter Fahrt, Selbsterlebnisse
deutscher Marine- und Schutztruppenoffiziere, Weltreisender
und Farmer. (W. Weicher, Berlin.) A. Große Ausgabe:
5 reich illustr., einzeln käufliche Bände zu je 4.50 Mk. geb.
B. Verkürzte Volksausgabe: 5 illustr., einzeln käufliche Bände
zu je 1 Mk. geb.
Filchner, Das Rätsel des Matchu. Tibet-Expedition. (Mittler
u. Sohn.) 8 Mk.
Adolf Friedrich, Herzog zu Mecklenburg, Ins innerste Afrika.
(Klinkhardt.) 15 Mk.
Wettstein, Dr. phil., Hauptmann d. R. (Landesfeldmeister für
das Großherzogtum Baden.) Mit deutschen Kolonisten-
jungen durch den brasilianischen Urwald. Illustriert.
(Fr. Engelmann.) 3 Mk. Aus dem Pfadfinderleben
herausgeschrieben!
Max, Franz, Unsere Chinafahrt. (Otto Spamer, Leipzig.)
Geb. 3.50 Mk.
Kane, der Nordpolfahrer. (Otto Spamer, Leipzig.) Geb. 4 Mk.
Henningsen, Joh., Aus fremden Zonen. Originalberichte be-
rühmter Forscher und Reisender. Zwei Bände. (Otto Spamer,
Leipzig.) Jeder Band geb. 6 Mk.
Kuhn, Philalethes, Gesundheitlicher Ratgeber für Südwestafrika.
3.60 Mk.
Eckenbrecher, Margarete v., Was Afrika mir gab und nahm.
(E. S. Mittler & Sohn.)
Mansfeld, Alfred, Urwalddokumente. Vier Jahre unter den
Croßflußnegern Kameruns. (Dietrich Reimer [Ernst Vohsen],
Berlin.)
März, Joh., David Livingstone. Ein Pionier des schwarzen
Erdteils. (Otto Spamer, Leipzig.) Geb. 4 Mk.
— Cook der Weltumsegler. (Otto Spamer, Leipzig.) Geb. 4 Mk.
P. Reichard, Dr. Emin Pascha. (Otto Spamer, Leipzig.) Geb.
4 Mk.
Brandeis, Frau A., Kochbuch für die Tropen. (Dietrich Reimer
[Ernst Vohsen], Berlin.) 3.75 Mk.
Schillings, C. G., Mit Blitzlicht und Büchse im Zauber des
Elelescho. (Voigtländer, Leipzig.) 6.50 Mk.
Wandkarte der deutschen Kolonien. Herausgegeben auf Veranlas-
sung der Deutschen Kolonialgesellschaft. (Dietrich Reimer
[Ernst Vohsen], Berlin.) 8 Mk.

7. Aus großer Zeit.

Der Große Krieg von 1870/71. Herausgegeben von Jos. Kürsch-
ner. 5 Mk.
Tanera, K., Ernste und heitere Erinnerungen eines Ordonnanz-
offiziers 1870/71. 2 Bände zu 2.40 Mk.
— Jubiläumsausgabe, illustriert von E. Zimmer. (C. H. Beck,
München.) 14 Mk.

Bloem, W., Das eiserne Jahr. (Grethlein & Co.) 5 Mk.
E. Zimmer, Graf Zeppelins berühmter Rekognoszie-
rungsritt 1870. (Germania-Verlag, Bamberg.) · 1 Mk.
(Für Mitglieder des Pfadfinderbundes große Ermäßigung.)
Auf Grund von Zeichnungen an Ort und Stelle geschildert.
Von Graf Zeppelin als vollkommen der Wirklichkeit ent-
sprechend anerkannt.
Dr. J. H. Albers, Die Belagerung von Metz. Ereignisse
und Zustände innerhalb der Festung im Jahre 1870. Zweite,
neubearbeitete und vermehrte Auflage von C. Freiherr
v. Seckendorff. (G. Scriba, Metz.) 1 Mk.
Alexis, W., Isegrimm. (Otto Spamer, Leipzig.) Geb. 3.50 Mk.
Höcker, Der Marschall Vorwärts. (Otto Spamer, Leipzig.)
Geb. 6 Mk.
Joachim Nettelbeck, Bürger zu Kolberg. Bearbeitet v. Otto
Zimmermann. (Otto Spamer, Leipzig.) Geb. 2 Mk.
Otto, Franz, Der große König und sein Rekrut. (Otto Spamer,
Leipzig.) Geb. 6 Mk.; kleine Orig.-Ausg. geb. 3.50 Mk.

8. Gesundheitslehre.

Haeseler, Graf v., Generalfeldmarschall, über die Alkoholfrage.
Flugblatt 100 Exemplare 0.90 Mk.
Kommerell, Med.-Rat, Ärztliches über das Trinken. 0.30 Mk.
Quensel, Reg.-Rat, Der Alkohol und seine Gefahren. 0.20 Mk.
Stumpf, Med.-Rat, über den Alkoholgenuß in der Jugend.
0.10 Mk.
Ernste Mahnung an Eltern und Schüler. Von einem Gymnasial-
lehrer. 1.50 Mk.
Sämtliche im Mäßigkeitsverlag des Deutschen Vereins
gegen den Mißbrauch geistiger Getränke. Berlin W 15,
Uhlandstr. 146.
Baur, Seminararzt Dr., Gesundheitsregeln für Schulkinder.
(Otto Gmelin, München.) 0.50 Mk.
Pfleiderer, Bilder-Atlas zur Alkoholfrage. (Mimir-Verlag,
Reutlingen.) 3.75 Mk.
Spemanns Goldenes Buch der Gesundheit. (Spemann, Berlin-
Stuttgart.) 6 Mk.
Feßler, Leitfaden der Krankenpflege. 4 Mk. und 1.25 Mk.
Ide, Praktische Atmungsgymnastik. 0.75 Mk.
Neumann, Handbuch der Volksgesundheitspflege. 3 Mk., geb.
4 Mk.

Regifter.

Pfadfinderbuch.   I

IV

Flug-
zeug-
Appa-
rate
Be-
stand-
teile
Liste C
Carl Gustav Nowack, Leipzig, Neumarkt 12
Billigste Bezugsquelle für
Pfadfinder-Ausrüstungen
Verlangen Sie Sonderliste B

VI

Deutsche Fachschule
Roßwein in Sachsen
für Eisenkonstruktion, Bau-, Kunst- und
Maschinenschlosserei.
(Gegr. 1894 als „Deutsche Schlosserschule" vom Verbande Deut-
scher Schlosser-Innungen.) Älteste, einzig in ihrer Art dastehende
Spezial-Fachschule Deutschlands f. das gesamte Schlossereigewerbe.
Theoretischer und praktischer Unterricht in 3 Sonderabteilungen.
Langjährig erprobte Spezial-Lehrkräfte. Vorzüglich eingerichtete
Übungswerkstätten. 30 PS. - Dampfmaschine, 10 PS. - Benzin-
motor. Eigene elektrische Kraft- und Lichtanlage. 48 Schraubstöcke,
17 Schmiedefeuer, 32 Werkzeugmaschinen, Krafthammer, 3 autog.
Schweißanlagen. Dauernde Ausstellung von Schülerarbeiten.
Aufnahme: Ostern und Michaelis. Vollendete Lehre, Mindestalter
17 Jahre als Aufnahmebedingung. Progr. u. näh. Auskunft durch
die Direktion. Briefadresse: Deutsche Fachschule Roßwein i. Sa.

X

XVIII

Aufnahme mit Ica-Camera

Bei den Rothäuten

ist die Photographie heute auch nicht mehr ganz unbekannt,
wie obige Aufnahme zeigt.

Bei den Pfadfindern

sollte aber jeder einzelne Amateurphotograph sein. Der häufige
Aufenthalt in freier Natur, die weiten Streifzüge in die Um=
gebung schaffen ihm stets Gelegenheit zu schönen Aufnahmen.
Nicht nur Angehörigen und Freunden, sondern vor allem sich
selbst wird er durch gelungene Bilder Freude bereiten. Vor=
bedingung ist natürlich gerade für ihn eine durchaus solide
und erprobte Camera wie es die

Ica-Cameras

sind und die Verarbeitung besten Materials.   Der Name **Ica**
bürgt hier stets für gediegene, erstklassige Qualität. Ihre
Preisliste Nr. 453 sendet die **Ica Akt.-Gef. Dresden-A. 21,
das größte Camerawerk Europas,** gern kostenfrei.
Der Bezug kann durch jede Photohandlung
erfolgen, man bestehe aber stets auf Marke **Ica**.

So viel
Freude
haben frische, gesunde Jungen am Scheiben= schießen, und so sicher hält sie die er= laubte Benutzung ungefährlicher Gewehre vom unerlaubten Um= gang mit gefähr= lichen Feuerwaffen ab, daß jeder Vater seinem Sohne ein

Diana=Luftgewehr

kaufen sollte. Er wird selbst gerne damit schießen, denn dies ist eine tadellos bewährte Scheiben= und Übungswaffe, mit welcher man zu jeder Zeit und überall nach Herzenslust schießen kann, ohne Rücksicht auf die Umgebung nehmen zu müssen. Zudem ist der Diana=Luftgewehr=Schießsport sehr billig, denn 10 Schuß kosten nur 1 Pfennig.

Diana=Luftgewehre sind in allen einschlägigen Geschäften zu haben. Das interessant geschriebene Büchlein: „Gefahrloser Schieß= Sport für Jung uud Alt", illustrierte Anleitung zur Erlernung des Schießens, wird auf Wunsch kostenlos zugesandt von der

Waffenfabrik Mayer & Grammelspacher, Rastatt 17

Additional information of this book

(Jungdeutschlands Pfadfinderbuch; 978-3-663-12613-3)

is provided:

http://Extras.Springer.com